思想會
MIND TALK

本书获得"吉林大学哲学社会科学学术翻译计划"
以及"吉林大学'中国式现代化道路与人类文明新形态'哲学社会科学研究
创新团队青年项目（2023QNTD06)"的资助

Data-Centric Biology A Philosophical Study

〔意〕萨宾娜·莱昂内利　**著**
Sabina Leonelli

刘冠帅　**译**

如何在大数据时代
研究生命

从哲学的观点看

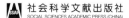
社会科学文献出版社
SOCIAL SCIENCES ACADEMIC PRESS (CHINA)

目　录

中文版序 …………………………………………………… i

序　言 ……………………………………………………… i

第一部分　数据旅程

第一章　让数据迁旅：技术和专业知识…………………… 3

　一　生物学中在线数据库的崛起 ………………………… 7

　二　数据的包装与迁旅 …………………………………… 16

　三　数据库管护人的新兴力量 …………………………… 25

　四　数据旅程和其他迁旅隐喻 …………………………… 33

第二章　管理数据旅程：社会结构 ……………………… 40

　一　数据包装的制度化 …………………………………… 41

　二　集中化、异议和认知多样性 ………………………… 48

　三　作为全球商品的开放数据 …………………………… 53

　四　评估数据价值 ………………………………………… 61

第二部分 以数据为中心的科学

第三章 该将什么视为数据？ …………………………… 69
  一 科学哲学中的数据 …………………………………… 70
  二 一个关系框架 ………………………………………… 78
  三 数据的非本地性 ……………………………………… 86
  四 包装及建模 …………………………………………… 90

第四章 该将什么视为实验？ …………………………… 96
  一 获取具身知识 ………………………………………… 98
  二 当标准不足时 ………………………………………… 104
  三 数据旅程中的分布式推理 …………………………… 110
  四 自动化和可复制性的梦想 …………………………… 116

第五章 该将什么视为理论？ …………………………… 121
  一 迁旅数据分类 ………………………………………… 122
  二 作为分类理论的生物本体论 ………………………… 129
  三 分类的认知作用 ……………………………………… 136
  四 分类理论的特征 ……………………………………… 140
  五 以数据为中心的科学理论 …………………………… 145

第三部分 对生物学与哲学的影响

第六章 在数字时代研究生命 ………………………… 153
  一 数据整合的多样性，理解有机体的不同方式 ……… 155

　　二　数据中心主义的影响：危险与排斥性 ……………… *174*

　　三　数据中心主义的创新：机会与未来发展 ……………… *185*

第七章　面向知识生产的数据处理 ……………………… *192*

　　一　对背景的质疑 ………………………………………… *195*

　　二　从背景到情境 ………………………………………… *198*

　　三　数字时代的数据定位 ………………………………… *203*

结　　论 …………………………………………………… *211*

致　　谢 …………………………………………………… *218*

注　　释 …………………………………………………… *225*

　　序　言 …………………………………………………… *225*

　　第一章 …………………………………………………… *227*

　　第二章 …………………………………………………… *238*

　　第三章 …………………………………………………… *244*

　　第四章 …………………………………………………… *255*

　　第五章 …………………………………………………… *260*

　　第六章 …………………………………………………… *267*

　　第七章 …………………………………………………… *274*

参考文献 …………………………………………………… *281*

索　　引 …………………………………………………… *334*

中文版序

日益重要的数据哲学与数据中心型研究

自从我写这本书已经快十年了，我一直在问自己，它的内容现在是不是已经过时了。这一担忧是合理的：数据科学是所有研究领域中发展最快的，更不用说在生物学中，遥感、生物信息学、数据链接策略和人工智能（AI）的创新进一步提高了收集、流通和分析数据的潜力，对我们如何理解生命、健康和环境产生了变革性的影响。当我参观创新总部或出席研究会议时，我经常被告知，与人工智能的发展相比，关于"大数据"的讨论现在已经过时了。事实上，全球每个角落的媒体每周都在记录算法的最新成就。人工智能正在以各种方式改变社会生活，从工作模式到教育策略、研究实践、管理模式和健康监测。

然而，这本书提出的问题——什么应当算作数据？如何管护数据，这对知识生产有什么影响？在哪些情况下可以调动数据并可靠地解释数据？——随着我们对以数据为中心的系统的依赖日益增长，变得越来越重要。数据仍然是训练人工智能系统的重要组成部分，许多专家认识到，人工智能的好坏取决于用于训练它的数据。因此，如何创建、选择、流通和再次使用数据很重要。如果不反思这些过程，就很难评估数据的可靠性和数据模型的表达能力。以数据为中心的人工智能是否产生了值得信赖的结果，例如在识别蛋白质结构或疾病的可能治疗方法时，就更难评估了。与此同时，这些技术在我们日常生活中的无处不在，培养着人们对数据的被动态度——这种被动基于这样一种信念，即对大量数据的分析必然会产生可靠的见解，因此不需要监督。许多研究人员不会问自己数据是什么，为什么我们在开发新知识时如此依赖它们。矛盾的是，以数据为中心的方法越是渗透到所有形式的研究和知识中，我们就越是倾向于信任这些系统，而它们的复杂性和不透明性如今已经超越了人类的理解，因此似乎无可挑剔。然而，并不是所有的数据基础设施和数据处理实践都值得我们信任。现在比以往任何时候都更重要的是，能够对数据系统提出疑问，并理解它们与我们生产的知识和用来干预我们星球的知识之间的关系。数据哲学不仅是一种迷人的爱好，而且是这个依赖大量数据计算系统的时代必不可少的事业。

我非常高兴我的书能够通过翻译接触到更广泛的读者，也非常感谢译者刘冠帅博士的坚持不懈和辛勤工作。我相信，近年来，无论是在生物学研究的背景下，还是在人工智能数据分析驱动的无数其他应用中，本书提出的问题都变得越来越紧迫。我会继续大量参与数据语义学、分类系统、整合和建模策略的研究，并追问这些方法对我们了解世界的影响，以及我们如何根据这些知识采取行动。我希望这本书能激励任何对生命科学感兴趣的人，以及那些努力理解大规模数据收集、数据基础设施和数据分析对其他领域所产生影响的人。

萨宾娜·莱昂内利

2023 年 3 月 10 日于埃克塞特

序　言

在过去的三十年中，在线数据库、数字可视化和自动数据分析已经成为应对科学信息日益扩大的规模和多样性的关键工具。在生物学和生物医学中，人们普遍认为，对大型数据集合（所谓的大数据）的数字访问已经革命性地改变了研究方法和进行科学研究的路径，进而也对生物体的研究和概念化方式提出了挑战。[1]一些科学家和评论家将这种情况形容为一种新颖的"数据驱动"研究范式，认为知识可以从数据中被提取，而无须依赖预先构思的假设，于是炮制出"理论的终结"一说。[2]本书通过提出一个哲学框架，对这些观点进行了批判性的反驳，通过这个框架，人们可以研究和理解当前生命科学中对数据的强调，以及它对整个科学领域的影响。我认为当前生物学中创新的真正来源是对数据处理和传播实践的关注，以及这些实践所反映出的经济与政治领域中交互模式和决策模式的诸种方式，而不是大数据和相关研究方法本身的出现。我们不是在见证一种由数据驱动的方法的诞生，而是在见证一种以数据为中心的科学方法的兴起，在这种方法中，对数据的调动、整合与可视化的尝试本身就是对科学探索的贡献，而不仅仅是创造和检验科学理论的副产品。

本书的主要观点是，用于数据生产、传播和分析的数字技术与新的监管体系和制度体系的融合正在引发研究实践和研究成果在优先性上的洗牌，并伴随着可以将什么视为科学知识，以及这些知识

1

是如何获取、合法化与使用的等重要结果。数据中心主义的兴起为数据收集、分类和解释过程中涉及的认识论问题带来了新的挑战，也为这些过程中所内嵌的概念、材料和社会结构带来了多样性。为了记录这一现象，我研究了在生命科学中聚合、调动和评估研究数据所涉及的过程，特别是如何开发在线数据库并将其用于在不同研究地点之间传播数据。利用这些经验主义的洞见，我将对数据在生物学研究中的性质与作用进行关联性的阐释，并讨论它对于分析更普遍的科学领域中知识生产过程的影响。因此，本书致力于涉及哲学、历史、科学的社会研究以及当代科学和科学政策的三个核心问题：在数字时代什么才是数据，其与生命科学和其他领域中当前的证据概念在作用和使用上是怎样的关系；在一个重大技术和制度变革的时期，什么才是科学的知识，这又和产生、流通和使用数据的社会世界有何关系；以及大型数据集合在何种条件下能够且应当被组织并解释，以生成有关生命系统的知识。

　　数据在研究中扮演着重要的角色，这并不是一个有争议或新奇的观点。事实上，为生产和解释数据而开发的复杂方法常常被认为区分开了科学与其他类型的知识。但直到最近，科学机构、出版业和媒体都在将数据处理策略刻画成一种无趣的概念。虽然许多科学家在访谈或个人陈述中强调数据处理策略的重要性，但数据处理并非那种通常会带来诺贝尔奖、高水平出版物或大量研究资金的活动。对世界做出新论断的著述最容易被认可为对科学做出了贡献，因而成为获取学术晋升和资金支持的硬通货。大多数科学哲学家已经接受，甚至促进了这种将提出理论及解释视为科学的关键成果，将其验证奠基于数据的推理上，却很少关注数据的生产、组织和分析过程的路径。这种看法一定程度上造成的结果是，数据处理工作被大量地委托给实验室技术人员和档案管理员——即"辅助类人员"，他们往往不被承认或表彰为知识创造的直接贡献者。在这个系统中，不支持作者提出观点的数据往往会被忽视，因为同行评议通常检查作者提交的数据是否令人满意地证明了其观点，而不检查同组产生的其他数据能否可以视为反面观点或其他不同观点的证据。

这种以理论为中心的思维方式正受到来自生产、传播和分析数据的计算技术及相关资助和研究评估制度的挑战。这在分子生物学中尤为明显，在该领域中，下一代基因组测序、微阵列实验和在该领域跟踪生物体的系统等高数据吞吐技术极大地提高了科学家生成数据的能力。因此，许多研究人员生产了海量数据，并期冀它们会产生意想不到的洞见，这一情况被乌利希·克洛斯（Ulrich Krohs）恰如其分地命名为"便捷性实验"。[3]此外，正如乔佛里·伯克尔（Geoffery Bowker）所记录的那样，计算和信息技术通过增强科学家存储、传播和检索数据的能力，改善了他们的"记忆实践"。[4]最后，从原则上来说，一个项目中获得的数据现在可以通过互联网与其他研究小组共享，所以除了数据的原始生产者，科学界的其他人也可以分析这些数据，并将它们用作新观点的证据。因此，资助机构、科学机构、国家的政府和研究人员越来越多地将数据视为一种应独立于它们作为特定假说证据的直接价值之外获得重视和奖励的科学成果——因为它们能够以多种不可预测的方式对未来的研究做出贡献，这只取决于它们接受何种类型的分析。

*F*₁₀₀₀ *Research* 期刊的编辑敏锐地捕捉到了这种气氛，该杂志的成立目的明确表明，其旨在促进数据的传播："如果您有有用的数据正在某个地方的抽屉底部悄悄消失，我促求您做正确的事情，将其送去发表——谁知道您会在哪些有趣的科学发现中做出贡献！"[5]这句话体现了数据在科学实践与话语中的突出地位，以及向同行免费提供研究数据这一要求具有的规范力量。"开放科学"运动的出

现最明显地证明了这一点，该运动倡导包括数据在内的所有研究组成部分的自由与广泛流通；资助机构和政府应热衷于采纳数据共享政策并开发与其相关的实施和执行系统，以及当前正在进行的出版业转型，以提高数据出版的质量和可见度——包括创建专门记录数据传播策略的期刊〔例如，2012 年创立的 *Giga Science* 和 2013 年创立的《科学数据》（*Scientific Data*）〕。[6]正如斯蒂芬·希尔加特纳（Stephen Hilgartner）早在 1995 年所指出的那样，这些发展标志着以数据为中心的交流机制在科学及其他领域的兴起。在本书中，我记叙了过去三十年来生命科学领域的这些发展，并将其置于该领域更长远的历史轨迹当中，从而凸显出数据中心主义与其他关于如何开展研究及取得何种成果的规范性构想之间的沿续与割裂。

我特别关注 20 世纪下半叶对果蝇、小鼠和羽衣甘蓝等模式生物进行的实验研究，以及这些工作与其他生物学研究领域的交叉方式。模式生物是用于研究大范围生物现象的非人类物种，希望由此产生的知识能够适用于其他物种。对这些生物体的研究涵盖了生物学中的绝大多数实验工作，尤其是分子生物学，但也包括对细胞、组织、发育、免疫系统、进化过程和环境相互作用的研究，以期加强对作为复杂整体的生物体的跨学科理解。它是当代学术界获得资助最多的研究领域之一，其发展与科学研究、公共文化、国家政策以及全球金融和治理系统的更广泛转变交织在一起——具有多重责任和利益，对数据的地位和处理产生了重大影响。此外，它高度分散，包含各种各样的认知文化、实践和兴趣以及与其他领域的多重交叉——从计算机科学到医学、统计学、物理学和化学。因此，用于生成和评估数据的规范、工具和方法可以有很大的不同，从事模式生物研究的生物学家眼中的数据类型与格式也有很大不同，其中包括照片、测量、生物体或其部分的标本、实地观察、实验和统计调查。这种多元化对任何试图将数据传播到其原始生产地以外地方的尝试造成了严重障碍。我认为最有趣的是，生物学家早就认识到了这些障碍，并有着尝试巧妙克服这些障碍的辉煌历史。已经出现了多种技术、机构和程序来促进大型生物数据集合的收集、保存、传播、分析和集成，包括列清单、建档案、设分类目录、博物馆展览与收藏、统计学和数学建模、订阅简报以及建立数据库。[7]因此，生物学家开发了复杂的标记系统、存储设施和分析工具来处理不同来源的数据，这使得生命科学成为探索流通数据以产生知识所涉及的机遇和挑战的绝佳案例。

　　本书从经验和概念上探讨了这些机遇和挑战。本书的第一部分提出了我称之为**"数据旅程"**的实证研究：物质、社会和制度条件促成了数据被包装并跨研究环境传输，进而成为各种知识观点的证据。第一章探讨了数据在模式生物学中传输的技术条件，重点关注那些旨在传播从这些物种上积累而得数据的数据库的兴起。本章回顾了这些数据库的结构、开发过程中所涉及的劳动以及它们为用户和赞助商发挥的多种功能，同时也反映了我使用旅程比喻来分析这些功能的意义之所在。第二章将这些科学工作置于更广泛的社会和文化背景中，叙述了旨在促进和规范数据旅程以确保数据作为知识主张的证据最大化其价值的制度和社会运动的出现。数据的科学价值被证明与数据的政治、经济和情感价值密切相关，这反过来又说明了科学研究与数据中心主义的政治经济学之间的密切相互作用。我还证明了什么被视为数据会因数据在整个旅程中如何被处理和使用而显著变化，以及如何应对这种变化对科学探索发展与结果的影响。

　　基于这些见解，本书的第二部分分析了**以数据为中心的生物学的特征**，特别是数据、实验实践技术和理论在这种研究方法中的作用。第三章回顾了现有哲学对科学数据的地位和使用的处理方式，并提出了一个替代框架。在该框架中，数据不是由它们的来源或物理特征来定义的，而是由它们在特定研究情境下被赋予的证据价值来定义的。这种关系观点首先使人们观察到旅程环境会影响构成数据的因素。在这种观点中，赋予数据的功能以及重要的认识论和本体论意义决定了它们的科学地位。第四章是对这一观点的拓展，具体方式是考察各种形式的非命题的具身的知识（"知道如何做"），这些知识涉及如何利用可以作为科学主张证据的数据，以及试图在数据库中捕获这些知识时遇到的各种困难。这让我反思以数据为中心的知识生产所涉及的、分布在参与数据旅程的不同阶段的个人之间的推理的本质。第五章关注数据旅程背后的命题知识，特别是使数据库用户可以搜索和检索数据的分类系统和相关实践。这些实践表明，数据旅程不仅是充满理论的，而且事实上可以产生指导数据分析和解释的理论。

本书的第三部分（也是最后一部分）反思了**数据中心主义的影响**。第六章考虑数据中心主义对生物学的影响，其中包括数据处理策略会影响哪些数据可被传播和整合，如何、在何处并伴随何种结果，以及特定研究传统的可见性与未来发展。我还反思了这对于全面理解以数据为中心的科学意味着什么，特别是它作为一种研究模式的历史创新性。第七章考察了对科学探究过程进行哲学分析的意义，特别是对研究发生条件的概念化的意义。我批评广泛使用"背景"（context）一词将研究实践与其发生的更广泛的环境分开，而建议采用约翰·杜威的"情境"（situation）概念，它更好地突出了拓展科学知识涉及的概念、物质、社会和制度因素之间的动态纠缠，也明确了科研工作与那些能够利用科学知识价值的公众之间的关系。

这个简短的提纲展示了这本书是如何从具体到抽象的，从对特定数据实践的概念性框架分析开始，并最终以概览的视角对数据中心主义和数据在科学研究中的作用进行总结。专注于科学活动的具体领域并不会妨碍哲学分析的深度或广度，反而可以将其建立在对处理和分析数据所涉及的挑战、思考和限制的具体理解之上。[8]这种方式体现了一种学术进路，我喜欢称之为**实证科学哲学**，其目标是将哲学的思考与学术应用于科学研究的日常实践以及此类实践所涉及的一切，包括探究过程、物质约束、制度背景和参与者之间的社会动态。[9]为此，我的分析主要基于科学的历史与社会研究，以及与生物学、生物信息学和计算机科学相关从业者的互动和合作。这项工作中使用的研究方法涵盖了基于相关哲学、历史学、人类学和社会学文献的论证和对自然科学期刊出版物的分析，查阅记录生物学数据库运作和发展的档案，以及对这些数据库所创造和储存的生命和世界进行线上与线下的全方位民族志探索。在 2004～2015 年间，我参加了许多管护团队的会议，还参加了管理模式生物数据库指导委员会的会议。我见证了——有时还参与了[10]——关于是否以及如何在未来维护、更新和支持这些以及其他研究数据库的科学和政策辩论。我还在全球各地（包括英国、法国、比利时、意大利、荷兰、德国、西班牙、美国、加拿大、南非、中国和印度）参加并组织了许多学术、培训和政策会议，在这些会议上，数据库用户、出版商、资助者和科学研究学者讨论了这些工具的实用性和可靠性。

6

这些经验在三个方面对本书的写作起着重要作用。首先，它们让我对建立和维护生物数据库的研究人员所面临的挑战有了具体的认识，这反过来又促使我远离与"大数据"和"数据驱动的方法"相关的充满希望却往往不现实的话语，转而关注实际的问题以及在数据旅行的实际尝试中发现，但没能解决的难题。其次，它们不断提醒人们，对数据处理实践认知意义的分析与对这些实践发生条件

（包括所涉及的科学传统的特征）的研究、被研究的实体和过程的性质，以及进行研究的制度、财政和政治环境是不可能分开的。最后，它们使我能够与数百名不同资历和经验的研究人员，以及参与讨论开放科学准则的实施、数据库的可持续性和数字时代对科学治理的意义的出版商、编辑、政策制定者、活动家、科学资助者和公务员介绍和讨论我的想法。[11] 除了提供有益的反馈外，这些互动还使我对科学家和监管机构肩负起了责任，这也有助于我的分析对困扰当代学术研究的问题做出回应。我认为这种情况对于哲学家来说高度可行且可欲。用约翰·杜威的话来说，"当哲学不再是解决哲学家问题的工具，而是成为哲学家培养的解决人类问题的方法时，哲学就会恢复自我"。[12]

我知道这种方法与科学哲学的某些部分是不一致的，特别是那些在缺乏开拓知识所依赖的物质和社会条件的任何信息——甚至兴趣——的情况下进行的哲学讨论。我的研究动机不是抽象地理解科学知识的结构和内容。相反，我着迷于科学家们如何将机构所在地、社交网络、物质资源和感知能力所构成的严格且不断变化的束缚转化为大量的机会，进而理解并概念化自身作为其中的一部分的这个世界。我的阐述建立在那些与我同样对科学研究的独创性、巧合性和情境性有着共同兴趣的哲学家的工作上，因此忽略了对诸如证实、证据、推理、表征、建模、实在论和科学理论结构等主题的纯粹分析性讨论。这并不是因为我认为这些学问无关紧要。相反，这是因为这些学问建立在这样一个预设之上：数据分析遵循的逻辑规则可以独立于科学家处理数据的具体环境来进行。我的研究经验和观察结果与这一预设不一致，因此朝着不同的方向前进。虽然我希望未来的工作能够检验这里提出的观点与关于这些问题的大量分析性学术研究之间的关系，但我在这里想要刻画出一个具体的哲学解释及其经验动机。将这一解释与其他类型的哲学学术研究联系起来，无论是在分析传统中还是大陆传统中，都需要一本完全不同的书，因此在这本书中完成这一使命并不是我的目标。

当我向学术受众展示我的这项工作时，我被反复问到的一个问题是：这项研究应该被视作对哲学，对科学研究，还是对科学本身的贡献。我对数据中心主义的评估是否旨在记录相关生物学家的思考，从而对该领域的状况进行基于经验的描述？它是不是一种旨在将生物学实践置于更广泛的政治背景、社会背景和历史背景中的批判性的方法？或者像哲学家会通常提出的那样，它是不是对我所认为的这种现象的概念的、物质的和社会基础的一种规范性解释？我认为我的解释试图包含这三个维度。首先也是最重要的是，这一研究的目的是对数据中心主义的哲学评估，因而也是一种规范性立场，反映了我对这一现象所包含的内容、它对科学认识论的意义以及它如何同科学知识生产相关的更广泛的活动和方法相关联的看法。与此同时，我长期参与到我所讨论的科学项目，以及这些实践得以产生并在目前显现出来的历史和社会环境的研究当中，这都影响着，也时常挑战着我的哲学观点，导致我的立场是规范性的，但又依赖于在我的探寻领域中应用人类学家所谓的"深描"（thick description，即包含对一组所观察的具体的、来之不易的和情境化解释的描述，而不是假装以中立的、客观的方式捕捉事实）。[13]

许多科学家和科学机构将21世纪初看作科学研究方式发生划时代变化的时期。本书试图阐明这种变化包括什么、它是如何深植于20世纪的科学实践中以及它对我们理解科学认识论有何影响。它对生物学中数据实践的特殊性关注也是它的局限所在。我在此提出一个框架能够作为研究其他领域如何处理数据的起点，也可以作为研究生物学本身在未来如何发展的起点——特别是自数据中心定义对进化生物学、行为生物学和环境生物学等我在此没有详述的重要子领域发挥日益重要的影响以来的发展。正如我试图在整本书中强调的那样，我的分析受到我的直觉和偏好的影响，同样还有来自我对所调查的具体案例的感知的影响。这就是科学哲学明晰的经验进路的美妙之处和力量源泉：就像科学本身一样，它自身也难免犯错，但它会在不同研究群体的努力与分歧的基础上得以发展与成长。

第一部分　数据旅程

第一章　让数据迁旅：技术和专业知识

2013 年 9 月 17 日上午，我来到华威大学参加一个名为"用 iPlant 进行数据挖掘"的研讨会。[1]研讨会的目的是教英国的植物生物学家如何使用"iPlant Collaborative"，这是一个由美国国家科学基金会资助的数字平台，为植物科学数据的存储、分析和解释提供数字工具。iPlant 是这类技术和相关研究实践的一个很好的例子，具有值得在本书中探讨的认知意义。它是一个数字基础设施，其开发目的是使各种类型的生物数据传播得更远更广，从而使这些数据能够被全球的若干科学家团队分析，与更多的数据整合，并最终帮助生物学家产生新的知识。尽管深知仅靠身居斗室就收集到所有现存植物的数据是一个雄心勃勃但又毫无希望的目标，但 iPlant 仍希望纳入尽可能多的数据类型——从遗传学到形态学和生态学——囊括越多植物种类越好。它还想要开发植物生物学家可以轻松学会使用的软件，以服务于他们自己的研究目标，从而最大限度地减少访问资源所需的专业培训，并促进 iPlant 与其他数字服务和数据库的互动。

iPlant 团队由 50 多位计算机科学和实验生物学方面的专家组成，他们花了几年时间来启动这个艰巨的项目。这是因为建立一个支持科学探究的数字基础设施涉及收集、处理和传播各种领域的数据，以及设计适当的软件来处理用户需求的重大挑战。起初，iPlant 团队必须确定数据分析的哪些功能是植物科学家最看重又最迫切需要的，从而确定需要解决的目标与解决的顺序。因此在

2008 年项目开始时，很大一部分资金被用于咨询世界各地的植物科学界人士，以确定他们的要求和偏好。在此之后，iPlant 团队集中精力，根据已有的技术、人力和收集到的数据等条件，将这些想法在实践和计算上予以实现。他们统筹了存储和管理超大文件所需的物理空间和设备，包括足够的计算设施、足够强大的服务器来支持眼下的操作，以及为得克萨斯州、加利福尼亚州、亚利桑那州和纽约的几所高校内的数十名相关工作人员和技术人员提供工作站。他们还开发了用于管理和分析数据的软件，来支持位于不同地点的团队，并整合各种格式和来源的数据。这些工作使得团队同生物学家甚至要更多地协商（以检查 iPlant 挑选的解决方案是否可以被接受），在面对参与建设资源的许多团体，如软件开发商、存储服务提供商、数学家和程序员时也是如此。iPlant 被称为"发现环境"的首个用户界面版本甚至直到 2011 年才得以发布。

　　世界各地的植物科学家满怀期待地注视着这些发展，希望能学到新的方法来搜索现有的数据集并理解自己的数据。因此，华威大学的研讨会获得了广泛的参与，英国的大多数植物科学团体都派代表参加了这次会议。会议在生命科学大楼中心的一个全新的计算机房举行——这是一个典型的例子，说明通过计算机分析进行的生物研究正逐渐超越过往使用有机材料进行的"湿"实验。[2]我在房间里的 120 台大型 iMac 之一前面就座，开始进行 iPlant 工作人员设计给生物学家熟悉他们工具的入门练习。第一个小时后，我开始感觉我身边有一些不安分的声响。一些生物学家对练习中涉及的大量编码和编程感到不耐烦，并向他们周边的人抱怨，认为他们本来希望进行的数据分析在该系统中似乎是不可行的。事实上，他们在使用中还远远没发挥出 iPlant 的研究优势，而只是被诸如将自己的数据上传到 iPlant 系统中，或者了解哪些数据格式可以与"发现环境"中的可视化工具一起使用，以及定制参数以实现现有的研究目标这样的一些任务困住了——结果就变得很沮丧。

　　这种不耐烦可能看起来令人惊讶。这些生物学家参加这次研讨会正是为了熟悉 iPlant 所提供的强化计算工具的程序，以便助力这些工具最终的开发——事实上，这些实验室已经选择了他们最专精运算的工作人员作为这次活动的代表。此外，iPlant 的协调专员历经日复一日的不懈努力，才使得这些工具的数据分析界面对新手或者计算机技能有限的研究人员友好，而且 iPlant 的工作人员随时可以帮助处理具体的查询和问题〔用 iPlant 联合首席研究员丹·斯坦齐奥内（Dan Stanzione）的话说，"我们工作的目标就是让用户能够专心于自己的工作"〕。然而，我可以理解生物学家们因为受困于 iPlant 工具的限制和挑战，以及使它们充分发挥潜力所需的学习成本而不悦。和他们一样，我也读过 iPlant 开发者阐释其活动的"宣言"文件，并被其愿景的简洁性和力量感所震撼。[3]它以一个假想的用户场景开始：塔拉，一位对植物基因组的环境易感性感兴趣的生物学家，使用 iPlant 软件无缝整合各种格式的数据，成千上万的基因组和数百个物种，最终，她能够识别出关键生物组分与生物学过程之间的新模式和因果关系。这个例子生动地说明了数据基础设施如何帮助人们理解分子层面的过程同生物体的行为、形态和环境之间的相互影响。这一领域的进展有可能促进对西方政府所称的我们这个时代的"重大挑战"，例如需要通过更有效地种植植物来养活迅速增长的世界人口等问题的科学解决方案的催生。和 21 世纪初建立的大型数据基础设施的通常情况一样，iPlant 建立的期望所涉及的回报也是高得离谱。可以理解的是，在阅读了那份宣言文件后，参加研讨会的生物学家在面对让 iPlant 工作所涉及的挑战和 iPlant 可以处理的分析类型的限制时，会感到很沮丧。

　　在分析任何以数据为中心的研究实例时，这种承诺与现实之间，也即数据技术在原则上可以实现的目标与使其在实践中发挥作用所需的条件之间的张力，是不可避免的，并且构成了我研究的出发点。一方面，iPlant 示例了在许多生物学家眼中研究领域的美丽新世界，在这个世界里，高通量机器产生的数十亿数据可以与实验产生的数据相结合，从而全面了解生物体的功能和相互之间的关系。另一方面，开发能够支持这一愿景的数字化数据库需要协调不同的技能、兴趣和背景以匹配广泛的数据类型、研究场景和相关的专业知识。这种协调是通过我所说的数据**包装流程**（*packaging procedures*）实现的，其中包括数据的选择、格式化、标准化和分类，以及检索、分析、可视化和质量控制方法的开发。这些流程构成了以数据为中心的研究的骨干。不适当的包装无法实现数据的整合和挖掘，从而使人们对大型数据基础设施开发者的承诺的可信度产生怀疑。正如围绕着 iPlant 的发展所进行的漫长谈判所体现的那样，开发适当包装的工作涉及数据传播、整合和解释可以或应该发生的条件，以及谁应该参与等问题的批判性思考。

　　在本章中，我研究了在为传播而包装数据时涉及的未解决的张力、实际挑战和创造性的解决方案。[4]我所关注的是在模式生物数据库中为检索数据打标签的流程。[5]这些数据库使得人们能够对数据的整合和再次使用进行特别复杂的尝试，它植根于 20 世纪生命科学的历史，特别是 20 世纪 60 年代分子生物学的崛起和 90 年代大规模的测序项目。与基因序列存储库（GenBank）这样只满足一种数据类型的基础设施相比，这些数据库旨在存储各种自动产生的和实验获得的数据，并使具有明显不同认知文化的研究小组能够使用这些数据。[6]我还探索了这些数据库为完成其复杂的任务所利用到的丰富而多样的资源，并辨识出了其中的两个（数据处理）过程：去背景化和重新背景化，脱离这两个过程，数据就无法离开其最初的生产背景而传播。我接下来讨论了引入计算工具来传播大型数据集合是如何通过一个新的专业人物——数据库管理员的出现来重新配置与生物研究相关的技能和专业知识的。最后，我介绍了数据旅程的概念，并思考了在研究数据传播实践时使用与迁移和旅行有关的隐喻的意义。

16

一 生物学中在线数据库的崛起

在第二次世界大战之后，生物学进入了分子时代。从 20 世纪 60 年代开始，生物化学和遗传学吸引了分配给生物学的绝大部分投资和公众关注，并在 20 世纪 90 年代的基因组测序项目中达到顶峰。这些项目，诸如人类基因组计划（the Human Genome Project）和以非人类生物，如大肠杆菌和拟南芥属植物为中心的项目，表面上是为了"破译生命的密码"，找到绘制和记录基因组中核苷酸串的方法。[7] 许多生物学家对它们的整体实用性和科学意义表示怀疑，哲学家们谴责这些项目似乎支持的遗传还原论的承诺（即认为可以通过确定 DNA 分子内核苷酸的顺序，主要参照分子过程来理解生命）。[8] 尽管存在反对意见，这些项目仍得到了很好的资助，编码与绘制生命图谱的言辞吸引了各国政府和媒体的想象力，从而获得了科学倡议中很少享有的公众知名度。[9]

当许多测序项目在 21 世纪初宣布完成时，它们实际上对生物体如何运转确实没有产生什么生物学洞见的事实也日渐明显，特别是相较于其最初立项时所围绕的炒作与期望来说。这一事实本身就可以被看作一个重要的成果。它表明，序列数据是一项重要的成就，但并不足以产生对生命更好的理解。相反，它们需要与记录其他生物成分、过程和组织层级的数据相结合，例如，在细胞和发育生物学、生理学和生态学中获得的数据。因此，测序项目可以被视为标志着生物学中遗传还原论的终结，并为那些把生物体视为"复杂整体"的整体论的、整合性的研究方法——例如在系统生物学中受到追捧的方法——打开了大门。[10]

测序项目的另一个主要成果是成功地让生物学家、资助机构和政府注意到了数据生产、传播和整合活动的科学价值。[11]尽管数据收集和传播的实践在整个生物研究史上起着核心作用，但在狭窄的专家圈子之外，它们并未享有很高的地位和可见度。开发一个智能档案库或存储样本的方法通常被视为一种技术贡献，而不是对科学知识的贡献，只有当这些工具被用来产生关于世界的新主张时，才会用到"科学"一词。正如我在序言中所强调的，这种情况在过去的几十年里已经发生了变化，而数据实践的突出地位的这种转变恰好与测序本身从一种单纯的技术到一个科学专业的提升相吻合，其中需要有针对性的专业知识与技能，这并非巧合。[12]

正如哈勒姆·史蒂文斯（Hallam Stevens）在他的《脱离序列的生命》（*Life Out of Sequence*）一书中所强调的，测序项目所产生的数据已经成为生物学中"大数据"概念的典范。能够在最小的人为干预下产生大量的数据点的高通量机器正是在测序项目的背景下被开发出来的。这些项目产生了记录生物体基因型的大量数据集，这反过来又引发了关于如何存储这些数据、是否可以有效共享这些数据以及如何将这些数据与那些没有以类似自动化方式产生的数据进行整合的辩论。它们引起了人们对产生亚细胞生物学其他方面数据的兴趣，最突出的是包括代谢组学（记录代谢物行为）、转录组学（基因表达）和蛋白质组学（蛋白质结构和功能）在内的"组学"数据。此外，测序项目为国际研究界可以如何开展合作建立了一个模板，特别是以大型项目和网络的形式，通过它们来对机

17

器和数据基础设施的访问、使用和维护进行结构化和规范化。[13]最后，序列数据成为一个在没有具体研究问题的情况下产生的生物数据的典型例子，同样也是探索特定生物体的分子特征而不是验证被提出的假说的方式。除了它们纯粹的规模和生产速度，这种研究问题和数据生成之间的脱节标志着基因序列是一种大数据。[14]正如在粒子物理学、气象学和天文学的类似案例中，获取这些数据需要大量的工作和其他研究领域转移而来的投入，但对于是否以及如何利用序列数据来实现被承诺的生物和医学突破实际上并不确定——这种情况在资助者和科学界人士中产生了高度的焦虑，以及寻找分析和解释数据方法的紧迫感。

　　这种机遇与焦虑交织的空间被证明对模式生物数据库的发展和科学成功具有决定性意义。为了解释这一点，我需要简单介绍一下模式生物的主要特征，并回顾一下它们作为实验室材料的历史。模式生物是少数物种，包括果蝇〔黑腹果蝇（*Drosophila melanogaster*）〕、线虫〔秀丽隐杆线虫（*Caenorhabditis elegans*）〕、斑马鱼（*Danio rerio*）、18 芽殖酵母〔酿酒酵母（*Saccharomyces cerevisiae*）〕、野草〔拟南芥（*Arabidopsis thaliana*）〕和家鼠（*Mus musculus*），过去六十年里生物学（特别是分子生物学）中绝大多数的实验都围绕着对它们的研究展开。[15]这种非凡的成功可以归结为一些实践上的原因。它们的体积相对较小，具有高度可操作性，而且养护成本低。此外，它们拥有的某些生物特性——如斑马鱼的透明皮肤，使人们能够在没有持续侵入性干预的情况下观察它们的发育过程——这令它们对实验研究特别有用。用阿黛尔·克拉克（Adele Clarke）和藤村琼（Joan Fujimora）的话说，它们是"正适合这种工作的工具"。[16]然而，我当前最重要的目的是阐明人们聚焦模式生物研究背后关联的科学期望。人们通常认为，对模式生物功能和结构的了解将促进对其他物种的理解，从相对类似的生物（例如靠拟南芥产生对作物类物种的了解）一直到人类（最明显的是小鼠的例子，它经常被用作人类疾病的模型）。这并不一定意味着模式生物在本质上比其他物种更能代表生物现象。相反，模式生物成功的主要原因在于，从一开始，对它们的研究就受到了管理和指引，特别是那些将它们作为实验室材料背后的跨学科雄心与合作精神。

率先在生物学中系统地使用模式生物的生物学家们对如何开展研究有着相似的愿景，其中包括 20 世纪 20 年代的 T. H. 摩根（T. H. Morgan）（果蝇）、60 年代的西德尼·布雷纳（Sydney Brenner）（线虫）、70 年代的马尔滕·克尼富（Maarten Koornneef）和克里斯·萨默维尔（Chris Somerville）（羽衣甘蓝），以及 80 年代的乔治·史特莱辛格（George Streisinger）（斑马鱼）。他们坚持不懈地推动思想、数据和样本的共享，并将其作为科学互动的规范，包括在出版前的阶段——这是一个了不起的成就，尤其是在生物医学研究中声名狼藉的竞争文化背景下。[17]这不仅仅是个人偏好和强大人格魅力的结果：数据的广泛和自由传播对他们科学研究项目的成功至关重要，其项目的最终目标是通过跨学科方法，包括遗传学以及细胞生物学、生理学、免疫学、形态学和生态学等，将生物体作为复杂的整体进行研究。模式生物研究的支持者认为，实现这种综合理解的最佳策略是专注于少数物种，尽可能多地从生物学的各个方面来探索它们，整合产生的数据，以获得对其总体的生物学理解，再使用这些结果和相关的基础设施作为研究其他物种的参考点。这种研究方法在 20 世纪 80 年代和 90 年代得到北美和欧洲科学资助者和管理者的广泛支持，以期能够从中获得一个蓝图来说明如何将生物学的几个分支相结合，从而将生物体作为复杂的整体来理解，并进一步地将其作为开展比较研究和跨物种研究的参考。在与瑞秋·安科尼（Rachel Ankeny）的合作中，我将这种生物学研究应当如何开展的愿景概括为一种具体的研究策略，其中数据整合发挥着核心作用，将数据广泛传播的期望推动了对数据生产和数据共享基础设施的财政投资。[18]在这种观点中，模式生物的特点不应像历史和哲学文献中经常强调的那样，从它们对其他物种或现象的代表性等角度归纳，而应当从它们的研究基础设施、数据收集和可获得的生物学知识等角度来归纳。简而言之，模式生物可以被定义为人们已经有很多了解的生物；关于这些生物的知识可以很容易地被获取并用于研究其他生物。

　　作为模式生物研究核心的研究策略受到了广泛的批评，部分原因是它强调测序数据及遗传学（这使它容易受到反还原论的影响），另一部分原因是它以不利于生物学理解的方式避开了生物多样性和生物体之间的变异。[19]通常情况下，从事模式生物研究的生物学家意识到它们的代表性有限，不认为它们是他们希望研究的生物过程的理想范本。相反，他们感兴趣的是这些生物作为跨学科和跨地点的成果整合平台所能提供的机会，已有事实证明这种平台是非常成功的。以模式生物作为多种研究传统的"边界对象"已经帮助科学家们产生了一些重要的生物学观点，从了解昼夜节律（生物体调节其生物活动的日周期和季节周期）到通过遗传干预控制特定性状发展的能力。[20]它还促成了遗传研究同发育与进化生物学之间的对话，这在某些情况下导致了新的跨学科共同体的建立。而且，对本书主旨最重要的是，它促进了迄今为止生物学中一些最复杂在线数据库的建立。

　　事实上，考虑到从事模式生物研究的生物学家对数据共享和跨学科整合的承诺，毫无疑问，他们在 20 世纪 90 年代促进测序项目和相关数据基础设施建设方面发挥了关键作用。这些数据的积累为模式生物共同体提供了共同的目标和统一的要素，同时也为他们储

存、流通和检索大量数据提供了渠道、协调和资金。从事模式生物

20 研究的生物学家在讨论如何传播序列数据方面发挥了关键作用，他
们达成了一个共识，认为这些数据应该不受限制地免费提供，正如
"百慕大规则"（Bermuda Rules）当中正式规定的一样。[21]这些生物
学家对序列数据的实用性以及如何利用它来提高对生物体的现有认
识有了相对明确的想法。因此，他们可以有效地解决资助者和同行
针对序列数据未来开发所产生的忧虑。此外，他们中的许多人已经
尝试使用数字资源库来存储和传播遗传信息，并渴望扩大这些资源
库来处理更多数量、更多种类的数据。[22]这一系列的因素共同促成
了主要的资助机构，如美国国家科学基金会（the National Science
Foundation）和英国研究理事会（Research Councils UK）在 20 世纪
90 年代末为传播模式生物数据的数字基础设施分配了大量资金。
因此，模式生物数据库的出现伴随着短期目标和长期远景，短期目
标是存储和传播基因组数据，长期远景是：（1）将有关生物体所
有可获得的生物学数据纳入并整合到单一资源中，包括生理学、代
谢甚至形态学的数据；（2）允许并促进与其他共同体数据库的合
作，使可用的数据集最终可以进行跨物种比较；（3）收集关于每
种生物体的实验室、相关实验方案、材料和仪器的信息，为建设共
同体提供平台。一些特别有用且丰富的数据库包括专门用于果蝇的
FlyBase 数据库、秀丽隐杆线虫的 WormBase 数据库、拟南芥的拟南
芥信息资源数据库（The Arabidopsis Information Resource，"TAIR"）、
斑马鱼的斑马鱼模式生物数据库（The Zebrafsh Model Organism
Database）以及酿酒酵母的酿酒酵母基因组数据库（Saccharomyces
Genome Database）（见图 1）。[23]这些工具在生物学的在线数据基础设
施的发展过程中发挥了特别重要的作用，并且至今仍是其他数据库
建设的参考重点。[24]这些数据库能够普及的原因之一是它们的可及

性。由于国家机构的赞助，可以免费将它们提供给整个生物学共同体进行参考，这提高了它们的可见度以及模式生物本身作为研究对象的地位。[25]成功获得公共资助也意味着它们在生物学家中的普及度颇高，而这又促使它们获得不断改进，以期能跟上科学的需求。这些数据库得以普及的另一个原因是它们专注于记录单一物种的内部结构的数据。2000~2013 年间的模式生物数据库没有试图涵盖诸如生物体行为或特定变种通常在野外所处生长环境这样的数据。从野外获得的生物体身上提取出的数据中应包括关于其地理来源和位置的信息；但模式生物的大多数数据都源自在实验室受控条件下饲养的高度标准化的生物体，从而有效地排除了环境变异和进化时间等变量。这样做并不是因为忽视了这些参数的重要性，而是为了简化对生物体的研究，使之有可能整合有关生物体组成、形态、遗传调节和代谢的数据——这本身就是一个雄心勃勃的目标，正如我们将看到的那样，它被证明极具挑战性。[26]

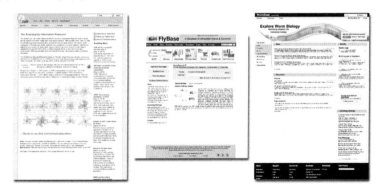

图 1　拟南芥信息资源数据库、
FlyBase 数据库以及 WormBase 数据库网站首页

资料来源：The Arabidopsis Information Resource，https：//www.arabidopsis.org；FlyBase，http：//flybase.org；WormBase，http：//www.wormbase.org/#01-23-6，所有网站均访问于 2014 年 6 月。

　　TAIR 数据库是截至 2013 年收集拟南芥数据的主要数据库，它也是一个很好地说明了数据库在模式生物研究战略中发挥了多么核心作用的例子。1999 年，美国国家科学基金会资助了 TAIR，以确保专门用于拟南芥的国际测序项目所产生的数据能够得到充分的存储，并能够免费提供给植物科学界。卡内基科学研究所的植物生物学系，是包括拟南芥元老克里斯·萨默维尔和沙纳·萨默维尔（Shauna Somerville）在内的著名植物科学家的共同的家，该系赢得了创建并主持 TAIR 数据库的国家级招标。一名克里斯·萨默维尔曾经的学生李承贤（Seung Yon Rhee）被任命去指导 TAIR，而怀着对该数据库未来有所发展的强烈愿景，她承担了这项任务。作为一名经验丰富的实验员，李承贤认为 TAIR 不应该只是一个序列数据的存储库。相反，它应该成为一个由拟南芥研究产生的多种类型数据的储存库，也应该成为一个促进植物生物学不同方向的研究人员之间沟通和交流的平台。此外，该数据库应包含一套数据检索和数据分析的工具，以促进所有这些数据的整合；同时它也应使用户能够将拟南芥的数据与其他植物物种的数据进行比较，从而为整个植物科学的发展铺平道路。[27]事实上，李承贤一直坚定倡导在生物学内部进行资源共享，她称这种路径为"共享且共存"，而不应当持有主流生物医学研究中普遍的"发表或灭亡"心态。[28]在拟南芥作为植物生物学的模式生物取得成功的同时，[29]TAIR 在全球的研究人员中获得了越来越大的影响力，汇集了一系列令人印象深刻的数据集，涉及了拟南芥从形态学到代谢途径的多个生物学角度。到了 2010 年，该数据库加入了由 TAIR 团队精心设计的各种搜索和可视化工具，来帮助植物科学家检索和解释拟南芥数据。例如 MapViewer，它允许访问拟南芥染色体的各种类型的结构序列，以及 AraCyc，能够将描述拟南芥细胞过程的生化途径的数据可视化。

TAIR 提供了丰富的信息来说明这些工具是如何构建的，它们应该如何使用，以及应当包括哪些类型的数据。[30]它还与拟南芥储存中心进行了合作，这些中心储存了数十万个拟南芥突变体的种子库存，以便用户能够直接从网站上订购他们实验所需的样品。[31]

在 2008 年，美国国家科学基金会决定削减对 TAIR 的资助，科学界则对 TAIR 在植物科学中发挥的作用展开了热烈的讨论。基金会做此决定的理由是财政限制，也希望 TAIR 能够适应植物科学界不断变化的需求，特别是能够分析和比较不同植物物种数据工具的需求，因为其重要性正在逐步提升。而同时，这一决定在效果上使得数据库管护人无法全面审查并修改其内容，因而引发争议。科学家们的抗议声自全球各地汹涌而来，《自然》（*Nature*）杂志发表了一篇社论来阐述 TAIR 在植物科学中起到的关键作用，多国拟南芥指导委员会（the Multinational Arabidopsis Steering Committee，"MASC"）和英国拟南芥基因组资源网络（the Uk Genomic Arabidopsis Resource Network，"GARNet"）扶持建立了多个工作组，以寻找长期支持 TAIR 的方法。[32]在 2013 年，拟南芥信息门户（the Arabidopsis Information Portal，"Araport"）终于得以建立，其宗旨是通过利用更新、更复杂的软件，改进后的用户反馈和数据捐赠机制，以及与软件开发商和数据存储设施（如 iPlant 提供的那些设施）和跨物种电子平台如通用模式生物数据库（the General Model Organism Database，"GMOD"）的强大合作，来补充并扩展 TAIR 的原始图景。[33]

FlyBase、WormBase 数据库、小鼠基因组信息库（Mouse Genome Informatics）、酿酒酵母基因组数据库和斑马鱼模式生物数据库最初都像 TAIR 一样，由公共机构资助，目的是存储并传播序列数据，同时还要充分利用资金来承载更多种类的数据，从而通过复杂的测试来为数据处理的最佳实践奠定基础。希望这一背景足以说明为什么我选择模式生物数据库作为我调查以数据为中心的生物学的主要经验依据。这些数据库资源维护良好、构建审慎，其理念和运行都深深扎根于研究团体的现实需求，其未来发展的重要性获得了资助者和研究者的共同认可与支持。由于这些数据库特殊的历史，它们成为靠在线技术传播各种类型数据的良好范例，而当人们分析对数据的关注有怎样的意义，以及这种关注又如何影响了数据的生产和分析时，这些数据库无疑也是良好的研究案例。[34]

二　数据的包装与迁旅

生物研究中不同的学科、方法、假设和技术或许制约着生物学数据的传播。这一点在模式生物研究中有明显的体现，数以百计的模式生物研究小组，每一个都倾向于发展出一种独特的认知文化，包括独特的技能、信仰、兴趣和偏好的实验材料。[35]此外，生物学家通常会根据他们研究的生物体的特性来调整自己的方法与偏好，这进一步扩大了研究共同体之间已经广泛存在的差异。研究人员没有共同的术语、概念装置、方法或工具系统，导致数据除了在最初产生时的首次传播外，很难有其他方式进一步流通。生物研究的全球性本质使得迁旅更加困难：数据不仅需要跨越学科和文化的界限，而且需要跨越遥远的物理距离，才能到达世界各地的生物学家手中。

开发数据库，特别是模式生物数据库的大部分工作都集中在解决生物体数据的本地性本质以及数据需要在不同研究背景和地点之间广泛流通的矛盾上。负责开发和维护数据库的人（后文中简称为"管护人"）[36]的工作是为全球各种各样的数据库用户服务，依据每个用户的搜索来提供适合他们自己兴趣和方法的数据。数据在

新研究背景下被访问和再次使用的程度标志着数据迁旅的成功与
否。值得注意的是，在线获得的数据并不能马上投入使用。数据能 24
否在不同的背景下被富有成效地采用，依赖的是数据库管护人依据
多年的专业训练以及与用户对话而形成的数据包装策略。这些策略
包括整合各种仪器和技术产生的不同**类型**的数据，从序列数据到照
片或组织样本；收集记录数据来源的**元数据**（即数据最初产生的
条件）；开发数据**表征**形式，以方便搜索和可视化数据库中的检索
结果（如地图、模型、模拟）；能够对最初获取数据的**材料**进行排
序，如来自同一突变体的样品；采用可理解的**关键词**对数据进行分
类和检索。这些包装策略为模式生物数据库的数据在不同科学共同
体之间的传播提供了条件，在接下来的内容中，我将对它们进行探
讨。正如我将表明的，"好的包装"应当包括开发标签、底层结构
和程序，以促进潜在用户对数据的检索和采用，而这在实践中是极
难实现的。

　　包装传播数据的过程与包装邮寄物品的过程有一些相似之处。
在这两种情况当中，迁旅物品的物理可操作性都很关键：标准的形
状和尺寸有助于邮件的包装和流通，也有助于数据的包装和流通。
事实上，数据库管护人经常会参与到长期的标准化数据格式工作
中，以便于数据在整个生物学界流通。[37]此外，数据的迁旅能力还
取决于为此目的而设计的基础设施，以及除发送者和接收者之外的
他人干预。人类活动和物理环境对于数据的迁旅同样重要。邮局、
卡车、司机、邮递员和邮件分拣员扮演着类似于数据库及其管护人
的角色。如果没有数据库提供的数字平台以及管护人为了将数据库
作为数据的载体而付出的设计与努力，数据的迁旅就无法实现。就
像邮件是为了满足发送者和接收者而设计的服务一样，对数据迁旅
的需求是由生产和重复使用数据的认知文化产生的。

　　为快递而包装物品和为传播而包装数据之间也存在着重要的区别。在这两种情况下，迁旅是否成功取决于物品是否无损坏或无丢失地到达目的地，而到达哪个目的地则取决于物体上附着的标签。然而，对数据而言，标签**不应完全决定**数据将前往哪个目的地。毫无疑问，数据库管护人选择的标签对数据的走向有很大的影响。这一点无法避免，因为标签的功能正是为了让潜在用户能够检索到数据。如果没有标签，数据根本无法迁旅。但是为了成功地实现数据再次使用，它最终的路径应该由它们的用户和数据库管护人共同决定。管护人不可能预测所有可能的数据使用方式。这涉及对无数研究项目的熟悉程度，以及超越个人或团体能力的科学理解水平和预测能力。因此，让尽可能多的研究人员能够在自己的研究背景下按照自己的方式来使用数据，才能够更好地探索数据作为证据的价值并使其得到最大程度的利用。与邮件用户相反，数据库数据的潜在流通用户并不是被动的接收者。为了实现有效的数据传播，这些用户需要积极参与数据的检索过程，包括严格评估哪些标签值得信任、哪些数据值得选择以及如何解释这些数据。值得注意的是，数据库管护人会充分意识到在实践中被多用户共同关注的问题具有格外的重要性。[38]

　　基于这些前提，"打标签"成为包装过程中最具挑战性的部分之一。数据库管护人要创建出的标签应当既能使用户可以检索到数据，同时还不能妨碍用户选择他们想要的数据以及他们希望使用的数据解释方式。包装邮件同包装数据的最后一处类比在于，数据库标签需要表明数据内容的信息，而无须添加数据可以被传递到哪里的命令——例如邮寄地址。包装数据的一个关键特征在于要让数据能够灵活地移动到任何可能需要它们的地方，比起将对象包装并迁旅到一个定义良好的目的地来说，这种操作要复杂得多。

25

（一）相关性标签：生物本体论

提高数据的可用性包括让尽可能多的研究人员看见并获取数据。模式生物学中的一个标签系统已经获得了极大的普及，正是因为它根据数据与调查生物实体的相关性来对其进行分类。这种标签系统被称为"生物本体论"，它由一个术语网络组成，每个术语表示一个生物实体或过程。数据同这些术语中的一个或多个相关联，基于它们是否被判断为与这些术语所指的实体的未来研究有潜在的相关性。例如，VLN_1基因被发现选择性地与被称为F-肌动蛋白的肌动蛋白丝相互作用。[39]考虑到肌动蛋白在包括细胞运动和信号传递在内的数个细胞过程中发挥的关键作用，这称得上是一个有趣的发现。尽管如此，VLN_1的实际功能仍然是未知的：除了它与F-肌动蛋白的相互作用外，能够和VLN_1的数据相关联的知识并不多。数据库管护人追踪了有关VLN_1的可用数据，并将其分类到如下术语："肌动蛋白丝结合""肌动蛋白丝束形成""肌动蛋白丝解聚的负向调节""肌动蛋白细胞骨架"。借助这种分类，对研究这些过程感兴趣的用户将能够检索到有关VLN_1的数据，并利用它们来增进自己的理解。

在当代生物信息学中有许多生物本体论，具体该使用哪些，取决于他们的目标是捕获何种实体。[40]其中最受欢迎的是基因本体论（the Gene Ontology，GO），上文中我曾以它作过例子，基因本体论包含了三种类型的生物实体：细胞过程、分子功能和细胞组分。自从20世纪90年代末引入生物本体论这一概念以来，它已经在各种类型的数据库中发挥了突出的作用，从用于基础的模式生物研究的遗传数据库到用于临床实践的医学数据库。[41]这些成功实践的主要原因之一就是选择和使用了生物本体论术语作为数据分类标签的方式。

26

　　数据库管护人依据两个主要标准来选择标签。首先在实践中，标签应当被生物学家所理解，他们需要在数据搜索中使用这些标签作为关键词。在生物本体论中，目前正在研究的每个生物实体或过程都与一个（而且只有一个）术语相关。这个术语被明确地定义过，以便不同领域的研究人员都能理解它的指称。[42]然而，不同的学术群体往往使用不同的术语来描述同一现象。这让所有对某一实体，以及与其研究相关的数据感兴趣的人很难就使用和理解同一个术语达成一致。数据库管护人解决这一问题的方式是通过为他们选择的标签创建一个同义词列表，或者用标签本身的多样化来反映不同共同体使用的术语。选择标签的第二个标准是它们与数据集的关联性。其思路是只使用能与现有数据集相关联的术语：任何其他术语，无论它是否能被生物本体论用户理解，都不应包括在内，因为它不能帮助数据分类。当数据库管护人有充分理由认为某一数据集提供了某一术语所指称的实体的信息，他们就会在这个数据集和这个术语之间建立关联。这主要是通过查阅数据存储库来实现的，库中的数据被分为两类：针对术语所指称的实体进行的实验操作产生的数据；以及来自出版物当中、作为证据来论证关于术语所指称的实体的主张的数据。

　　由于有了生物本体论，研究人员可以识别那些存储在数据库中可能与他们的研究兴趣有关的数据。关注现象，而不是科研方法或特定研究传统，使研究人员更容易跨越数据最初产生时的认知文化隔阂。这样一来，具有不同背景的研究者（使用不同的方法和工具、来自不同学科甚至有着不同的理论观点角度）可以访问同一个数据库，并评估其中的数据与自身研究的相关性。因此，生物学家们更有可能使用同样的数据作为证据，来论证关于同一实体的研究观点。于是，凭借生物本体论之类的标签，我们为成功地再使用而包装数据迈出了前途光明的第一步。然而这与实现整个目标还有一定距离。

（二）可靠性标签：元数据

数据的成功再次使用还取决于研究人员最终对它们的解释。举例来说，1952 年，罗莎琳德·富兰克林（Rosalind Franklin）拍摄了一批 DNA 照片，詹姆斯·沃森（James Watson）未经富兰克林允许就对这些照片进行了调查研究。这些照片——特别是被广泛讨论的 51 号照片——被用来当作 DNA 结构的证据，它们有着复杂的背景，牵涉其他数据以及富兰克林和沃森不同的职业位置与任职机构等复杂关系。从富兰克林的笔记本中可以清楚地看出，当沃森和弗朗西斯·克里克（Francis Crick）宣布他们的发现时，再过几周她就能对数据做出同样的解释。不过，在沃森和克里克宣布自己的发现后，她并没有放弃对自己数据的解读，并最终利用这些数据在病毒研究上做出了卓越的贡献，为其他重要问题提供了答案。[43]这一事件说明，对数据不一定有单一的"正确解释"。对数据做出何种解释取决于用户的背景和兴趣，这也再次强调了数据库管护人的重要性，正是他们对数据的包装，才催生了各区域对数据的不同解释。

数据能否被多视角地解释，以及能否被成功地再次使用，取决于用户是否对数据最初产生的步骤有足够的认识。这些步骤定义了能够决定数据质量和可靠性的几个重要特征，譬如数据的格式、数据实际使用的生物体、获得数据的仪器以及产生数据时的实验室条件。这些因素可能在评估通过模拟产生的数据质量时完全没有用处，因为在建模中使用的算法和参数才是关键因素。因此，为了能够再次使用通过数据库找到的数据，用户需要能够检查（如果他 28

们愿意的话）获得数据的条件。这就是为什么数据库管理员将元数据设计为提供数据起源信息的第二种类型的标签。这方面的一个例子是"证据代码"，它旨在提供关于数据产生过程的基本信息。它们包括来自实验研究的数据分类，如 IMP（从突变体表型推断）、IGI（从遗传相互作用推断）或 IPI（从物理相互作用推断）；来自计算分析的数据，如 IEA（从电子注释推断）或 ISS（从序列相似性推断）；甚至来自与作者非正式交流（TAS——可追溯的作者声明）和管护人干预（IC——从管护人推断）产生的信息。证据代码关联着每一组具有相同出处的数据，一旦用户找到了他们感兴趣的数据，他们就可以点击相关的证据代码，从而发现数据是经由怎样的步骤产生的。

　　开发这种类型的标签是一种谱系学工作，数据库管护人在这种工作中调查并重新构建他们标注的数据的来源和历史。元数据使得对数据进行评估成为可能，评估使得数据被赋予玛丽·摩根（Mary Morgan）所说的"特征"，从而使数据有可能在各种背景下被采用并再次使用。[44]如果没有元数据，研究人员将无法判断在线获得数据的可靠性，而可靠性取决于这些数据是由谁生产的，出于什么原因，产生的环境如何。这些信息为信任数据库中显示的数据以及将它们与其他数据进行比较奠定了基础。例如，如果知道两个数据集是通过类似的方法从同一类型的生物体上获得的，就会使用户更容易将它们视为相容的；而如果发现一个数据是通过实验获得的，另一个数据是通过模拟获得的，就会对这种假设构成警觉。

（三）去背景化与重新背景化

　　上文已经表明，数据库能够完好包装数据的原因在于用户能够评估自己所面对数据的相关性和可靠性。这两个标签系统使用户能够把两种活动相互区分开，一种活动是搜索和比较数据，另一种活动是评估数据的可靠性和重要性。借助生物本体论，访问数据库的研究人员可以发现哪些已有的数据集潜在地与他们感兴趣的实体和过程的研究相关。以这种方式限定搜索之后，研究人员就可以使用证据代码调查到有关数据生产的信息。这第二类标签使研究人员能够评估他们通过生物本体论找到的数据的可靠性，并最终根据用户的认知标准放弃部分数据。值得注意的是，诉诸证据代码或其他类型的元数据并不是为了减少数据生产者和数据使用者之间已有的认知文化差距（如果有的话），用户可以通过高准确度的报告了解数据最初是在什么条件下获得的。这并不一定意味着他们一定要和数据生产者一模一样地理解和思考这些数据。数据用户不需要沿用数据生产者的推理和研究方式。相反，诉诸元数据使用户能够认识到自己与生产者就怎样才是合适的实验条件所存在的分歧，并反思这种分歧的意义，进而在获取数据的步骤上形成自己的意见。任何对数据可靠性的判断都必然取决于用户的观点、兴趣和专业知识——这就是为什么数据管护人选择那些至少在原则上允许每个用户形成自己观点的标签系统。

　　将数据包装，再由在线数据库传播必须要包含两个互补的举措。首先，数据库管护人应当将数据从其原初背景中**去背景化**。通过生物本体论给数据打标签，确保它们至少暂时同那些关于数据生产的本地性特征的信息解耦，让用户不必处理大量信息就能评估这些数据与他们研究目标的潜在相关性。去背景化是一种让数据脱离其原始研究背景影响的方法：去背景化的全部意义是使数据适应新的研究环境，而这需要尽可能多地剥离数据的先决条件来实现。数据库管护人通过类似于图书管理员分类书籍或档案管理员分类文件的方式来选择并应用生物本体论术语。数据被打上标签，以便于访

29

问数据库的用户可以使用这些分类来搜索相关内容的数据，进而根据自己的研究目的对其加以应用。

　　识别应当从数据库中获取哪些数据确实很重要，但它并不能帮助研究人员决定如何使用这些数据。换句话说，使用生物本体论标签虽然有助于数据的去背景化流通，但并不能帮助数据重新背景化以便在新的研究环境中使用。这种**重新背景化**是成功包装数据所需的第二步。它使用户能够通过诉诸元数据来评估数据的来源，从而评估数据的潜在意义。这对于判断哪些数据能够作为证据是非常必要的，更进一步来说，也有利于在全新的研究环境中解读这些数据的生物学意义。从这个意义上来说，数据重新背景化的过程能够使人联想到另一个场景——博物馆展览。当参观者了解了关于展品及其创造者的历史后，他们就能对这些物品的文化意义形成良好的理解。可以说，最好的展览是在提供历史信息的同时，也能鼓励参观者对展品形成自己的评价。同样，元数据的提供有助于引导研究人员远离不合理的解释，并帮助他们根据数据的全部历史，而不仅仅根据它们在查阅时的表象来做出明智的评估。

　　通过使用户访问去背景化的数据，数据库可以应对不同的访问需求，数据的跨背景迁旅因而成为可能。通过提供证据代码，数据库促进了数据的重新背景化，同时使它们可以根据新的位置改变自己的特征和意义。这种再次使用数据的方式在模式生物学中特别重要，因为当从事不同物种和/或不同研究文化的生物学家研究相同的数据时，可能会获得完全不同的解释。通过重新背景化，数据库管护人试图让具有不同目标和专业知识的生物学家们都能发挥新数据的作用。比如研究特定基因调控功能的研究人员当前正在使用数据库来检查他们感兴趣的基因有哪些数据，这些数据是如何产生的，以及产生于哪个物种上。他们不必成为每一种生物体和相关实验步骤的专家，就能够比较跨物种基因行为的已知信息。

模式生物数据库采用的包装策略在数据传播上发挥了重要的物质渠道与概念框架作用。它们的物理特性和技术特征，如通过可点击的链接将信息分层，并将元数据与数据本身分开，是数据传输中的去背景化和重新背景化耦合的关键。这些过程说明技术对于实现以数据为中心的科学至关重要。由计算工具开辟的机会对研究人员检索、评估和分析在线流通的数据的方式产生了重大影响。同时，数据库是否能有效地传播数据，也同样取决于管护人和用户处理数据检索过程中的技巧和智慧。

三　数据库管护人的新兴力量

研究人员的数量和涉及的投资规模本身并不能说明一个数据库是否会受到欢迎并长期持续发展。[45]无论数据基础设施多么复杂又昂贵，只要没有研究小组采用它并将其应用于自己的研究——此类小组越多越好，这些设施就没有价值。在生物学领域，这意味最成功的数据库能够根据多个认知共同体的需求进行自我塑造。管护人们很清楚，他们产品的成功取决于产品对生物学家的有用程度，后者又决定了他们将获得的资金数量和共同体支持的水平。对于生物学中不同的认知文化，管护人能否识别、接受以及尽可能多地以建设性的姿态参与其中，在一定程度上影响着他们的职业生涯。这意味着他们选择的标签至少要与各种形式的计算建模和对实际生物体的物理干预兼容，最好是有利于它们。理想情况下，用户应该能够仅根据自己的背景和兴趣诠释数据。然而在实践中，管护人负责识别需要哪些额外信息来将数据重新背景化到新的研究环境当中。换句话说，他们负责对数据进行去背景化处理，同时也要确保用户能

31

够访问他们所需要的任何元数据，以便能够评估和解释数据。

平衡去背景化和重新背景化这两个要求并非易事。鉴于数据和实践的不断变化，也没有普遍的和持久的方法能够协调去背景化和重新背景化策略。管理数据库是一个动态的过程，判断管理是否有效在于管护人在多大程度上捕捉到了生物学家在实践中不断变化的愿望和限制。模式生物数据库的管理需要管护人在自将数据收集到系统起的所有阶段都做出大量判断。特别是在这些项目的开始阶段，需要从现有的出版物和资料库中提取并收集数据，这要求管护人挑选出他们认为可靠的、最新的、对特定数据集有代表性的文献。例如，TAIR 管护人希望收集某一特定基因〔例如拟南芥中的未知开花对象（UFO）基因〕的数据，但不能从每一份有关此主题的出版物中汇编数据，因为这太耗时了：即使只是在 PubMed 上用关键词搜索"UFO Arabidopsis"，也会出现 50 多篇期刊文献，其中只有一两篇被当作注释引用过。因此，管护人选择了他们眼中最新、最准确的出版物，并以它们作为该实体的"代表性"文献。在解决这一问题后，管护人还必须评估其中所包含的哪些数据应该被提取，以及/或者论文中给出的解释如何与生物本体论中已经包含的术语和定义相匹配。论文的内容是否能保证将给定的数据归类到一个新的生物本体论术语下？或者文献的内容是否可以与一个或多个现有术语相关联？没有固定和客观的标准能规范这些选择。事实上，生物信息学家多年来一直试图将数据提取过程自动化，但收效甚微。提取过程需要人工操作，难以脱离主观判断的原因在于：在提取过程中做出的选择依赖管护人的专业知识，以及他们连通数据生产的原始背景和数据传播背景的能力。

执行提取等数据管护任务需要经过专门的培训与多年技能磨炼来积累经验。最好的管护人是名副其实的"包装专家"。他们需要对生物学研究的各个领域有一定的了解，以便能够识别并尊重多样的认知文化和与此相关的各种术语、规范和方法。同时，他们还需将对生物学的普遍理解与如何进行研究实践的认识结合起来，以便能够识别出用户希望将哪些参数视为元数据。在模式生物数据库和基因本体论出现的前十年，大多数管护人都是由生物学家培训而来。他们中的许多人在进入管护工作之前至少在两个不同的生物学子领域中接受过训练，他们之所以决定将专业知识发挥到计算机科学和生物信息学上，主要是由于他们对改善整个模式生物研究的数据分析工具感兴趣。[46]管护人将自己掌握的实验工作的具身知识用于数据库和标签的开发当中，以便让实验人员能够理解这些标签的意义。

当然，管护人也必须对前沿的信息技术有很好的了解，才能与程序员和计算机工程师合作开发合适的软件。这是一个复杂的要求，因为计算机科学家和生物学家不仅在培训和目标方面有差异，而且在生物信息学的标准和优先级方面一直存在着张力。[47]在模式生物数据库中，生物学家显然享有优先权，因为他们是正在生产的工具的最终使用者。然而，生物学家也被要求去认识和采用一些由计算机科学提供的解决方案——以及相关的限制——这往往会挑战关于数据传播和分析方法的根深蒂固的思维方式。即使是所有输入系统的数据必须是机器可读这样的简单要求也会成为生物学家和计算机科学家严重分歧的理由，因为生物学家认为大量的复杂图像（例如来自显微镜和质谱仪的图像）才是他们工作的关键数据，但这些数据难以通过计算进行分析，即使是上述的标签系统，也需要复杂的注释。

除了将信息技术和生物学相结合产生的问题外，在试图创建能够跨不同术语、研究方法和研究人员对生物学子学科的研究兴趣的

33

标签时，也存在着矛盾。这种矛盾对相关性标签和可靠性标签都有影响，因为研究者在记录并分类数据被生产的信息和被解释的信息时会产生差异，这种差异而后又造成了保罗·爱德华兹（Paul Edwards）、乔佛里·伯克尔（Geoffrey Bowker）、克里斯汀·伯格曼（Christine Borgman）及其他共同作者所说的"数据摩擦"。[48]我将在第四章（元数据）和第五章（生物本体论）中再谈到这些摩擦，以及它们在生物学中涉及的内容。而目前，我只想强调管护人的作用。在创造并使用在线数据库的过程中，汇集了多种思考、兴趣与专业知识，而管护人则是这些多样性的唯一见证者和关键调解人。在选择合适的方式来包装数据的过程中，管护人不可避免地需要承担起重任，去决定哪些数据才是具体研究项目的相关数据。用户可以在这些选择中发挥重要作用，但在实践中，他们中的大多数人乐于把这个角色交给管护人，因为他们不想从自己的研究中抽出宝贵的时间和精力去处理对数据包装的琐碎选择。然而出于同样的原因，用户也不愿意投入精力去理解管护人的选择。用户想要的是一种高效的服务，他们可以通过这种服务访问数据库，输入一个关键词，获得相关的数据，然后再返回他们的研究中去。这样就把包装的责任推给了管护人，用户往往不了解包装在多大程度上影响了数据的迁旅以及数据被再次使用的方式。

管护人们很清楚，他们的干预会影响数据的迁旅地点和方式。在某种程度上，他们赞同所谓的"服务"精神：他们愿意将为用户群体提供力所能及的服务视为自己的职业责任，也愿意为自己做出的数据包装负责。"服务"这类话语是吸引潜在数据库用户的极好方式，也经常被管护人用来向生物学家描述他们的工作（例如iPlant）。然而，将管护描述为一种"服务"，阻碍了人们将其视为科学的重要组成部分。一些观点认为管护人的工作宗旨只是促进实验研究，这暗示了他们对科学的贡献只是"次级的"，而不构成科学的重要补充部分。在目前的科学评价体系中，生物信息学和数据库建设等服务通常不被认为是研究的形式，而是进行研究的技术手段，与科学仪器和物质基础设施（如实验室空间）等属于同一类别。为了推翻这种看法，管护人们正在积极寻求科学界对他们包装专家角色的承认，生物管护人会议现在已经成为定期性会议，以促进全球各地数据库之间的合作与互通。[49]

管护人们意识到，如果不与相关的用户群体进行持续对话，就不可能满足科学领域中高速变化的期望与实践。这也是因为除了通过一对一谈话和利用网站统计数据库中哪些部分最受用户欢迎之外，目前还没有可靠的方法让管护人系统地评估用户如何使用数据库中的信息。许多研究人员还不习惯在他们的最终出版物中引用数据库——他们更愿意引用数据的原始生产者所写的论文，即便他们不查阅数据库就无法找到这些论文和相关数据。因此，管护人往往很难评估哪些研究项目成功地利用了他们的资源。尽管如此，由于用户对包装实践不感兴趣，也无法理解包装的复杂功能，许多征求反馈的尝试都失败了。管护人和用户在工作和专业知识之间的鸿沟，往往会形成一个有问题的分工体系。一方面，管护人邀请用户批判性地评估他们的工作，投诉他们认为可能的"糟糕的选择"。另一方面，用户认为管护人的工作是一种服务，其效率应该由服务提供者而不是用户来检验和保证。因此，他们倾向于无条件地信任管护人，或者在缺乏信任的情况下干脆拒绝使用该服务。

最近在植物科学中传播叶子数据时就出现了这种紧张关系，我从内部视角对其进行了观察。AGRON-OMICS 是 2006~2010 年间由"第六框架"计划赞助的一个欧洲项目，它将来自不同实验室和学科的植物科学家聚集在一起，包括分子、细胞和发育生物学等

领域。其目标是通过收集和分析从模式生物拟南芥中提取的数据获
得对叶片发育的全面理解。这个项目的一个重要内容是开发能够在
小组成员之间和整个研究界传播数据的工具。因此，从 2006 年一
开始，打标签的问题就成了小组协调员心里的首要问题。究竟哪些
范畴可以用来传播那些早就习惯了本地术语和实践的研究人员收集
的数据？在项目的第一次会议上，一个为期两天的题为"本体论、
标准和最佳实践"的研讨会专门讨论了这个问题。[50]与会者包括
AGRON-OMICS 的主要科学贡献者和最有可能用到的数据库管护
人，如"基因调查者"数据库（Genevestigator）、拟南芥反应组数
据库（the Arabidopsis Reactome）、基因本体论数据库和植物本体论数
据库（the Plant Ontology，"PO"）的管护人。管护人们做了大部
分的发言，既解释了他们的工具可以做什么，又通过实操工作坊教
给研究人员如何使用这些工具。会上提出的大多数问题涉及跟踪数
据的相关性和可靠性的系统，用户和管护人一致认同了关注这两个
因素的重要性。总的来说，研讨会成功地提醒了研究人员应当为自
己的数据寻找好的迁旅包装。这堂课也让大家对困扰传输数据的困
难有了更多的认识，特别是为了再次使用而给数据打标签的难题。

　　许多参与这次会议的科学家对管护人的工作表现出不信任，他
们认为管护人的工作与实际的生物研究相去甚远。尽管有证据表明
去背景化的过程对数据迁旅很有必要，但这一过程仍被视为存在潜
在的问题。有人抱怨说，管护人在与计算机科学家的紧密合作中，
倾向于让他们的标签系统看上去光鲜新颖，然而实际上却对实验人
员帮助甚微。还有人指出，管护人为适应术语多元化而设计的同义
词系统，只有在管护人知道给定标签的现存所有同义词的情况下才
能发挥作用。此外，一些研究人员对大量可应用于标签上的工具感
到眼花缭乱（会议上提到了超过 20 种工具，其中大多数尚不为研

究人员所熟悉，而且标签系统的数量还在激增）。虽然有些标签，如基因本体论，在一些数据库中已经相当完善，但也有很多数据库不顾已经存在的标签系统而开发自己的标签系统。这导致了标签系统的激增，也让大多数用户感到困惑，他们觉得学习使用所有这些系统以及评估每个标签之间的优劣就是在浪费时间。尽管一些科学家很认可能够在不同的标签工具中进行选择的想法，但这往往是因为他们自己想要进行这种工具的开发。

在针对这些难题进行交流后，管护人和用户都加深了对标签过程的理解。管护人对 AGRON-OMICS 研究人员的需求和期望有了更好的认识。然而，用户仍然对管护人的工作持高度怀疑态度。事实上，AGRON-OMICS 的科学家们看到了为他们的数据选择适当标签的重要性，以及为这些数据的最终再次使用赋予的力量，他们也在试着认同管护人工作的范围和意义。因此，他们决心接手其中的一些工作，以确保用于包装数据的标签完全符合他们的研究需求。大会最终商定要达成的其中一个要点是创建两个新的生物本体论：一个用于拟南芥表型，一个用于拟南芥基因型。与会者达成共识的主要原因是大家认为当前缺乏对应这些生物实体的合适标签。此外，自己来开发标签也可以保证科学家们能够接受对他们项目特别重要的数据进行的包装。然而，这种合理的推理并没有充分考虑到执行这种新系统所涉及的复杂又耗时的技术问题。该项目成功地开发并维护了自己的拟南芥表型数据库 Phenopsis DB，该数据库为生长期分析的一些新发现提供了支持，在撰写本书时这个数据库仍在运行，但它最终没能建立起基因型数据库，而是倾向于依靠其他现有的数据库，尽管它们并不十分理想。

AGRON-OMICS 的案例表明，管护人用以开发并维护数据库的专业知识恰恰悖谬地成了管护人和数据库用户之间交流的障碍。许

36

多研究人员不会向管护人反馈他们的系统对研究的帮助有多大。提供反馈不可避免地意味着要参与到开发生物本体论的实践中，且因此需要掌握一些管护技能。考虑到时间、兴趣和精力，数据库用户经常不愿意做这样的事情，这也是可以理解的。我在 2007 年 3 月采访的一位分子生物学家对这个问题是这样总结的："生物学家只想获得信息，然后再回到他们的问题上。"对赞同这种观点的研究人员来说，包装策略的制定不是关于应当采用哪些术语和定义的民主协商问题，而是专注于实验的人和专注于开发储存实验结果的数据库的人之间的分工问题。在他们眼里，制作一个可靠的标签系统是管护人的工作，而他们自己需要做的就是相信管护人的判断。

AGRON-OMICS 说明了管护人的整合工作与数据库用户（如实验生物学家）进行的数据整合之间有着怎样的不协调，而这只是众多例子中的一个。通过数据的再次使用而生产知识的科学家通常不愿意花时间参与到管护人的工作中，而管护工作在成果认定系统中缺乏承认，又加剧了这个问题。而更大的问题在于，从认知的角度看，许多生物学家没有充分认识到，通过数据库传播数据涉及大量的整合工作，而不仅仅是助力数据迁旅。这种错位认知的部分原因在于人们认为网上的数据是"原始"的，也就是说，它们在网上显示的格式与最初产生时完全一样。坚持这种想法的生物学家不愿意去考虑通过数据库整合数据会不会影响数据的原始格式和可视化方式。因此，数据库被许多科学家设想成一个中立的领域，数据在通过它迁旅时不会发生任何变化；而实际上，为了有效地传播数据，数据库需要起到变革性平台的作用，在这种平台上，数据被精心挑选、格式化、分类和整合，以便被可能需要它们的科学家所检索和使用。[51]

管护人不只是负责让数据迁旅，他们还要负责让数据迁旅得顺利，这涉及与用户沟通，以确保数据确实得到了再次使用。在

AGRON-OMICS 的案例中，解决管护人和用户之间潜在紧张关系的
方式是让这两个角色重叠在一起。然而目前还不清楚这是不是一个
好的解决方案。在没有一个旨在为整个生物界服务的全能管护人的
情况下，这种包装数据的标签最终可能只为 AGRON-OMICS 的需
求服务，而不会为其他科学家服务，从而妨碍了这些相同数据在其
他方面被再次成功使用。此外，正如我已经提到的，很少有科学家
愿意为创建良好的数据包装而投入时间和精力。AGRON-OMICS 明
确表明其部分资金要用于研究和测试数据的包装工具，这意味着他
们可以雇用人员从事生物信息学工作，他们也有在国际层面上开展
并保持与管护人沟通的资源（避免其视野缩小到只能关注自己的
项目）。而对于目标更具体的小型项目来说，情况就不一样了。一
个更通用的解决方案是在管护人和用户之间实施一些沟通机制，使
管护人能频繁收到来自最广大用户的反馈，确保他们的包装策略确
实在时间的推移中满足着用户的需求。换句话说，包装——尤其是
管护人负责的去背景化过程——需要外部监管，我在下一章会详细
探讨这个问题。

四 数据旅程和其他迁旅隐喻

目前为止，我已经对生物学中在线数据库的发展和特点进行了
研究，还对它们在模式生物研究中的应用给予了特别关注，以及介
绍了它们如何成为生物学和其他科研领域的关键性基础设施。在上
文中，我也强调了计算机技术和互联网是如何借助自身信息传播等
功能，为生物界实现长期以来的愿景提供机会。我同样也指出了在
进行数据库开发时，所使用的计算技能面临着与预期的去背景化包
装数据所需的生物专业知识多样性之间难以平衡的困难。读者们一

38

定注意到了，我把我的整个分析框在了数据移动和迁旅方面。这是一个有意为之的选择，我希望在这最后一节中立场鲜明地为这种选择进行辩护。事实上，我想说的是，**数据迁旅**（data travel）（指**科学数据从其生产地转移到同一研究领域内外的许多其他地方**）是以数据为中心的生物学认识论的一个决定性特征，它既标志着其作为一种历史现象的相对新颖性，也标志着其作为一种科学探索方法的独特性。

以数据为中心的科学与大量数据的广泛传播密不可分。这样的大数据绝不是生物学史上的新现象，生物学家至少从早期近代以来就一直试图改进数据的保存和流通程序，为大型自然历史馆藏搜集材料时的复杂迁移策略就说明了这一点。[52] 然而，计算方法、技术和基础设施的发展为数据传播提供了机会，使得人们可以继续追寻早期生物学家梦寐以求却无法实现的研究目标。例如，我曾提到20世纪初的果蝇研究人员，特别是 T. H. 摩根的研究团队，为使他们的数据和样品能被尽可能多的感兴趣的生物学家广泛使用而做出了大量努力。这些努力由于需要将传播程序变成个人事务而受到挫折。数据的主要载体是国际新闻通讯，其中只能包含少量的信息，因此，有兴趣再次使用摩根的一些数据的个人需要接近他的小组，并通过与他们的沟通直接获得额外的信息。[53] 这种系统无法在当今大多数生物学家工作的那种大型全球研究环境中发挥作用，因为在这种环境中，与数据生产者进行个人联系往往因为过于耗时而不可行，特别是在研究人员试图为自己的探索目标划定范围时。在线数字技术使得以高度自动化、非个人化的方式传播信息成为可能，同时也促进了信息在全球范围内的传播，并使人们有机会即时修改和更新系统。基于这些优势，人们很难不把空间和时间上的数据移动作为以数据为中心的研究的一个关键特征。

然而，正如我的分析所希望表明的，数据广泛而顺畅的传播当中也存在着严重的问题，而这通常与大数据相关。这就是为什么想要理解以数据为中心的科学，就要重视审视数据包装与传播的策略，同时评估它们同生物学中数据再次使用的背景之间的关系。反思数据旅程也应当被重视，因为在其中很难不发生问题。一段旅程需要长期的规划、可靠的基础设施、足够的载具、能源和人力工作，以及大量的财政资源。它们可能或短或长，或快或慢。它们可采取各种形式，也可基于多种原因。通常情况下，旅程还需要频繁地更换载具和地域，这反过来又迫使旅行者改变他们的路径和外观，以适应不同的地形和气候。此外，旅程在行进中可能会被打断、破坏和修改。旅行者可能会遇到障碍、延误、死胡同和意外的捷径，这反过来又会改变旅行的时间尺度、方向和目的地。一次计划中的短期旅行，最终可能会变成若干次长期旅行，而设想中的一次长途旅行，也可能会因为目标的改变、个人意外情况或缺乏燃料而被缩短。正是因为迁旅具有这些特征，我才认为以其来比喻数据的移动能够起到非常好的作用，而布鲁诺·拉图尔（Bruno Latour）关于"指称之链"和证据在扩展的行动者网络中移动的研究，以及玛丽·摩根对载具和旅伴对于事实的旅行具有怎样的重要性的分析都是以旅程作为喻体的好例子。[54]

将迁旅的隐喻带入以数据为中心的生物学，突出了数据旅程并不顺利。就像人类的旅行一样，它们通常是复杂而零散的，往往需要提前计划，并借助于几种类型的媒体、社会互动和物质基础设施——换句话说，需要大量的劳动和投资，我将在下一章对此进行讨论。数据旅程的范围很广，可能从具体的人与人之间的材料传递（比如一个研究人员向同一实验室的同事展示她的最新数据，但并没有给对方副本，以此来保留谁能看到数据以及如何看到的控制权），到高度扩散而非个体化的传播，如由在线数据库调节的传播，这种传播系统的全部意义就在于将数据推向不可预测的方向，因此最终会失去对数据去向的控制（顺便说一句，这一特点使得数据的旅程很难甚至不可能被长期规划——很难预见二十年后通信技术和数据库的未来如何）。[55]此外，经历过旅行的数据很少不受影响。迁旅会影响它们的格式（例如，从模拟到数字），它们的外观（当它们通过特定的建模程序被可视化时），以及它们的意义（当它们改变标签时，比如要进入一个数据库）。迁旅通常也会引入错误，比如将数据从一种软件转移到另一种软件时出现的技术故障、将数据转移到新的服务器时停电或存储空间不足，或将变量手动录入数据库时的打字错误。这些观察标志着我的叙述与拉图尔观点之间的一个重要区别，他强调数据的不变才是其流动性的根源。而在我的分析中，数据旅程依赖于数据的可变性，以及它们适应不同地貌及进入未曾预见的空间的能力；同样，它们也受到任何类型的迁移中不可避免的偶然性的影响。

在大众媒体和科学出版物中，以数据为中心的科学经常与关于水的隐喻联系在一起，这一特征尤其需要牢记。诸如"数据洪流""数据洪水"以及最近的"数据流"等概念似乎暗示着，大数据的传播和重新解释是一个流动的、毫无问题的过程——在这个过程中，只要数据以某种方式流通起来，它们就会神奇地转化为新知识。本书的剩余部分致力于分析为提升科学知识生产而传播数据过程中面对的挑战、成就和障碍。数据不仅不会"流向"发现，而且正是由于缺乏流畅性及预定义的方向，它们的旅程在认识论上变得有趣和有用。此外，"数据流"的概念似乎表明，数据作为一个紧密的整体，其迁旅就像河流一样，毫不费力又紧凑地从一个地方移动到另一个地方。[56]我同意，数据往往是作为一个群体（或"一个集合"）来迁旅的，但随着迁旅的进行，这个群体的组成也会有很大的变化。在从实验室到出版物、从出版物到数据库、从数据库到新的研究环境的转变过程中，数据可能会丢失、获得、被错误表示、被转化和被整合，而旅程的隐喻似乎比流动的概念更能体现这些大规模运动的特征。

另一个我认为有问题的术语是"数据共享"，它经常被用来指称数据流动，通过将数据传播描述为个人和/或团体之间的交换形式，它不可避免地唤起了互惠和共同体建设的理想。这似乎表明，诸如数据捐赠（研究者有意决定向公共存储库、数据库或出版物发布数据）等做法在某种程度上是互惠的，涉及两个互相认同的参与者之间的交换。在某些情况下很可能正是如此，例如，收集病人的医疗数据时互惠的观点当然会被广泛运用，关于"先给予后回报"以换取治疗的论点经常被用来说服个人将他们的私人数据捐赠给科学研究；[57] 以及在模式生物群体中，一些管护人认为，从数据库的使用中受益的任何人，都应该为数据库的发展做出贡献，例如把数据捐赠出去。然而，就生物学中数据传播实践的总体而言，互惠绝非标准形式。模式生物数据库的例子本身就说明了当前数据传播实践中根本缺乏互惠性。这些数据库是公开的，因此任何人都可以访问它们，无论他们是否为其贡献了数据。然而，研究人员通常不认为捐赠数据是一种对自己有利的经历，这既是因为研究人员想要保持对数据的所有权，也是因为科学成就评价机制不重视这种活动。因此，管护人极力吸引数据捐赠者，越是在竞争激烈的领域，捐赠越是变得难以达成。出于这些原因，我不喜欢用"共享"这个词来描述数据传播实践。

我应该指出，数据旅程的概念本身并不是没有任何问题。例如，对于科学数据这样的实体来说，以旅行的概念作类比就可以被批评为过于人类中心主义——毕竟，人类的旅程是由个人制定和执行的，他们有自己的愿望和意志，并决定下一步要做什么。在我的阐述中，我不希望赋予科学数据以能动性或意向性，尽管我将指出它们的一些物质特征（比如它们的格式、特征和大小）是决定它们旅程的重要因素。数据没有能动性，因为它们本身没有为了旅行而做出任何工作。来自外部的力量使它们发生移动，且其中包含的干预要比本章中所研究的技术性干预更强。另一组思考与旅行本身的潜在解释有关，当旅程线性地从一个点到另一个点有序行进，途中发生的事情对旅行的前几个阶段不会产生影响。我并不希望传达关于数据旅行的这种印象，这一点应该已经很清楚了，我使用旅程的隐喻是为了补充科学史上正在进行的关于散播知识（无论任何时期的人们如何理解"知识"）的挑战、动力和机遇的工作。[58]对我来说，特别值得注意的是正在进行的关于"传播"和"流通"这两个术语的辩论，到目前为止，我一直在毫无批判地使用这两个词。诸如苏吉特·希瓦孙达拉姆（Sujit Sivasundaram）、卡皮尔·拉吉（Kapil Raj）、西蒙·谢佛（Simon Shaffer）和莉莎·罗伯茨（Lissa Roberts）等历史学家已经探讨了无条件采用这些概念的风险，其中包括忽略了运动、交换和中介过程中涉及的严重不对称性和复杂的翻译，也忽略了任何一个事件或干预可能对整个旅程产生的影响。[59]这些都是实质性的担忧，它们出现在专注于殖民和后殖民历史的学术研究中并不奇怪，在这些研究中，追溯由谁提供了怎样的信息、这些信息是何时以及如何提供的，对于克服传统欧洲中心论语境下科技知识的构成以及参与者的观点至关重要。出于同样的精神，我使用"数据旅程"的概念，是为了凸显在为迁旅而打包数据的过程中，开发材料、概念、社会和制度方法要涉及的大量工作和创造力，同时也为了强调在确定包装如何运作、"良好迁旅"意味着什么以及为谁服务时产生的差异和分歧。希望这能避免让读者认为数据的——或科学研究的任何其他组成部分的——传播可以无需涉及同研究活动、研究材料和支持数据处理的机构组成的整个谱系进行接触（无论这种接触是否被承认，甚至是否对相关个人来说显而易见）。

强调数据库在管理及促进科学中的认知多样性上面发挥的作用，对资助人和数据库管护人关于数据再次使用的话术提出了质疑。要促进数据的再次使用实际上是极其复杂的，需要数据完成多次位移：研究从现有的项目转移到数据库，再转移到新的项目，不同地点间的转换过程中很可能产生误解。认识到这一点会让人们明白，与让数据可以被再次使用相比，让数据可访问是一项不同的、可以说不那么复杂的挑战。这个看似简单的观点在当前的大规模生物学管理中一直被忽视，人们期望再次使用数据，但这种期望通常没有建立在对实际用户的需求和期望的充分的实证研究的基础上。管护人们试图尽可能地诠释实际用户的这些愿望，而这些工作也应当被视为大规模数据库成功的关键所在。然而，考虑到对这些资源的财政和科学投入程度，没有任何系统的立足于实证的研究能够支持这一直觉，这一事实令人既惊讶又担心。

将数据库开发炒作成轻松解决"数据泛滥"问题的方法已经将人们的注意力转移开来，而本来应当受到关注的是如何真正将在线获得的数据应用于更深层次研究这一难题：特别是，如何将世界的生物信息学呈现与体内实验和临床干预相匹配的难题，以及如何使用于研究人类的典型实验惯例与用于研究模式生物的实验惯例相匹配的难题。我在这里对数据库的开发过程进行分析，主要不是要将其作为解决这些难题的手段（当然这可能是事实），而是要将其作为一个可以识别和讨论生物学研究文化中不同兴趣、价值和方法的场所。

第二章 管理数据旅程：社会结构

在上一章中，我强调了数据迁旅所需的技术技能和物质资源要达到何种规模，同时又要具有怎样的复杂性，并得出结论，数据包装远不是一个纯粹的科技问题。数据是否被传播，传播给谁，以及产生怎样的效果，不仅仅取决于数据库管护人所推广的标签、软件和规范。数据基础设施是昂贵的，需要人力和物力的大量长期投资。此外，数据是由世界不同地区的不同群体出于不同目的产生的，这给数据的传播带来了巨大的后勤、政治、伦理和结构上的挑战，这反过来又影响了生物学家传播和解释数据的方式。因此，数据是否被传播，向谁传播，以及达到何种效果，都取决于相关监管和社会机构的存在，包括负责开发、资助和监督数据基础设施的机构和个人网络，以应对复杂和不断变化的政治形势和经济需求，并根据数据本身在当前和未来的价值中做出有意义的选择。[1]用麦克·福尔顿（Mike Fortun）贴切的术语来说，数据需要被**呵护**才能产生知识；而提供这种服务的人，无论是数据用户、管护人、资助机构还是科学机构，都必然会将数据视为科学资本、社会资本和/或经济资本的形式。[2]

这些观察对科学数据及其传播如何被概念化和研究有深远影响。它们强调了集体在促进和组织以数据为中心的研究方面所发挥的重要作用，从而最大限度地发挥其作为未来科学发现的证据的价值。它们还强调了科学数据的价值如何超越作为证据的价值，科学数据的价值贯穿于金融的、政治的、文化的甚至情感的维度，并且还强调了这种多维度性如何培育和构建了数据在研究中的使用。在本章中，我通过考虑数据包装如何在生物学中被制度化，以及它与全球化研究中政治和经济的关系，来考察数据被重视的多种方式，以及这种情况的认识论含义。这对于理解今天数据中心主义的突出地位，以及这一发展与科学史上数据吸引公众和科学关注的以往时刻之间的区别至关重要。

一 数据包装的制度化

生物学中的数据传播是一个有争议的话题，主要是因为它突出了在各研究共同体内部——以及在这些共同体所依托的更广的机构体制、经济体制和文化体制内部——所认可的规范和实践之间的相互依赖，20 世纪 90 年代初关于如何发布人类基因组计划获得的数据而引发的争议就是一个例证。[3]生物数据的公布和流通会涉及相关研究人员的利益冲突和道德观冲突，甚至延伸到生物技术和制药业、国家政府和国际机构之间在目标和程序上的冲突等多种因素。鉴于当代生物学和生物医学所涉及的投资程度之高，关于数据所有权和原创性以及其中所涉及责任的问题已经变得越来越重要。数据生产者担心他们的成果被广泛传播后自己可能失去对数据的控制。部分是担心数据被对相同课题感兴趣的其他实验室"挖走"，但也有一些更严重的担忧，比如对数据断章取义的滥用，以及对学术研究成果适用于哪些知识产权制度的困惑（特别是当研究部分或全部由私人企业资助时）。[4]科学机构和资助机构正试图通过增加数据生产活动的可信性和问责制来消除这些担忧。这方面的一个关键例子是，数据作者权越来越被认可，其认证是由在数据期刊和可引用

46

的数据库中发表文章来获得，这是用来评估研究质量的部分指标。
这有望成为科学家自由传播数据的激励因素，从而增加可公开获取
的数据集的数量，而且，如果发现数据在某个方面是"坏"的或
在传播过程中被标以错误标签，数据作者权机制使得作者能够承担
责任。[5]同时，数据发布实践提出了一个问题：应当如何评估参与数
据格式化、分类、传播和可视化的研究人员，比如数据库管理员
（换句话说，那些参与促进数据生产阶段之后的数据旅程的人）的
劳动投入。这些人是否也应该被看作数据的"作者"和/或"所有
者"，或者说是数据使用的"贡献者"，以及这在知识生产和制度
化方面有怎样的意义，这些都是撰写本书时科学政策机构面临的最
困难的问题。[6]

　　数据处理在地位和性质上的这种不确定性，催生了新型组织的
诞生，这些组织通常由科学家自己创建，旨在成为一个围绕科研管
理的联络、辩论与合作的平台。许多这样的生物学组织自称为
"联合体"（consortia），以此强调他们致力于应对一系列共同的关
切，这些关切可以是对特定现象的兴趣〔例如致力于胰岛发育和功
能的"β细胞生物学联合体"（the Beta Cell Biology Consortium）；
http：//www. betacell. org〕，也可以是解决共同技术问题的意愿
〔例如英国的"Flowers联合体"（the Flowers Consortium），旨在为
合成生物学创建共同的基础设施；http：//www. synbiuk. org〕或提
升一个特定的标准或技术〔例如，"分子生物学联合体"（the
Molecular Biology Consortium，"MBC"），成立的目的是通过高级光
源的超级X射线光束线来促进生物分子和亚细胞结构的高通量分
析；http：//www. mbc-als. org〕。联合体的成员可以是个人，也可
以是团体、实验室和研究所，不需要位于同一地理区域或来自同一
学科。事实上，联合体这一术语常被用来指代位于世界各地不同机

构的、有不同学科背景的科学家群体。联合体有时由专门的资金资助，最常见的资金来源是致力于支持特定科学领域的政府机构；而在其他情况下的资金支持是通过不断汇集各种资源来实现的，这也突出了机构自下而上的集体性质。

在这一节中，我将重点讨论后一种情况的一个典型例子，生物学家们在其中创建了一个组织，专门用来帮助协商数据传播的共同标准和程序。这个例子就是生物本体论联合体，一个创建于20世纪90年代初的研究者的委员会，旨在开发并维护模式生物数据库所使用的相关性标签，并且备受需要地连接着科学实践中自下而上的管理和政府机构及国际机构中自上而下的管理。为了实现这一目标，生物本体论联合体关注着使用数据库等数据包装工具的研究人员所遇到的实际问题。一个很好的例子是数据分类的问题——也就是说，在数据库中使用的范畴分类要求稳定性和同源性，这与产生数据的科学实践上的动态性和多样性之间必然存在着矛盾。生物本体论联合体为这个问题提供了一个制度上的解决方案：通过建立选择及更新数据的相关性标签机制，来反映数据用户的期望和需求。这些联合体通常是由数据库管护人发起的，他们清楚数据基础设施中围绕数据分类和标签存在的问题，并决定联合起来，以使这些问题在更广泛的科学界得到关注。在更传统的科学机构和资助机构之外，正是这些组织承担了促进管护人之间以及管护人和用户之间合作与对话的责任，因此在数据共享的管理方面发挥了关键作用。研究这些组织出现的条件，以及它们对研究实践和管理结构的影响，将阐明当代生物医学研究治理的若干方面，及其对知识生产的影响。在这个案例中，科学治理的空间正在被重组，以促进采用用于生产和交换数据的技术，并改善它们被用于产生科学知识的方式。[7]

一个典型的案例是基因本体论联合体，基因本体论作为分类工

47

具，能获得当前的发展与成功，基因本体论联合体起到了重要作用。这一联合体最初是一个非正式的合作网络，由 FlyBase 数据库、小鼠基因组信息库和酿酒酵母基因组数据库等著名的模式生物数据库和管护人组成。[8]这些研究人员意识到，在数据包装方面出现的问题不可能通过个体的行动来解决。因此，他们决定用分配给他们每个数据库的部分资金来支持数据库开发者之间的国际合作，旨在为数据开发适当的标签，他们将其命名为基因本体论联合体。将这种本来的非正式网络制度化为一个独立的组织有几个目的：它使他们能够获得专门支持这一倡议的资金；它在用户共同体中展示了自身的努力，特别是自从这一联合体，而不是某些特定的管护人，以作者身份将成果发表于专注基因本体论的出版物后；它也给了其他管护人加入进来的机会。在不到十年的时间里，基因本体论联合体吸引了来自私人和公共机构的资金〔包括 1999 年阿斯利康公司（AstraZeneca）的投资刺激拨款和 2000 年美国国立卫生研究院（the National Institutes of Health）的拨款，后来又获得了续期〕，使其能够聘用四名全职管护人在他们位于英国剑桥的主办公室工作。同时，该联合体还扩大并纳入了几个新成员，包括大多数模式生物数据库。[9]在撰写本书时，该联合体已经包括 30 多个成员，每个成员都被要求"承诺有意义而持续地投入到基因本体论的利用和进一步开发当中"。[10]这意味着资助他们的一些工作人员从事基因本体论的工作并为其内容做出贡献，至少派一名代表参加基因本体论联合体的会议，并准备在他们自己的机构主办这些会议。

　　另一个例子是开放生物医学本体论（the Open Biomedical Ontology，OBO）联合体，这是一个由迈克尔·阿什伯纳（Michael Ashburner）和苏珊娜·刘易斯（Suzanna Lewis）于 2001 年发起，面向参与生物本体论开发的管护人的联合体机构。这一联合体最初的动机是制定标准，通过这些标准可以评估和改进生物本体论作为分类工具的质量和效率。这些标准包括开放数据（敏感数据除外，如来自临床试验的数据）；积极管理，这意味着管护人将不断参与改进和更新他们的资源；明确重点，这将防止本体论的冗余；最大限度地接触批评，例如通过在主要生物学期刊上进行频繁发表（以此宣传本体论并吸引潜在用户的反馈），以及建立机制来征求用户的评论意见。并非偶然，这些标准也被挑出来作为"基因本体论成功的关键原则"。[11]换句话说，开放生物医学本体论联合体打算把基因本体论变成一种库恩意义上的范例：一个说明生物本体论应该是什么，应该如何发挥作用的教科书式例子，同时还是一种"良好实践的模型"。[12]不仅如此，开放生物医学本体论联合体利用通过管护人之间互动收集到的反馈，制定了可以有效地应用于针对不同类型数据集的本体论的规范和原则。[13]由于这个过程，基因本体论自身获得了实质性的改革。在其成立后的六年内，有超过 60 个本体论与生物医学本体论联合体相关联（这种关联包括与基因本体论联合体成员类似的合作要求），更多的管护人从这些合作中获得了经验。其中包括从解剖学基础模型到细胞本体论、植物本体论和临床调查本体论的多个本体论。在一些案例中，每个参与的本体论还运营着自己的联合体（例如植物本体论联合体），这也有助于管护人与生物本体论所涉及的特定领域的专家进行沟通。政府机构，特别是美国国家卫生研究院已经开始密切关注联合体的运作效率，并通过分配适当的资金对其进行奖励。

　　像开放生物医学本体论联合体和基因本体论联合体这样的生物本体论联合体的主要作用是有效地统筹和加强参与数据传播管理的三个团体之间的合作。[14]第一个团体由**数据库管护人**组成。联合体为忙于不同项目的管护人之间交流思想、经验和反馈提供了制度上的激励，从而加快了生物本体论管护的发展，也增强了管护人对同行的责任感，还提高了管护人之间的有效分工，同时也有助于管护人保持并认可一种协作精神。管护人定期通过面对面的会议和每周通过各种渠道的沟通来实现彼此之间的交流，从老式的电子邮件到维基、博客和网站（如 BioCurator 论坛[15]）。事实上，联合体在培训管护人方面发挥了重要作用，在早期，管护人的专业形象还远未确立，围绕履行这一角色所需技能的构成和类型的争论也很激烈。管护人经常通过联合体讨论生物信息学的专业知识应当包括什么，许多联合体还为有抱负的管护人组织培训研讨会。最后，联合体还提升了管护人的收益，以及他们作为研究人员的权利，就像工人的工会一般。生物信息学在生物学中的地位正在上升，并与专注于数据处理的研究分支"数据科学"的出现日益交织在一起。[16]我将在下文中提到，联合体新近受到人们的接受与欢迎，原因是其在科学机构、期刊编辑、学术团体、资助者、出版商和政策制定者当中所获得的可见度。

以上这些主体，包括所有对数据的管理和传播负有机构职责的个人，构成了对生物本体论联合体感兴趣的第二个团体。正是通过与这些主体（我称之为**数据监管者**）的有效沟通，联合体获得了影响整个生命科学领域数据处理所必需的管理权。例如，一些联合体正在与产业界进行对话，试图使产业界的数据分类方式与公共资助研究的分类方式特征相一致。此外，基因本体论联合体已经与顶级科学期刊的编辑和出版商展开合作，这些期刊现在要求其作者在提交论文供同行评议时使用基因本体论标签。[17]这种机制迫使实验者参与基因本体论，并利用基因本体论进行数据传播，管护人希望这能提高他们对生物本体论的理解（和兴趣），从而提高他们向数据库管护人提供反馈的能力。此外，联合体为管护人提供了一个平台，以讨论如何以一致和有效的方式向政治家和资助人表达他们的观点。例如，美国国家生物医学本体论研究所（the National Institute for Biomedical Ontology）的建立是开放生物医学本体论成员游说的直接结果，也是美国政府和欧洲资助机构对生物学管护活动更多认可和提供财政支持的重要一步。[18]

第三个团体由于联合体的存在，大大增强了对数据传播的干预能力，他们自然是庞大而多样的**数据用户**群体。联合体试图使自己的成员结构超越民族文化、地理位置和学科训练背景，从而为讨论提供一个忽略隶属关系或地点的空间。这使得至少在有足够资源让科学家作为平等伙伴参与讨论的情况下，联合体能够在促进管护人和用户交流上处于有利地位。[19]内容会议是这种平等讨论的有效机制，这是一种由管护人设立的研讨会，有若干相关领域的专家出席并讨论特定的生物本体论术语。比如，2004 年基因本体论联合体在卡内基研究所的植物学所组织了一次内容会议，通过管护人和免疫学、分子生物学、细胞生物学和生态学专家的讨论，对基因本体论术语"代谢"和"致病机制"进行了严格的讨论和重新定义。与此类似的是"管护人兴趣小组"，在这个小组中，用户被邀请对特定的本体论内容以及通过维基百科或博客协调的在线讨论小组提供反馈。一些联合体还讨论了在数据注释的每个过程中都实施同行评审程序，例如请两位科研实践一线的裁判来评估管护人工作具体环节的有效性和有用性。这种程序虽然很耗时，但可能会变得让人接受，特别是对于与路径或代谢过程有关的复杂注释。最后一点，也是非常重要的一点是，联合体还通过会议和本地科研机构中的研讨会，以及推动在生物学学位中插入生物信息学课程（通常已在本科水平开设）来大力促进对用户的培训。与其他因素相比，这种对科学教育的影响可能会缩小目前将管护人和使用者隔离开的技能和兴趣鸿沟。

　　为了改善数据传播过程，管护人与用户和科学机构深思熟虑，共同协作，生物本体论联合体应运而生。通过增进数据管护人、用户和监管机构之间的互动，联合体作为一种数据共享手段，有效地促进了生物本体论的使用。这反过来又提高了他们围绕数据实践进行合作的能力，以及促进科学政策转变为数据的基础设施的能力，使其能够担当合作和跨学科工作的主要工具。[20]对生物本体论联合体的产生与社会作用的简要分析表明，为迁旅数据打标签的过程既是数据传播的结果，也是规范数据传播的平台。惟有在适当的制度环境下，数据库才能帮助提升科学交流和相关资源流通的流畅性，而联合体在促进数据传播实践的发展、维护和合法化方面发挥着重要的作用。

二　集中化、异议和认知多样性

　　我已经展示了作为集体的联合体是如何运作的：聚集参与研究的人员，并鼓励他们——有时是强迫他们——相互交流。因此，围绕数据共享程序的规范措施实际上是通过各方之间的频繁交锋而达成的共识。正如阿尔伯托·坎布罗西奥（Alberto Cambrosio）及其合作者所指出的，这种共识无须关乎科学工作的方方面面，而应关乎在大型的和多样化的共同体之间需要共享的技术使用的形式。[21]此外，从实践的角度来看，这种共识是临时性的成就，需要在多样性的观点得以表达的过程中频繁地经受挑战和修订。事实上，明确提出和讨论跨认知文化中的异议往往被认为是确保数据分类等共识的有效性和相关性所必需的。像其他许多致力于为数据基础设施提供规范的组织一样，生物本体论联合体将自己视为表达本地研究文化中认知多样性的平台。开放生物医学本体论联合体的协调人员尊重生命科学研究中专长和诉求上的多样性，以及数据用户需要在他们自己的网络和本地认知文化中工作，正如以下说法："我们的长期目标是通过生物医学研究产生的数据应该形成一个单一的、一致的、可累积扩展的以及算法上可操作的整体。我们为实现这一目标所做的努力在很大程度上还处于探索阶段，这反映了我们试图在科学进步所必需的灵活性和成功统筹等各方面所必需的原则之间游走。"[22]

52

通过理解认知的多元性来促进共识，联合体正在进行一项政治行动：他们将自己作为数据共享过程的**管理中心**。正如我所表明的，它们在构建和维护数据共享工具所需的专业知识方面发挥着核心作用。他们也在集中化程序，正如他们试图建立生物本体论开发的共同规则时所体现的。它们还促成了科学界的共同目标，例如整合用于共享材料和资源的工具的意愿，这些材料和资源是知识提取所必须的（资源如生物库中的数据，也包括组织样本，或自然历史馆藏和模式生物研究库存中心里的标本）。刘易斯反思了基因本体论出现之前人们如何尝试整合共同体数据库，她强调应当重视围绕数据传播建立共同协作焦点的重要性，否则数据库的建立有可能以失败告终。[23]此外，统一的目标形成了这样一种印象，即联合体准备承担数据的后期管理责任，从而填补了其他组织尚未试图填补的规范空白。[24]

这种集中在认知上和制度上都有一些优势。它增强了标签和标准跨越边界的力量；它使数据库的管护人和用户之间能够进行建设性的对话；它有利于学术界、政府机构和工业界在数据发布和传播方面的合作。同时，任何形式的集中化过程长期以来都与一个群体对其他群体的价值、规范和标准的强加有关，因此也造成了认知多样性的减少。[25]这也是当生物医学本体论管护人在讨论上文引文中所说的规范数据共享的灵活性和原则性之间"游走"的困难时所认识到的。正如他们公开承认的那样，他们面临的最大挑战是要实施由多样化的输入驱动的科学治理和决策，并促进数据使用和观点的多样化。只要联合体继续努力走这条路，生物本体论就有机会发展成为一个有价值的数据标签系统。因此，分类问题的解决方案既是制度上的，也是技术上的。生物本体论提供了不断更新分类范畴的方式与平台，同时也试图培养对于数据的广泛共享和再次使用所必需的认知多样性。

53 　　面对去中心化的社交媒体如维基，强调中心化的重要性可能听起来违反直觉，维基既是依靠互联网用户做贡献的众包方案，也是任何人都能藉以帮助管护数据传播的共同体注释工具，它是二者的混合体。[26]这些方案是用户参与数据库开发的重要途径，许多共同体也正在寻求利用这些方案。然而，它们最终往往是对联合体等组织工作的补充，而非替代。这是因为它们发挥作用的必要条件是一些共同的术语标准与中心化的统筹。[27]即使是认为本地机构能够扮演数据传播工具的设计者角色的人们也广泛承认这一点。例如，以下这段话摘自对开发生物本体论时去中心化的评论："本地机构，当被纳入更广的设计概念中时，被越来越多地认为能够维持本地产生的数据的质量、流通性和可用性，也被认为是分布式网络中创造性技术革新的来源。"[28]这段引文强调了这样一个观点：数据库用户的干预对于生物本体论的有效运作必不可少，但这只能在"更广的设计概念"存在的条件下才能发生。这种共同的愿景正是联合体能够帮助实现的。正如谷歌依靠其用户的付出和参与而蓬勃发展，同时也提供了一个可调整但仍旧自上而下的交互框架一样，在线数据库使用一个通用框架来捕捉数据生产者和用户的干预。

正如在社会科学领域中所广泛指出的，承认文化多样性和促进跨文化交流的需要是当今管理的关键特征。生命科学也不例外。参与此类研究的群体从未如此庞大，地理分布上从未如此分散，也未曾有如此多样的动机、方法和目标。在这样的背景下，有效的沟通渠道是"建立秩序"的重要途径。[29]——也就是说，建立一个结构，使个人和团体通过这种结构可以超越他们的位置、学科兴趣和资金来源强加的界限来进行互动。联合体在管理和分配与数据旅程有关的劳动和责任方面，以及在数据所有权的规范方面发挥着重要作用。通过以采用特定的数据传播实践为条件来获取生物信息学工具，管护人利用联合体来实现"技术和社会秩序的共同生产，使之能够同时创造知识并管理拨款"。[30]因此，联合体的规范功能是对法律框架的补充，而法律框架通常由国家机构强制实施，而并非由科学家构建，也不是从实践者的经验和专业知识中产生的。

54

联合体对认知多样性的表达和对本地机构的强调，是否会以有助于推动生物学和生物医学研究向新的、富有成效的方向发展的方式来进行，或者它们日益增长的权力和规模，加上需要处理的大量数据和出版物，是否会使它们越来越难以接受研究人员的多样化需求，这些还有待于观察。迄今为止，大多数集中化访问生物数据集的尝试都失败了，原因是无法设计出对潜在用户来说可理解又有用的标签，也无法立即有效地应用于大量的数据。这类失败的一个最近例子是创建于 2003 年的癌症生物医学信息学网格（the Cancer Biomedical Informatics Grid，"caBIG"），它作为一个在线门户，将美国国家癌症研究所（the National Cancer Institute，"NCI"）管辖的研究机构和病人护理中心收集的数据集链接在一起。caBIG 管护人的最初目标是识别和整合宽泛的机构中由癌症研究产生的所有现存数据集。尽管实现这一目标需要大量的资金和复杂的专业知识，但事实证明这一任务是难于管理的，而且 caBIG 因其有限的可用性而受到越来越多的批评。2011 年，NCI 回顾了 caBIG 的成就，并得出结论："大多数工具的影响程度与投资水平不相称。"[31]这一严酷的评估首先导致了资金的减少，并最终导致了该项目在 2013 年终止。另一个例子是我在第一章中介绍的拟南芥信息资源数据库 TAIR，它是 21 世纪以来植物科学界的一个重要模式生物数据库。2007 年左右，TAIR 受到了抨击，因为它被认为是不可持续的，难以跟上用户的需求。它的资金在 2008 年被削减，并在 2013 年被改造为订阅服务。尽管存在这些问题，完全终止 TAIR 从来都不在考虑范围内，因为一大批植物科学家坚持认可该资源的价值以及将其维持在尽可能高的标准上的必要性。因此，重组 TAIR 可以被视为其成功的证明：该资源对生物学家来说非常宝贵，因此必须保留，但用户的需求不断增加，以及其中存储的数据量和类型不断增加，这意味着充分维护 TAIR 需要一定的资金和专业技术知识，而这些只有通过与 iPlant 等更广的项目和 Araport 等补充数据库的联合才能得到。[32]

这些案例体现了与数据包装活动相关的一些机会和风险。判断什么是好的数据包装的权力集中于某些群体，使得他们有机会根据自己的喜好和利益来塑造对标签的选择。如果没有分散这种权力的机制，比如让成员分布在不同国家、机构和学科的联合体，这种权力集中化可能会导致无法达到数据库用户所要求的服务质量。caBIG 的情况就是这样，过度自上而下的管理，强行使用特定的标准和标签，而没有与潜在的用户进行充分的协商和反馈。同时，良好的包装也需要充足的资源，没有这些资源，无论管护人的组织和反馈机制多么复杂，都不可能跟上用户的步伐。这就是 TAIR 在其服务的后半段所遇到的情况，由于缺乏资金和相关的专业知识，尽管管护人不断尝试与用户接触，但还是难以处理日益复杂的研究需求。科学史上的其他例子表明，要协调相关研究领域所涉及的不同兴趣、价值、术语和制约因素，并募集足够的财力和人力资源来长期开展工作是很困难的。[33]另一个令人担忧的事实是，模式生物数据库像大多数广泛使用的数据基础设施一样，是建立在英美科学和资助结构的基础上的，地理位置处在全球最富有和资源最丰富的地方，并使用英语作为其事实上的通用工作语言。虽然英语已经成为科学领域最接近国际语言的语种，但这种选择仍然忽略了用其他语言进行的数据生产和使用，因此也忽略了与这些语言密切相关的认知文化和科学传统，而这些文化和传统可能在英美世界中从未被发现过。在数据迁旅的框架中，这种权力和表达的不平衡也许是本节讨论的数据包装的集中化的最令人担忧的缺点。如果不依靠共同的基础设施，数据迁旅几乎不可能在全球范围内得到支持，然而这些基础设施的定位和使用是建立在现有的不平等之上的，这些不平等包括但不限于对特定研究传统的卓越性和认知前景的假设。在下一节中，我将对"全球"数据传播的想法提出质疑，思考生物学中关于数据管理的争论如何与研究领域内外日益明显的开放数据运动交织在一起——这一主题很容易说明数据包装活动如何不仅与其他科学，还与整个社会相关联。

三　作为全球商品的开放数据

数据作为科学主张的证据使其成为了公共对象，所以至少在原则上，它们可以并且应该接受广泛而细致的审查，以此来评估从数据中得出推论的有效性。然而，20 世纪下半叶产生的绝大多数科学数据只被少量专家访问过；这些数据中只有很少一部分会被从分析它们的科学家所做的推论中挑选出来，并发表在科学期刊上向公众公开。这种对数据发布的管理与这样一种观点联系在一起，即科学知识生产是一个深奥且充满技术的过程，在这个过程中，即使是训练有素的研究人员也只能专注于自己所长，以至于无法评估其他科学领域的数据。按照这种观点，只有当科学家们有充分理由怀疑同僚的解释或猜想存在问题时，才会投入时间和精力仔细审查他们提供的数据，然而对于数据生成和解释的关注，包括生物科学和生物医学科学的大数据管理在内的相关问题，仍然远离大众。

自新千年以来，开放数据运动（the Open Data movement）挑战了如此理解数据共享实践及其政治、社会和经济意义的技术专制主义路线。这场运动将世界各地的科学家、政策制定者、出版商、行业代表和民间社会成员聚集在一起，他们认为应该让人们在网上公开获取并且免费使用科学研究产生的数据。在数字技术的帮助下，无论他们来自何方，开放数据运动的参与者都有了让数据实时流通的机会。他们通常主张，数据能够并且应该超越其产生的特定环境，因为自由而广泛的数据公布给了那些没有参与数据生成的人（无论他们是不是科学家）机会，让他们能对解释数据做出贡献。因此，他们同意由英国皇家学会（the Royal Society）和经济合作与发展组织（Organisation for Economic Co-Operation and Development，"OECD"）倡导的科学知识愿景，根据该愿景，由全球研究团体集中收集和挖掘的数据将最大限度地提高发现重要的数据模式并藉此把数据转化为知识的机会。[34]

生物数据在科学地位上发生的这种观念上的和方法论上的转变是与针对性地鼓励和促进数据传播的科学机构（如生物本体论联合体）携手并进的，并且至少与部分生物学领域（如模式生物学）已有的数据共享承诺相吻合。然而，在过去的十年中，如美国国立卫生研究院、国家科学基金会、欧洲研究理事会（the European Research Council）和英国研究理事会这样的资助机构〔以及其他的一些机构，包括那些隶属于全球研究理事会（the Global Research Council）的机构〕已经开始支持用比以往更明确、更有力的方式管理数据。这些机构认为，全球范围内的数据传播是有效再次使用数据的前提，从而确定了德克·斯坦梅丁（Dirk Stemerding）和斯蒂芬·希尔加特纳提出的那种"协调政治"。[35]资助机构正在推动开放数据运动，将其作为推进基础研究并转化为具有直接社会影响的应用（如治疗或农业创新）的关键，[36]并向它们的受资助人施压，要求他们向公共数据库发布数据。无论科学家们是否同意开放数据运动的原则，这一举措都对他们怎样开始他们的研究，以及如何衡量和发展他们的产出造成了影响。尤其值得注意的是，研究人员对不加区分地分享结果的想法表现出高度抵触。即使撇开人类数据传播所引发的有关隐私和监管等的重要问题，[37]人们还担心如下这些问题：知识产权的归属、与从事类似专题的其他团体相比可能失去的竞争优势、难以处理的特定学科的数据生成和使用的方法，以及花费时间和资源传播的数据有时质量存疑。[38]此外，许多科学家指出，20世纪的科学取得了一些巨大成就，而其中绝大多数都是在缺乏对数据的公开访问的情况下取得的。

面对这样的不确定性和阻力，为什么资助机构仍旧坚持认为开放数据对21世纪的研究至关重要呢？关于大数据的力量和前景，新闻报道经常会给出一个标准答案，即开放数据是科学家利用新兴科技（如基因组测序和基于互联网的社交媒体）的一种方式。然而，开放数据运动的出现及其政治影响不仅仅是数据生产和通信技术进步的结果，其影响也不仅仅局限于科学领域。接下来我将论述与开放数据运动背后的科学考量有关的四组因素。第一，开放数据为科学家、科学机构和资助者提供了一个共同的平台，以讨论和解决允许数据迁旅和再次使用中的实际困难。第二，它融入了政治机构和资助机构对透明度、合法性和投资回报的担忧。第三，它与生物医学全球化给世界的新兴地区带来的挑战以及由此产生的基础设施碎片化、地理分散化和研究过程的多样化特征相一致。第四，它体现了嵌入在市场逻辑和市场结构中的科学研究。

58   让我们先来看看**召集各种团体，以解决数据迁旅中的困难**的重要性。正如前文所说，数据迁移依赖于数据监管机构：由个人、科学界、公司和机构组成的良好协调网络，负责开发、融资和强化充足的基础设施。为了满足与这些业务相关的技术需求，IBM 等公司和哈佛大学、麻省理工学院、加州大学伯克利分校等顶尖大学正在开拓数据科学方面的培训。事实证明，这是一项真正的挑战，因为建立数据科学学科需要就这些研究人员应该具备哪一类的专业知识，以及他们应该在现有学科中发挥什么作用达成共识。生物医学数据库的管护人应该同时具备生物学和计算机编程技能吗？如果需要，那么各占多大比例，应该达到什么程度？世界各地的分析师正定期通过围绕数据处理策略建立网络和进行研究的工作组〔如研究数据联盟（Research Data Alliance）和 CODATA〕召开会议，来努力解决这样的问题。[39]此外，数据科学地位的提高还需要制度和资金支持，以确保数据科学家拥有足够的地位和权力来充分做出贡献。正如生物本体论联合体的案例所证明的那样，实现这种协调所需的资源和技能显然不仅是技术性的，更是社会性的。因此，科学机构开始纳入一些机制来认可和奖励数据科学家的贡献；产业界越来越多地认同生物信息学家作为研发的主要贡献者；而出版业也正在尝试出版专门记录数据传播策略的新刊物。

这些新的基础设施和社会系统反过来又嵌入更广的政治和经济

格局中，这让我想到了推动数据开放的第二组因素：在国家和国际政策的压力下，负责科学资助的公共机构会着重**培养公众对科学的信任，让公众树立科学是知识的可靠来源，更是信息合法来源的观念**。促进科学的透明度和可获得性尤其重要，因为它的技术性质使绝大多数公民难以理解，所以人们普遍对于科学技术的成就感到幻灭，这一现象在西方尤为普遍。这方面的例子有欧洲关于转基因食品安全性的激烈争论和意大利地震专家被指控未能预测 2009 年拉奎拉市（L'Aquila）的灾难。[40]也许公众不信任科学的最显著例子是 2010 年东安格利亚大学气候研究中心的研究人员之间交换的电子邮件被公开后引起的争议，这一事件通常被称为"气候门"。[41]这是一个在处理气候数据方面被认为缺乏透明度的案例，加剧了社会对全球变暖的科学共识的不信任，这反过来影响了公众对实施应对气候变化的国际措施的支持。为了避免遇到这样的情况，许多国家的政府和国际组织支持数据的自由流通，希望以此来提升科学研究的透明度，并完善责任制，从而有可能提高其可信度和社会合法性。同样，英国皇家学会指出，开放数据运动是一个机会，可以通过公开科学声明的证据基础来防止科学欺诈，并增强公众对科学的信任。[42]不出所料，这些期望引发了一场激烈的讨论：怎样让那些缺乏相关技能和知识背景的人来理解正在进行的研究，特别是考虑到因开放数据政策而公开的信息数量多到难以想象——这直白地提醒着人们，公布本身可能就是一种有效的隐瞒方式。[43]

　　对在线数据传播日益增长的依赖与支持，也与**科学的全球化超越了传统欧美国家的权力中心**（这是我的第三点）密切相关。开放数据涉及改变科学的地理位置及其与地方经济的关系，在"南半球国家"崛起的卓越生物医学研究中心就说明了这一点。作为当代生物医学数据生产的强大力量之一，北京华大基因研究院等研究中心主要通过数字手段与世界各地的研究人员互动，他们不认为自己需要本地甚至国家的研究基础设施和研究传统的广泛支持，信息技术使他们能够迅速学习其他地方的成果，并为国际数据库和研究项目贡献自己的数据，从而获得可见度，并与美国、日本和欧洲的已有项目展开竞争。在整个 20 世纪，中国、印度和新加坡等国家并没有成为科学知识的主要生产者，但现在他们正对发达国家致力的科学研究投入越来越多的财政支持，以期吸引高技能劳动力来提升本国的产业生产力和经济前景。数据迁旅的可能性条件，以及向在线数据库共享数据的各种动机、利害关系和激励措施，说明了广泛的数据传播如何创造了新形式的包容与沟通，同时也创造了新形式的排斥与脱钩。它质疑了这样一种想法，即上传到互联网的数据可以立刻毫不费力地转化为一个能从不同地点同样进行访问和使用的"全球"实体。事实上，人们可能认为贫穷或资金不足地区的实验室会大力支持开放数据，因为这能使他们获得发达国家的昂贵设施生产的数据，从而提高他们自己创造前沿科学的机会。相反，可以预见的是，拥有尖端科技和大量资源的富裕实验室将不愿共享数据——尤其是这需要额外的劳动力。然而，思考将数据转化为新知识所需的大量资源和不同的专业知识，有助于我们对数据传播的收益和成本，以及在完全不同的研究环境中工作的研究人员的利害关系形成更现实的看法。事实证明，资金不足的实验室通常对开放数据并不感兴趣：他们可能难以访问在线资源、没有足够的带宽、没有适当的专业知识和足够强大的计算机来分析在线数据（更不用说相关的语言和文化技能）；他们可能也没有能力参与定制数据传播的标准和开发数据传播的工具；并且他们经常拒绝提供他们的数据，因为这些数据构成了他们努力进行学术发表时最重要的资产。[44]相比之下，许多富有的实验室发现，将其大量资源中的一小部分投入到数据捐赠中，就有机会参与国际网络，并获得数据分析方面的帮助，从而进一步提高自己的声望、可见度和生产力。甚至像葛兰素史克（GlaxoSmithKline）和先正达（Syngenta）这样的大型制药公司最近也开始为公共数据库的发展做出大量贡献。他们希望将研发工作外包，改善他们的公众形象，并从公共资金资助产出的可用数据中获益。[45]

　　这就引出了我想讨论的最后一组因素，它关系到解释开放数据运动作为当代的社会运动和科学运动的意义。这就是数据传播实践嵌入全球化政治经济的程度。**将数据科学视为可以在全球范围内进行交易、流通及再次使用并藉此创造新的价值形式的人工制品，这种观念与市场逻辑密不可分，数据呈现为市场交换的对象。**通过资助临床试验或基因组测序项目，在数据生产上投入巨资的国家政府和行业迫切希望能看到成果。诉求从过去的投资中获得最大回报，以及通常与之相关的紧迫性，使人们更加重视广泛而迅速地传播数据，以此来创造能对人类健康产生积极影响的知识。结合对人类基因组计划的非凡期望及其对医学进步做出的潜在贡献来考虑，这一点就很明显了。事实上，大数据的魅力恰恰在于无法提前预测和量化它们作为科学证据的潜力。如果我们能够准确地预测一个特定的数据集在未来会被如何使用，进而得知哪些数据应该或不应该被广泛传播，那么我们首先不需要的就是开放数据了：自由而广泛的数据传播的意义在于，人们永远不知道谁可以查看哪些数据并从中得出什么新的东西，或者不知道这种卓有成效的数据使用究竟是否可行。正如迈克·福尔顿对冰岛 deCODE 案例的分析所表明的那样，传播和重新解释数据的机会不可避免地都被形容为极具前景，而且很难先验地区分一个富有成效的数据共享项目和一个不大可能产生

61

科学洞见的数据共享项目。[46]这使得在这一领域的金融投资既有风险，又有潜在的回报，从而有可能提高或降低预期，以适应风投的动态变化。与此同时，这也认可了将数据看作全球商品的想法，因为数据本质上是无地点的实体，至少在理论上它可以在任何地方运输、评估和使用。这反过来又挑战了行业、政府和公民社会中现有的财产、隐私和有效交流的概念。许多制药公司热衷于访问个人信息，这些信息是由不知道其作为医学研究数据价值的公民无意中传播的。这一举动在法律学者、游说团体和医学协会中引起了巨大争议，他们认为这是在侵犯隐私。[47]与粮食安全或生物能源创新相关的数据的传播，如植物和植物病原体的分子数据，同样受到知识产权不确定性的困扰，特别是在政府机构与孟山都或壳牌等公司之间进行公私合作的情况下。目前尚不清楚数据迁移将如何从根本上改变与知识产权相关行业的实践和关系，但值得注意的是，人们正在积极考虑这种选择。

考希克·孙达尔·拉詹（Kaushik Sunder Rajan）和克里斯·凯尔蒂（Chris Kelty）展示了免费数据访问如何极大地帮助交易和下游资本流动实现最大化。[48]我已经展示了数据的可流动性——以及它们作为全球商品的地位——是如何被赋予的：它需要人力资源和资金支持，而当缺乏这些东西时，不平等和排斥就会随之产生。即使是最成功的方案，也面临着长期维护和发展数据基础设施所导致的成本不断上升的问题，因此，人们也正在努力为数据活动制定可持续的商业计划。[49]事实上，欧盟委员会已经谴责了对目前生物学领域的多个在线数据库进行资助的花销，这些花销从长期看是不可持续的；欧盟委员会正在推动强化数据传播设施和标准的合作。[50]美国国家科学基金会在世纪之交资助了许多成功的数据库（包括大多数与模式生物有关的数据库），它也试图使其在这一领域的投资合理化，并要求数据库管护人开发自给自足的商业模式。[51]因此，生物数据的广泛传播不仅挑战了现有的生产、控制和使用科学知识的方式，还在调解全球市场交易和国际政治方面发挥着关键作用，产生了远超出科学本身的突出的社会和经济意义。批判性评估开放数据运动对当代社会的意义，需要结合所有这些因素加以考虑，而这些因素又凸显了科学研究与全球政治经济之间不可分割的联系。

四　评估数据价值

我已经论证过，虽然当前在生产与传播数据方面存在着新技术，但是这远远不足以解释为什么目前开放数据和以数据为中心的研究如此流行。关切数据的技术和知识获得了发展，而生产和使用数据以创造新的生物知识和干预措施的技术和知识更是发展得迅速，这些都是因为一些机构确定了数据作为商品的经济价值，也界定了数据可以在全球范围内流通的条件。这些机构包括自下而上的科学项目组织（如生物本体论联合体）、成熟的国际机构（如欧洲研究委员会及经济合作与发展组织）、国家政府及企业法人。在本章的最后，我想强调的是，把这些错综复杂的机构纳入考量可以帮助我们链接评估研究数据的价值意味着什么，反过来这也可以帮助我们理解推动数据旅程的动机和动力。

在使用"估值"一词时，我希望聚焦于某些个人、团体或机构关注和关切特定对象或过程的模式和强度，这些关注和关切背后的动机，这将把许许多多相互缠绕的考量牵涉进来。[52]因此，只要我们把数据视为知识主张必不可少的证据，数据就被赋予了**科学价值**，这要求我们在记录、存储和维护数据时给予关注和关切。上一　63

章已经阐明了包装程序在帮助数据迁旅，以提升数据在未来知识生产活动中的科学价值这一过程中所发挥的作用。而在本章中我会表明，为了使数据能够迁旅并增加其科学价值，市场和政治机构也需要承认其作为政治、金融和社会对象的价值。换句话说，科学数据的价值往往不局限于证据价值。科学数据可以具有**政治**价值，例如作为使政府政策合法化或反对政府政策的工具，或作为国家政府、游说团体、社会运动和不同行业之间的贸易货币。科学数据亦可具有**金融**价值，原因正如我上文所讨论的那样——数据流动性的增加不可避免地与数据商品化和预期产生经济盈余的水平有关。不仅如此，数据还可以有**情感**价值。尽管公开数据的压力越来越大，但人们通常认为数据是"个人的"或"私有的"——这些数据要么是从特定个人或群体的有机物质或从其行为中提取产生，它们以某种方式捕捉了人们的部分特性；要么是通过研究团队的长期努力而产生，因此研究人员认为自己拥有对数据的所有权，并将其视为一种创造性的原创成果。在关于开放数据和大数据的公共讨论中，尤其容易低估数据的情感价值，但情感价值很好地解释了一个问题，那就是为什么生物学中最容易传播的数据类型是通过测序等高通量技术产生的。一旦有合适的机器可用，这些数据极易产出，几乎没有任何情感投入，因此不难选择公开。它们与富兰克林的 DNA 晶体图像截然不同，后者的制作需要大量的创造力、资源和时间的投入，而沃森和克里克在未经授权的情况下反复使用 DNA 晶体图像，从而导致了 20 世纪生物学中最臭名昭著的著作权纠纷之一。

　　数据的这种多面性会产生复杂，甚至有时自相矛盾的影响。影响之一便是从情感的角度评估数据和以科学的方式评估数据之间可能会有冲突。开放数据运动的拥护者希望数据能够不受所有权声明和产权制度的约束，他们将数据的情感价值视作对其科学价值的威胁。在他们看来，数据要想广泛传播，并完成数据迁旅，使其潜在的证据价值最大化，数据所有者就应当让数据摆脱会限制其迁旅能力的一切条件。但也有很好的理由保留对数据的情感依附，至少要让某些数据远离公众视线。包括对患者隐私的侵犯等案例公然地忽略了数据的情感价值，传播患者隐私数据可能被用来损害个人或团体[53]，或者一些数据的访问会产生安全影响（如备受讨论的基因工程疾病数据，可能被用来研发生物武器[54]）。也许更重要的是，许多研究人员认为未参与特定数据生产的个人不能评价数据作为证据的质量和意义，让这些数据迁旅可能会引发对数据误导性的解释，反而对科学的进步造成损害。从这种观点出发，数据的情感价值和科学价值相伴相生，而非水火不容。例如，许多基因表达的研究者认为代谢组数据作为基因表达领域的关键证据来源，对数据的原生环境条件极为敏感，因此，试图整合全世界在不同材料、不同条件下开展的实验所获取的代谢组数据的做法毫无意义。[55]

另一个潜在的冲突点涉及数据的金融价值和政治价值。我认为，数据旅程助长了资本主义生产的一些关键原则，它强调过剩、增长和技术在提供社会产品方面的作用——这是企业和政府共同的世界观，在发达国家和地区尤其如此。然而，与此同时，开放数据运动试图将科学界定为一个规范的空间，在其中人们能够而且应该对市场权力的泛滥进行一些抵制，诸如透明、问责等原则也可以战胜基于利益和偏见的解释，从而在政府决策饱受非议的背景下，支持以数据为中心的科学作为真理的前驱应用于政治。[56]作为对此的回应，一些企业正在制定策略，希望其经济效益和其作为透明、负责的科学组织的声誉同时实现最大化。例如，葛兰素史克自 2004 年起一直维持着一个名为"临床研究记事"（Clinical Study Register）的在线数据库运行，用于发布其临床试验结果，以对

"公开披露研究的重要性"表示尊重[57]，这是对数据的政治价值的明确认可，从而使其声明、行动以及本案例中的产品合法化。应当指出的是，该数据库并非完整地汇编了葛兰素史克临床试验中所获得的所有研究结果，而是仅包含了选定的数据集和摘要[58]——这项政策确保了所发布信息的质量和可理解性，同时还为公司提供了选择性传播数据的机会。

我希望前文已经表明，无论涉及何种数据、研究设施和机构团体，每当科学数据即将被传播，必然会面临着不同的价值评估方式。[59]这些不同的角度以及它们之间潜在张力的彼此作用，形塑了科学数据的迁旅。因此，承认存在不同的关于科学数据价值的考量，对于理解以数据为中心的科学如何运作，以及它在当下获得的突出地位非常关键。重要的是，这种承认并不以放弃对数据的科学价值和技术价值的承认为代价。评估数据旅程对知识的贡献是一项艰巨的工作——在评估数据的质量、可靠性和潜在意义时，关键是要有科学的专业知识。如果人们尝试在不具备相关生物学训练的情况下搜索一个公开生物数据库，搜索引擎给出的结果很可能看起来毫无意义。科学数据是典型的技术人造物，其解释依赖于使用它们的人能够在多大程度上评估数据产生的原初条件——这一点是我对作为研究组成部分的数据的本质所做出的哲学解释的基础，我将在下一章详细展开。

也许不那么明显的是，科学数据的技术本质与其作为政治实体、金融实体、文化实体和社会实体的价值十分契合。数据兼备地方性与全球性；既是免费商品，也是战略投资；既是公共利益，也是竞争之地；既是潜在证据，也是无意义的信息——正是这种复杂地位，推动了数据成为当代生物医学的主角。开放数据运动隐含的设想是，如果数据不能广泛迁旅，就可能变得无意义，而迁旅则赋予了数据以多种形式的价值。要使数据之旅跨越多重背景，从学术实验室到产业发展部门再到政策讨论，需要让所有参与者都对数据抱有兴趣。在生物数据的生产、传播和再解读过程中，利益相关者多种多样，所以他们背后的动机和动力有很大差异也就不足为奇。将我们的分析视野拓宽，就有助于返回我在第一章中所讲的论点——能胜任多用途、适用于未来情景、可以照顾到潜在用户的不同兴趣，这些灵活性对数据库成功完成数据旅程至关重要，因此也关乎生物学知识生产的未来。考虑到当前的社会、政治和经济问题，阐明以数据为中心的生物学的特点有极其重要的意义，同时也依赖于公允地评估科学推理自身的约束与抉择，以及可供研究人员工作的机会、需求和限制的广泛形势。这些因素突出了生物学研究与国家和国际政治经济之间不可分割的联系，对数据密集型科学的认识论意义进行批判性评估需要对这些因素进行全面考量。

第二部分　以数据为中心的科学

第三章　该将什么视为数据？

前几章所述的关于大数据、数据密集型研究和数据基础设施的辩论重新激发了社会和文化领域当中人们对该将哪些对象视为数据、在什么条件下数据能够转化为知识的兴趣。在本章中，我提出了一个关于科学数据的哲学视角，以解释其发展。我将数据定义为交流的工具，其主要功能是促使个人、集体、文化、国家和生物学角度上物种之间的知识交流和物质交流成为可能，而数据在上述团体间的流动是来之不易的科学成就。[1]这构成了科学哲学的一个新视角。迄今为止，研究者一直强调数据生产和解读的人为性与本地性，但很少注意数据首次生成后的共享方式，因此也很少注意制定数据迁旅策略所涉及的挑战和技巧。同时，我坚持认为数据是物质人造物，其具体特征，包括其格式和传播媒介，以及数据的社会功能、概念功能一样关系着我们如何理解数据的认知作用。这一立场反映了科学认识论的一个更广阔的视角，即强调认知的过程性和具体性，且寻求通过研究科研实践和工具来理解科学。[2]在这一视角下，揭示数据的传播条件，对于了解什么是知识、知识面向何人，以及评估各种研究成果（无论是观点、数据、模型、理论，还是仪器、软件、共同体和/或机构）的认知价值至关重要。

本章开篇将简要回顾科学哲学中围绕数据的争论，随后将介绍我对于数据的定位，即数据是一个关系范畴，这个范畴应用于为知识主张提供证据的研究成果。我认为，数据本身并不具有固定的科学价值，也不能被视为独立于思想的、对给定现象的表征。相反，数据的科学价值由在具体的研究时刻被赋予的**证据价值**——即数据可以被视为证据所支持的主张的范围——所定义。这一立场说明了数据包装策略在以数据为中心的科学中所扮演的关键角色，即对于科学家们尚未提出、甚至可能永远不会提出的主张，数据具有成为证据的潜力——简而言之，数据潜在地具有无尽的证据价值。在以数据为中心的研究中，传播数据不是为了将其作为有内在价值的对象而保存——否则就与其他收集活动无异——而是为了将数据重新用于服务新的科学目标。这也是包装策略想要实现的目标——创造条件使已有的一组对象可以作为数据发挥作用。例如，让人们可以访问，并按照意愿检索、可视化并操作这些对象。包装策略在扩大数据的证据价值方面起着至关重要的作用——包装影响某些对象是否能算作数据，以及数据面向哪些人群。

　　从本体论的角度来看，这种数据观似乎有违直觉。数据在数据库和实验室间迁旅，被重新开发出各种证据用途，而包装过程能够且常常改变数据的格式、媒介和内容。考虑到这种变化性以及这种数据观赋予数据的功能性本质，在迁旅中，数据如何能保持作为"相同"对象的完整性？在什么条件下，已有的对象不再是数据，而变成了其他东西——材料、模型、事实、噪音或垃圾？数据解读与最初生产数据的具体条件有着多大程度的联系？如何能将数据与在包装过程中发挥重要作用的其他研究组件（尤其是模型）区分开？我将在本章的第二部分讨论这些问题。

一　科学哲学中的数据

　　让我们首先看看一些生物学家认定和使用的数据。这些数据的形态、格式多种多样，比如染色体上基因标记的测量位置（见图2），表示微阵列簇中基因表达水平的散点颜色（见图3），或者记录了胚胎发育的各个阶段的照片（见图4）。词源学上，**数据**这个词是拉丁语"所予的东西"的复数形式。这些生物学例子对应了数据是"所予的"这个概念。可以很容易地将这些图像当作对许多现象进行科学推理的起点，如基因组结构、特定基因的表达模式及其对早期发育的影响。在受控条件下，测量和处理有机样品产生了这些图像，其目的是在现有仪器的条件下，尽可能准确地记录自然实体的特征和属性——比如植物（见图2）或果蝇（见图4）等生物。科研人员对这些图像的科学意义进行解读，他们基于自己的研究兴趣、背景知识以及对数据获取过程的熟悉程度，决定数据能否被看作关于现象的具体科学主张的证据。

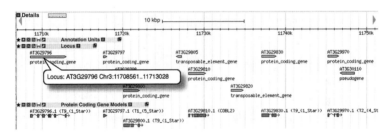

图2　拟南芥第三染色体上的一个45kbp宽的区域（千碱基对）

　　注：包括已知基因和它们编码的蛋白质的指示，存储在TAIR数据库中并通过GBrowse浏览（2015年10月22日）。浏览器可以选择性地显示更多的数据，如共同体/替代注释、非编码rna和假基因、多态性和转座子、甲基化和磷酸化模式、同源物和序列相似性。

人的能动性在赋予这些图像意义上的重要性，指向了数据在研究中所起作用的张力，这也为哲学分析提供了起点。它包含这样的观察，尽管数据具有"所予的"科学价值，但数据显然是被制造

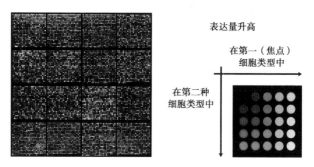

图 3　包含约 8700 个基因序列的小鼠 cDNA 微阵列和相对表达水平的解释

注：这里比较了两种不同的小鼠组织。传统上，在癌症研究中，红色荧光团标记癌细胞，绿色标记"正常"细胞。研究人员通过将微阵列中的每个彩色点与图表进行比较来评估基因表达水平：如果颜色落在左下三角形，则第二种细胞类型的表达比第一种细胞类型强，而右上三角形则相反；分割两个三角形的对角线上的点表示不变的表达水平。

资料来源：图片由美国国立卫生研究院提供；图表由米歇尔·杜林克斯（Michel Durinx）制作，2015 年 10 月。

71　出来的。数据是科研人员与世界之间复杂互动过程的结果，而互动依靠观测技术、记录和测量设备，以及重校、修改和标准化研究对象（如有机样品乃至整个生物体），使其更适合于研究。实验操作产生的数据便是如此，实验过程中涉及使用复杂的仪器和程序，而仪器和程序又包含着对世界的具体解读——这体现了罗纳德·吉尔（Ronald Giere）所说的观察的视角本质。[3]实验室控制环境之外产生的数据也是如此。举例来说，动物学家为记录所观察的野牛行为而写的笔记或拍摄的照片，都依赖于特定的技术和工具（某类相机、或大或小的笔记本、特定的笔），以及观察者的兴趣和位置，观察者只能从特定角度、一定的距离来观察现场。[4]用诺伍德·R. 汉森（Norwood R. Hanson）的话来说，观察行为本身就是"理论负载的事业"。[5]

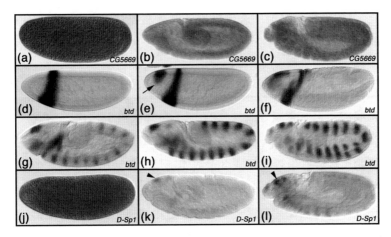

图 4 在不同发育阶段表达三种 Sp 基因的果蝇胚胎照片

注：所有的胚胎都是由前向左排列的，最后两幅图中的箭头表示发育中的大脑的表达。

资料来源：Nina D. Schaeper, Nikola-Michael Prpic, and Ernst A Wimmer, "A Clustered Set of Three Sp-Family Genes Is Ancestral in the Metazoa," *BMC Evolutionary Biology* 10 (1) (2010): 1-18. doi: 10.1186/1471-2148-10-88。

至少自科学革命以来，将数据视为表征世界的实例，与强调数据的人造本质之间存在的张力，已成为对科学方法进行哲学讨论的一条主线。哲学家们常常致力于揭示数据是被制造出来的，而不是所予的。他们一再指出，人类过于受制于自身的假设和立场，无法客观地观察世界，科学家也不例外。科学方法一直被誉为调节并尽可能消除这种主观性的有效手段——前提是承认，人以为的有关世界的事实可能不过是由感官产生的错误认知。因此，大多数杰出的西方哲学家都对归纳法持怀疑态度。知识可能建立在观察的基础上，但如果科学是要驳倒（而非简单地确证）人类对于所生活的世界的许多错误的假设，那么批判性地考量这些观察是如何产生的就显得非常重要了。皮埃尔·迪昂（Pierre Duhem）是这一观点的拥趸。他 20 世纪早期的著作启发了汉森和托马斯·库恩（Thomas Kuhn）等人去强调理论假设对数据收集、选择和解读的不可避免的影响。[6]

直觉告诉我们，数据是研究的"原始"产物，与直接的、关于现实的知识非常接近，这一直与"观察依赖于理论"的观点相冲突。[7]受逻辑实证主义和卡尔·波普尔（Karl Popper）的证伪主义的影响，许多科学哲学家或含蓄或明确地支持两个相互关联的、关于数据在科研中作用的假设，以处理这种冲突。第一个假设是，数据是世界的表征。某种意义上，数据捕捉了现实的部分特征，因而使它们适合于科学研究。这意味着，不管科研人员怎样使用数据，数据的信息内容都是固定的。数据被定义为知识主张的主要经验基础。数据由人制造，但其特征是由生产数据的物质环境决定的，这使得数据在很大程度上独立于思想。其实，数据到底应该用来记录什么可能尚处于未知，需要进行分析和解读来寻找答案。在这一过程中可能会产生意外，得到与预期相反的结果。由此引出第二个假设：数据主要用来检验和验证理论，而科学方法则可以被安全地认为能够保证数据在这个角色上的可靠性。汉斯·赖欣巴哈（Hans Reichenbach）和卡尔·亨普尔（Carl Hempel）等哲学家对以下观点深信不疑：数据收集的控制条件（如在实验和随机试验中）以及精密的统计分析，使得人们可以客观评估所予数据集所包含的信息，判定信息解读的正误。数据被看作是特定研究条件下的、本质上局部的、本地的、特定的、依赖于理论的产物，又如何能够成为关于自然的普遍真理的客观辩护？亨普尔的回答是，坚持认为科学方法提供了"可直接观测的"和"主体间可确定的"观察，可以将其看作关于物理对象的、无可辩驳的客观事实——用于验证给定的理论或解释。[8]

　　这两个假设构成了我称为**数据表征观**的核心。此观点同科学知识生产的理论中心主义联系在一起，即认为科学的主要产物，也是最值得哲学审视的产物，是那些最独立于易犯错误的人类感知的产物；最好的理论是通过普遍化的数学公理来表达的理论；解释被看作出自法则系统的、针对当前的问题适当调整的演绎。在这种传统下，科学方法是否以及如何产生可靠的数据成了一个经验问题，不受哲学分析的影响，而后者则应专注于重建公理和定理藉以建构并同观察和测量相关联的逻辑。[9]汉斯·赖欣巴哈将这种态度体现在他对于数据产生和使用的条件之混乱（"发现的背景"）与结论主张之简洁合理（"证明的背景"）的区分上，前者是科学史家的工作范畴，而后者是科学哲学家的研究对象。[10]

　　这种以理论为中心的科学知识观在过去的三十年中受到了英美科学哲学中所谓的**实践转向**的挑战。从 20 世纪 70 年代末开始，越来越多的哲学家开始关注弗朗西斯·培根（Francis Bacon）、威廉·胡威立（William Whewell）和约翰·斯图亚特·密尔（John Stuart Mill）等作者，他们强调，对科学发现过程的实际特征进行研究，而非事后回溯式的重构，往往能够获得卓越的成效。[11]这种新的对获得科学知识的实际方法的兴趣延伸到了对科学模型的研究中。人们发现，科学模型的认知作用因其具体特点及使用者的兴趣和价值而大不相同。[12]这引起了人们对科学研究所特有的多样性的关注。或许可以从具体案例的特性出发，而非强调普遍策略和总体理论，来更好地研究这种多样性。[13]当代对数据表征观的一些最有趣的挑战则源于这些关注实践的文献。在实验哲学中，伊恩·哈金（Ian Hacking）提出了一个关于数据的广义的定义，数据被定义为人与研究仪器互动而产生的**标记**，这个定义把数据刻画成可以存储和检索并因而持久的东西。哈金关注数据生产的物质环境，认为数据在科学研究中的认知作用并不可知，相反，他更强调诞生于实验室的数据的多种格式和形态所提供的限制和机会——用他的话说，数据包括"未经解读的铭文、记录变量随时间变化的图像、照片、表格和展品"。[14]

另一个看重数据的具体特征的哲学家是汉斯约格·莱茵伯格（Hans-Jörg Rheinberger）。在对生物学实验过程进行了详细的历史考察后，他提出了自己对于数据的认知作用的观点。与哈金不同，他没有将科学仪器产生的标记——他称之为"痕迹"——"信号"——视为数据，而是认为，数据是对观察或实验产生的标记做进一步处理的结果，处理的目的是存储并使其他人也能使用这些数据（我称之为包装）。莱茵伯格举了 1977 年率先由弗雷德·桑格（Fred Sanger）团队做出的第一个 DNA 序列凝胶的例子。凝胶在光敏板上产生不同长度的离散条纹，帮助呈现噬菌体 PhiX174 的 DNA 序列的分子结构。莱因伯格认为，这些条纹是使用实验室技术产生的**痕迹**，而将条纹抽象成代表四种核酸碱基的符号链 GATC，则是将痕迹转化为**数据**的实例。[15]这种阐释受益于科学家们成功地使用字母作为核酸碱基的符号。这种格式使此类数据易于传播，从而促进了生物学中分子方法，特别是基因组学的兴起。莱茵伯格直言，自己是基于布鲁诺·拉图尔关于推理链的研究，后者强调知识主张的确立如何建立在"不变的变者"的产生和运动上——也就是说，在不同背景下的稳定性使得它们成了知识主张的锚点。[16]

拉图尔和莱茵伯格都承认，需要处理研究过程中产生的标记以便迁旅，而迁旅对数据成为证据从而发挥作用至关重要。

综合来看，他们的论述为我的分析贡献了一个要点——数据流动的认知重要性以及实现数据流动所需的劳动。但我不同意他们对于稳定性的强调——或者用拉图尔的话来说，对于"不变"的强调。从最初的生产环境迁旅到数据库，再到新的查询环境，生物数据在这个过程中绝非稳定的对象。包装迁旅数据时，会涉及多个阶段的操作。这些操作可能分散在不同时间，且很有可能改变数据的格式、媒介和形态。即便数据以明显直接的格式呈现也会如此，譬如莱茵伯格所举的关于序列数据的例子。虽然在当代生物学中用字母表示碱基最易识别也最能让多数人理解，但有大量可供生物学家和管护人选择的文件格式——举个例子，斯塔登格式（Staden format）使用连续的字母，如"GGTACGTAGTAGCTGCTACGT"，而欧洲分子生物学实验室的 Ensembl 数据库，以及 GenBank 都可以基于生成序列的方法和用户的需求生成各种格式。[17]正如有关数据管护的文献所述，序列数据之后的传播一定会受到格式选择的影响。[18]这个过程会影响数据成为证据的方式吗？我同意莱茵伯格和拉图尔的观点，会的。但这是否意味着有科学干预痕迹的数据与其"包装好的"待迁旅的版本之间有明确的界限呢？我认为并非如此。

　　包装发生在数据迁旅的几个阶段当中，且常常在数据生产之时就已经实施。例如，正如莱茵伯格所说，越来越多的生物数据以数字的方式诞生，这样更容易对数据进行计算处理，也更容易将其提交至在线数据库，而且，如果可以选的话，科研人员更喜欢能够进行数字输出的仪器，而不是以模拟格式产生结果的仪器。鉴于产生和传播数据的过程具有交互性，试图将仪器产生的标记和通过进一步操作获得的标记进行区分似乎显得武断。[19]科学家们进行数据生产时，也清楚地意识到此类活动的产物需迁旅到他们的研究范围之外。这种意识也体现在选择仪器、记录实验步骤和履行实验手册规范，以及决定如何将结果储存、与同行共享、输入模型、汇总到其他数据源之中。科学家们认识到，为迁旅而包装数据，这是知识生

76

产的一个基本要求，是规划研究、生成数据及进一步解读的基础。这便削弱了我们可以把数据截然地区分为两类——直接产生于研究的痕迹与对痕迹的各种形式的进一步的翻译——的观点。

二　一个关系框架

为了更好地运用莱茵伯格的分析，不妨完全放弃基于对象被操作的程度来定义数据，转而关注科研人员对该将什么视为数据的认知与这些认知出现于其中的探寻的类型和阶段之间的关系。数据迁旅不仅仅影响对数据的解读：迁旅首先决定了该将什么视为数据，以及数据面向什么人群。数据迁旅过程中，数据生产者、管护人和用户根据数据迁旅的各个阶段的环境和目标变化，不断决定着什么才能构成数据。这些决定不一定相互一致，且往往依据所涉及的具体个体的立场、相关对象的材料和格式、相关共同体的价值观、关于可靠数据的现有标准、数据访问和使用的条件，以及对数据所有权和价值的不断发展变化的理解而独立做出的。与此同时，这些决定通常有一个共同的目标，那就是尽可能地让数据在未来成为一项或多项知识主张的证据。

基于此，我主张将数据定义为任何**为了成为知识主张的证据**而被收集、储存和传播的研究活动产物，这些产物的范围从照片等人造物到字母数字等符号。我在上一章中强调过，数据的价值可以体现在各个方面——比如金融、情感和文化——这可能会影响数据的迁旅。但是，正是作为**潜在证据**的价值使得数据有别于其他研究组件。数据在迁旅过程中，人们可能并不总是清楚如何使用这些数据，而且往往不会再次检索数据库中存储的数据，于是没能使用这些数据创造知识。对于数据库管护人来说，只要预计数据可能在未来某个时候成为证据，这便不是问题。所以数据会以有助于进一步分析的方式被处理。

因此，数据是具有以下特征的对象：（1）数据是关于现象的一个或多个主张的潜在证据；（2）数据以特定方式被格式化和处理的方式，使其能够在个体或群体间以分析为目的流通。而对于科学数据，这些群体很有可能至少包括一些科学家，虽然在我的框架中这并非必要条件。[20]这个定义将数据的概念框定为一个**关系范畴**，任何满足上述两个要求的对象都可以是数据。该将什么视为数据取决于谁在使用它们、如何使用，以及出于什么目的去使用。在这一视角下，相关对象的具体格式并不重要——这个定位也说明了生物学家用作数据的对象多种多样。从实验测量到田野观察、模拟和数学建模的结果，甚至有机材料的样品和样本，都可以是数据对象。此外，没有本质上优越的数据类型，因为判断哪些对象最适合作为证据取决于研究人员的偏好，相关观点的性质，他们使用的材料（如生物体），以及其他证据源的可用性。例如，一个行为心理学家团队可能利用一组特定的生物体——比如基因工程小鼠——来作为"具有 X 基因组成的小鼠往往表现出 Y 行为"这一主张的证据。这些样品本身不足以作为证据源，往往还会有其他类型的数据，比如小鼠的照片、视频、血液样本、基因组序列，以及研究人员记录的描述小鼠行为的观察笔记。研究团队的立场和专业知识不同，研究的有机体类型不同，作为证据源的对象组合就可能不同。例如，一个进化生物学家团队在研究"细菌种群由于其基因组的多重突变而表现出演化新质"的主张时，会关注不同进化阶段的细菌菌落、几代该细菌的适合度数据、基因组序列，以及原始株和进化株的形态照片。[21]

这种方法的一个关键含义是，同样的对象可能会，也可能不会作为数据发挥作用，这取决于（科研人员）让它们在科学研究中

承担什么角色、承担多长时间。这尤其重要，因为许多科学和政策
文献表明，关于该如何定义数据，数据的格式、媒介或背景改变
时，其同一性是否改变，其中充满了矛盾和不确定性。许多讨论者
认为，尽管科研中数据的类型和用途多种多样，但关于数据密集型
科学的辩论应建立在与背景无关的数据定义的基础上。这就回到了
对数据的表征观，即数据是描述现实中特定部分的实体，与其被考
虑的环境无关。在这种观点下，分析数据包括揭示数据记录了现实
的哪些方面，数据的认知意义源于数据可以代表现实的这些方面，
与数据处理者的立场和处境无关。[22] 此观点与以下想法并不相容：
同一组数据可以作为多种知识主张的证据，这取决于如何解读这些
数据——我认为这个特点是理解数据作为研究组成部分的认知力量
的核心。[23] 此观点也没有考虑到原本要用作数据的对象不再被当作
数据的情况，这在研究中很常见。例如，人们常常把数据当作无用
的"噪音"而丢弃一旁，出于除证据外的其他目的（如博物馆展
览，私人收藏）收集数据，用使数据无法被检索以供将来使用的
方式来存储数据（例如，把数据放在不可访问的存档里，或是放
在缺少有效检索机制的数据库里，被许多从业者批评为"使数据
走向死亡"的"数据转储"）。

　　为解释这些情况，我主张根据数据在查询账户的特定过程中的
功能来定义数据，而不是根据其内在的属性。在这个框架内，抽象
地问哪些对象可以作为数据并没有意义。这个问题只能根据具体的
研究情境来回答，由研究者决定哪些研究成果可以用作证据，哪些
不能成为证据。这个立场有意不去帮助评估科学家将特定对象用作
数据的潜在动机，因为我认为评估这些选择是科学，而非哲学要解
决的问题。相反，我感兴趣的是生物学中数据如何被例行处理，以
理解某些对象在什么条件下会成为具体知识主张的证据。数据库管

护人常跟我讲，最好的数据库可以让用户"玩"数据，以各种方式组织、可视化数据，每种方式都可能适用于相关现象的不同假说、假设和直觉。我认为这是对数据的认知作用的一个重要见解，显示出数据在现有和未来研究中尚未开发的潜力的重要性。使数据成为强大认知工具的，不一定是它们的出处、格式或内容，尽管这些因素可能会强烈地影响赋予它们的科学意义，而是因为数据对多种研究路径都能够适应的能力，这取决于生产者、管护人和用户针对具体问题和推理方式如何调用和组织数据。[24]

79

"史迈瑟，就是这了——失落
的未结构化数据之墓！"

Brian Moore　　　　　　　　　brianmooredraws.com

**图 5　将以不可复原（"未结构化"）的方式存储的数据
描述为进入了"数据坟墓"**

注：这样的讽刺描述在致力于科学交流和辩论的社交媒体中很常见，特别是与开放数据讨论相关的社交媒体。

资料来源：由 Information Week 提供，"漫画：数据死去的地方"，2014年 12 月 19 日，http://www.informationweek.com/it-life/cartoon-where-data-goes-to-die/a/d-id/1318301？image_number=1。

　　因此，我认为与我对数据的定义紧密关联的一个特性是数据的**可迁移性**。无论有没有按照开放数据运动所推荐的规模去实现，可迁移性都是用数据作为证据的关键先决条件。这是因为人们广泛认为科学主张的确立，包括对数据的可靠性和重要性做出判断，是一种需要涉及多个个体的社会活动。这一观点与证据和传播方式在科学研究中的关键作用的历史研究相吻合，斯蒂文·夏平（Steven Shapin）和西蒙·谢佛对罗伯特·波义耳（Robert Boyle）确保科学共识的策略的分析就是证明。[25]任何知识成就，无论多么除旧布新、正确合理，都只有在相关个体能用让更广泛的科学家群体理解的方式表达想法、能提供证据向他人证明自己的主张时，才被视为对科学文献做出了贡献。因此，我没有将两个或两个以上的个体能观察到同一现象的情况作为数据生产的实例。[26]诚然，个体证词在科学中发挥着重要作用，它是讨论和推理被观察对象的潜在生物学意义以及未来以什么方式做研究的平台。但是，想要证明某个主张可以作为对科学知识的贡献时，比如向期刊提交论文时，在实验室里或实地目睹过某种现象并不能作为可接受的证据形式。任何个体或团体的经验要想被认定为证据，就必须产生可以记录这种经验的对象（照片、视频、测量结果、手写笔记），并且可以将其迁移到其他环境当中。这些对象就是我所说的数据。因此，可以迁旅虽然不是数据能被用作证据的充分条件，但也是必要条件。如果数据无法迁移，就无法在人群中传递，进而无法让他们审视数据的意义，并证明它们的科学价值。[27]

　　可迁移性的重要作用也让我将数据定义为**物质**的人造物，这与数据是否以数字形式传播无关。[28]正如哈金也强调的，无论我们处理的是符号、数字、照片还是标本，所有数据类型都需要可以传播它们的物理媒介。[29]这个平凡的观察有一个重要的哲学含义，即媒介的物理特征影响数据传播的方式，因此也影响数据作为证据的可用性。换句话说，当数据的媒介改变时，其科学意义可能也会改变。考虑到数据在迁旅过程中，可能有各种各样的媒介，所以这一点值得注意。例如，基因组序列数据有多种传播形式和载体，包括档案、数据库、期刊出版物、存储中心和生物库。我强调过，数据为传播而被处理成的格式往往会影响随后进行的数据分析的类型——进而影响所得结果的类型。这个论述强调了数据的人为性，因此很难将其视为客观的证据来源。与其将这一点视为科学认识论面临的症结，我更欢迎这种认识，即数据的特性与其所处的具体研究阶段如何紧密交织在一起。这是通过研究数据传播过程，特别是数据库管护人所做的包装实践而得出的洞见。认识到这些过程包含的奇妙之处后，我们便可以知道，格式和媒介在数据传播中的变化并非将数据用作证据所面临的障碍，而是数据迁旅的一个重要组成部分。如果没有变化，数据就不会有效地迁旅（或者根本不会迁旅）。强调数据为迁旅而发生的物理转变的认知意义，也是莱茵伯格区分痕迹和数据的一个关键动机：在这个意义上，虽然与他对于数据应如何概念化的看法不同，但我的框架符合他的历史观察。

81

　　数据的关系进路主要面临两个本体论质疑。第一个质疑针对数据作为物理对象的完整度。如果数据在传输过程中改变了格式，而格式有时对于如何分析数据以及数据未来的证据价值具有重要意义，那我们该如何解释这些数据在某些方面是"相同的对象"呢？换句话说，数据是如何在变化的同时，又保持了完整性呢？数据一直在变化，作为分析者，我们如何知道自己看到的是相同的数据？回答这个问题时，我从关于另一个实体的哲学讨论中获得了灵感，人们广泛认为该实体在时空中保持同一，但它在整个生命历史中都处于变化中：那就是生物个体。生物体是典型的处于不断变化中的、本质上不稳定的实体。它们的组成成分一直在变，因为要从环境中吸收新物质，而细胞和组织也在凋亡并被新者取代。生物体的外表、大小以及与其他实体的关系也在不断地变化——如果我们把从同一个祖先进化而来的整个有机体谱系作为一个个体来考虑，变化就更大了。解释这些实体的本体论地位的一个哲学策略是，采用这样一个同一性概念，把一个个体在时间中可能经历的物理变化解释为它之于环境的发展和变化。[30] 比如延续同一性（genidentity）这个概念，由库尔特·勒温（Kurt Lewin）在 1922 年提出，近期被亚历山大·盖（Alexandre Guay）和托马斯·普拉德奥（Thomas Pradeau）应用于生物学个体上。在这一观点中，实体 X 的同一性"不过是 X 经历的状态的连续继承……例如，用纯粹的历史的方式去理解'椅子'，椅子就是从其被制作到毁灭的时空状态的连接……被我们识别为'个体'的对象总是在认知活动后续的——而非其先前基础的——副产品（个体不是设定的'能将统一性带给认知活动的东西'）"。[31] 这种定义有力地解释了数据在时间和空间上的完整性，同时也认可数据的物理特征在其整个生命周期中可能发生变化。无论何时何地，数据都以具体实体的形式展现，同时也随着在研究地点和媒介间迁旅而不断变化。数据的物质表现形式使得跟随数据的移动而追踪数据、并重现整个迁旅过程成为可能。[32] 同时，数据本身并非稳定的对象。数据是否保持其物理特征取决于如何管理其迁旅，以及数据被视为证据的条件的不断变化。数据的功能性质与这种观点完全契合：它提供了一种确定数据何时产生、何时消失的方法，同时对被当成数据的对象随时间演变而保留和/或获取的具体特征保持中立。因此，从本体论的角度来看，数据既是一个过程，又是一个实体。在某一时间点上，该将什么视为数据只能根据具体情况而定，而数据却作为一种可变的谱系存在于这种具体性之外。

对关系观点的第二个质疑可能来自某些哲学家，他们对数据集作为唯一的信息来源〔一种"类型"（type）〕的同一，以及这种数据集通过多种媒介复制时的具体实例〔该类型的"个例"（token）〕进行了区分。[33]在这一视角下，类型是非物质形式，其个体实例可能是具体的，但类型的唯一同一性是不可变的且无形的。例如，微阵列板上的一个色点，序列中的一个字母，或有机组织照片中的一个黑色模糊点。无论它们在屏幕上、教科书上还是文章中，如何或多么频繁地被复制，都可能被视为保持"相同"。版权法在讨论原创作品与其复制品之间的区别，以及将可以承载作者权的无形形式与可以承载物权主张的具体有形实例——无论主张者是不是作者——分开时，也做了类似的区分。[34]我对此的回应是，区分个例和类型对理解数据的认识论并无助益。我已经指出，数据可以没有固定的信息内容，数据的形式——数据实例化的媒介——可能会对数据作为证据的使用方式产生重大影响。此外，数据迁旅得越远，就越难区分作者和所有者。假设有一位生物学家，她在自己的实验室里产生了一组微阵列数据，并认真思考这些数据该如何传播。如果她希望被认为是数据的作者，可以在数据期刊上发表数据集，或将数据捐赠给标注她为作者的数据库。这样的话，她的名字就与这些数据最初产生的格式联系起来了。然而，一旦数据开始在世界各地的屏幕、打印机和数据库间传输，这个格式可能就会发生变化。很多人可能会投入资源、贡献智慧，来修改数据及其格式，使其能适应新的用途，对数据解读来说，这些修改所具有的意义可能与数据创建者的贡献一样大。在这种数据传播和再次使用的情境中，只把数据的原始创建者列为数据的作者似乎不公，而且类型和个例之间的区别也变得毫无意义。[35]

83

三 数据的非本地性

现在我想更深入地讨论这样一个观点：数据产生的背景决定了数据的证据价值。在科学哲学中，许多学者坚持认为，由于诞生数据的具体背景会影响如何解读，所以考虑数据时永远不能脱离其背景。我的论述挑战了这一推论，将哲学注意力重新集中在数据传播而非生产过程上。数据解读当然需要参考数据生产的具体情况，我会在下一章详细讨论这个问题。但这并不能限制数据可以被以几种方式来解读，因为数据的生产环境并不能完全决定其证据价值。无论实验控制多么严格，也无论科学家对实验目标有多么熟悉，由此产生的数据最终能够揭示的东西并不是完全可以预测的，也无法以某个单一主张捕获。这并不是因为即使仅仅预测数据的某些未来用途也难以实现——显然，对于很多想要探索给定的假设或问题的实验，人们可以预测数据的一些用途——而是因为人们不能预测数据可能被用作证据而支持的**所有**主张；也因为除非实际发生，否则人们无法预测数据是否**真的**会被用作证据而支持特定主张。用迪昂的话来说，数据的证据价值是不确定的——这正是以数据为中心的方法想要研究的，其目标是在多种研究背景下最大化数据的作用。接下来，我将讨论该观点对詹姆斯·博根（James Bogen）和詹姆斯·伍德沃德（James Woodward）关于实验物理学中数据处理的观点的影响。这是迄今为止关于数据内在的本地性的最著名哲学主张。

首先，我要说明，博根和伍德沃德的工作是我的论述在好几个方面的重要参照。在理解数据的认识论作用上，他们的分析与我的分析一样，都以科学家自身的关切和行动作为出发点。由此，博根和伍德沃德强调了生成和使用数据所需的工作和技能的规模及重要性，且伍德沃德明确强调了数据的公共本质，即作为"可接受度取决于主体间可以确认的事实"的科学活动的记录。[36]此外，他们的工作让人们在哲学上重新将数据视为可以直接观察到的对象，其主要功能是作为知识主张的证据。为此，他们将"理论所解释的（即现象或有关现象的事实）"与"无可争辩的可观察的（即数据）"进行了区分。[37]与我的框架类似，博根和伍德沃德认为数据的主要功能是为科学主张提供证据，但他们指出，这些主张并不等同于理论。[38]数据是关于现象的主张的证据：世界上不可观察的特征构成了"科学理论预期要解释的事实"。[39]铅的熔点和电子的电荷都是现象。在生物学中，基因表达、表型和代谢途径等概念都是现象。对这些现象的观点本身并不构成理论，而是系统性解释的关键组成部分和目标。同时，它们也构成了对科学知识来之不易的贡献，科学知识的发展离不开数据生产与分析的支持。

我前面简短地提过有关"理论负载性（theory-ladeness）"和"理论—数据关系"之间的辩论。理论预测和解释的是现象而非数据，这种观点成为该辩论的主要切入点。不难预见，由于科学哲学中对以理论为中心的偏向，这引发了关于现象相对于理论的本体论地位以及现象作为证据的作用的辩论。辩论持续了三十年，但很少有人关注这种观点对如何理解数据的影响。[40]与哈金一样，博根和伍德沃德强调数据作为测量和/或实验的直接输出的"原始"性质。伍德沃德特意提出了强调这一特点的一个定义："数据是测量或探索过程的个体结果，可能借由仪器，也可能直接由人感知。"[41]基于这个定义，博根和伍德沃德认为，数据"针对具体的实验背景，通常不能存在于其背景之外"，而关于现象的主张具有"稳定、可重复的特点"，因此可以"存在于较广范围的不同的情境或背景中"。[42]换言之，数据记载了关于世界是什么样子的信息，但这种信息表达的方式使得只有熟悉数据获取背景的科学家才可以进行恰当地理解和解读。关于现象的知识需要被从其嵌入的数据当中（也是从获取数据的本地实践中）解放出来，从而使得无论科学家是否熟悉数据获取途径，都可以获取知识。这种解放诞生于关于现象的主张中。数据可以帮助科学家推断和验证这些主张，但最终还是关于现象的主张在迁旅，并被用作一般理论的证据。因此，在博根和伍德沃德眼中，数据是非本地主张的本地证据。

数据与关于现象的主张，无论以何种方式被使用，都在某种程度上有内在的本地性——这种观点与我的关系框架形成了鲜明的对比，并在经验上被证明是成问题的。它无法解释那些数据被操作和/或被抽象，但仍被研究人员当作"原始数据"使用的情况。它还无法解释数据迁旅出其最初的生产地，被采纳为新主张的证据的情况，也无法说明关于现象的主张的迁旅在多大程度上依赖于跨认知文化的共识。诚然，在研究论文中发表的数据被选为关于现象的特定主张的证据。读者需要从这样的论文中获取的不是数据本身，而是作者以主张的形式做出的对数据的经验解释。但这恰恰是开放数据运动等以数据为中心的科研游说团体认为的问题所在，因为这大大阻碍了数据从其最初的生产地迁旅出去。从这个角度来看，本地性成为数据传播的特定体制的结果，而并非数据本身的特征；而不同于这种体制的替代体制的发展——如同在模式生物数据库中显示的那样——可能影响数据和特定研究情境之间的关联的本质。

我对数据包装的分析表明，通过数据库迁旅以多种方式扩展了数据的证据价值。这种迁旅使数据在其他研究背景下也能被访问，从而可能被作为新主张的证据而再次使用，也将数据与生产背景之外更广泛的现象关联起来。这让我对数据具有内在的本地性观点产生了质疑，我认为，通过使用适当的包装过程，可以使数据具有非本地性。通过数据库传播的数据虽然与其来源信息相关联，但可以独立于来源信息而被查阅。我在第一章中详细讲过，这是一种将数据去背景化并转变为非本地实体的方法，因为数据同其来源信息相分离，研究人员就可以判断数据与他们所做的研究的潜在相关性。相比之下，在一个新的研究背景下判断数据的可靠性则需要数据库用户访问关于数据最初是如何产生的相关信息，并使用他们自己的（本地）标准，基于由从业经验获取的专业知识，来评估哪些可以被当作可靠的证据。由此，人们判断为可靠的数据被重新背景化，又变成了本地的：在此过程中，数据所处的研究情境发生了改变。[43]

　　博根和伍德沃德坚持认为，关于现象的主张根本上是非本地的，或者至少比数据的本地性更少。但当考虑到数据迁旅时，这个观点也站不住脚了。经过对包装的分析，我认为在有关现象的主张中，科学家对相关术语的解读总是取决于他们具体的背景知识和技能。我会在第五章考察数据标签时详细说明，现象的分类和定义关键取决于研究这些现象的科学家的兴趣和专业知识。这就是管护人很难为那些可以以数据作为证据的现象开发非本地标签的原因，因为开发这种标签需要在不同的本地研究文化间做协调（且不一定能做到）。与数据一样，关于现象的主张只有通过对指称现象的术语进行适当的包装，以及借诸不同的认知文化，根据自己的专业知识、承诺和背景假设对这些主张进行定位和解释，才能获得非本地价值。由此产生的主张的非本地性跟数据的非本地性一样，都是科学的成就。[44]

　　博根和伍德沃德之所以着眼关于现象的主张根本上的非本地性，原因之一是想要捍卫以下观点："关于现象的事实天生就具有进行系统性解释的潜力，这是关于数据的事实所不具备的。"[45] 我同意这种直觉，它与我所述的框架一致。但我并不认为，这种差异可以用本地性来解释。关于现象的数据和关于现象的主张的区别在于它们在具体探索阶段的使用方式，而这又部分取决于这些实体的具体格式及其迁旅方式。关于现象的主张之所以有系统性解释的潜力，是因为它们是命题，而不是幻灯片上的点、照片或机器产生的数字。命题以语言格式出现，这使得它们相对于它们所记录的实体和过程中位于较高的抽象层次，可以整合入理论或解释等形式结构中。同时，命题也可被当作数据；这种情况最常发生于用一个观察陈述句来佐证被观察现象的主张时（例如，可以将"青蛙看到了蛇"和"青蛙跳入了湖中"这两个陈述用作"青蛙遭遇捕食者时会寻求庇护"这个主张的证据）；而根据具体情况，观察陈述也可被当作关于现象的主张（例如，评估青蛙在田野间跳跃的一系列照片的证据价值，照片可以是"青蛙跳入湖中"这个主张的证据）。此外，命题用作关于现象的主张时，通常既可以单独使用，也可以与其他主张联合使用。[46] 而数据则往往会迁旅，在汇总聚集后被使用。事实上，极少见到单项数据就可以作为主张的证据的情况。想要具有证据意义，数据就需要被汇总。汇总的数据数量越多，其证据力就越强，因为大量的数据点可能会增加发现重大关联的可能性，以及它们的准确性。数值形式的数据尤其如此，这些数据最容易用来进行统计分析和数学建模。数据的群集性，以及它们便于统计和其他复杂的分析和解释技术处理的特性，有助于解释为什么判断数据集的可靠性和潜在证据价值时，数据集的大小往往被视为一个重要因素——目前对大数据的重视就是个例子。[47]

四　包装及建模

现在我将更详细地考虑这样一个观点：数据的证据价值取决于

其被组织、呈现和可视化的方式。分析数据库中的数据集——通常被称为"数据挖掘"——包含设计对结果进行可视化的方法。可视化可以揭示那些只有在充分展示数据时才能被发现的模式;对于数据的数量和质量引起的问题,特别是当数据集非常庞大或高度多样化时,可视化也提供了一个潜在的解决方案。[48]哲学家通常将可视化过程视为一种建模形式,是提供数据生产和解读之间的重要桥梁。帕特里克·苏佩斯(Patrick Suppes)在"数据模型"上做出了影响深远的贡献——他指出,模型"旨在整合实验中可用于统计检测理论的适当性的所有信息"。[49]这强调了统计学在帮助科学家从分散的数据点中发现重要模式时起到的关键作用,可以用来检验理论预测,或者用博根和伍德沃德的话来说,用来证实关于现象的主张。苏佩斯关注的是统计学如何帮助科学家抽象和简化数据,以摆脱实验情境的"令人困惑的复杂性"。于是他将数据模型与实验模型分开,后者描述了参数和设置的选择,以及诸如采样、测量条件和仪器等实际问题。苏佩斯认为,这些是先于建模活动的实验的重要"实用主义方面"。[50]

88

在苏佩斯看来,只有影响统计分析,数据生产中的问题和决策才与建模相关;而围绕数据传播,他没提到任何问题。[51]他的数据概念从未被明确定义过,似乎与哈金将数据视为直接实验产出的观点大致相符。从这个意义上说,他的分析只涉及我定义的数据的一个特定子集——那些经过特定类型的统计操作的数据。然而,与莱茵伯格对实验痕迹的物理操作的质疑一起,苏佩斯对数据处理过程的认知状态的关注向我们提出了一个重要的问题:数据从原始格式和生产地点被"抽象出来"意味着什么?在数据以其作为潜在证据的功能被定义的关联框架中,这个问题尤其重要。数据模型能够而且确实成为主张的证据,这似乎意味着它们和数据具有一样的功能；同时，这些对象经过了修改，与实验者最初创造的对象大不相同。这一点在罗曼·弗里格（Roman Frigg）和斯蒂芬·哈特曼（Stephen Hartmann）对数据模型的定义中得到了强调。他们将其定义为"我们从直接观察中获取的所谓的原始数据经修正、校正、汇总后的、许多情况下理想化的版本"。[52] 是什么标志了数据和模型之间的差异，以及苏佩斯描述的建模过程和目前为止我所述的数据包装活动之间的差异？

考虑到在研究领域的内部和研究领域之间，数据和模型有多种多样的格式、来源和用法，因此，这个问题特别不容易回答。保罗·爱德华兹对气候科学中数据和模型之间的关系进行了详尽的研究，为我对生命科学中数据建模的思考提供了起点。爱德华兹认为，数据处理和建模相互关联，他反复强调数据依赖着理论，就像模型依赖着数据。[53] 他关注数据同化，认为这一过程需要"数据与模型深度整合"，是迁旅数据包装的关键。因此，爱德华兹承认了数据和模型间的区别，但他强调建模实践作为数据解读的主要方式具有其重要性，并将其事实上视为科学中唯一可行的数据处理方式。按照这种观点，我目前为止所述的数据包装过程应该被定义为建模活动，而且没有必要将数据传播实践作为研究的重要组成部分单独讨论。

但是，在讨论他称之为气候学中的"数据战争"时，爱德华兹自己就提供了一个反驳这个结论的理由。"数据战争"涉及两种不同的处理数据的方式。预测天气更偏向使用第一种方式，不看重"原始数据"的概念（"原始的传感器数据不一定被储存；通常不会被再次使用"[55]），科学家们倾向于使用通过统计工具建立的数据模型，这与苏佩斯所述的方式基本一致。另一种方式则应用于气候科学中，针对不同时间点的各种研究问题，基于较长时期内从不同的地理区域收集的数据来进行解读。在后一个阵营中，科学家们付出了大量努力，来保存他们眼中的"原始数据"，并记录数据格式如何为了迁旅而转变——这种方式与我所讨论的生物学案例类似。无论是在气候科学还是生命科学领域，数据包装并不仅仅，甚至并不总是集中于统计分析上；它还涉及数据的媒介、格式和顺序，以及它们与其他数据集的结合，或被选择/删除的方式，以适应某种特定的载体（如数据库）。这些活动的重点并不是在数据可视化的方式与给定的目标系统间建立联系，而是为了确保知识主张有可靠的证据来源。

虽然包装影响数据解读的方式，但它并不是一种解读行为，也不一定会为科学家揭示关于目标系统的信息，因此并不等同于建模。在数据包装中，研究人员和技术人员主要关注的是监督并尽可能改进数据生成和将其用作证据的步骤。数据包装面临特定的限制和挑战，如数据格式转变（例如，如何将数据从一种媒介转到另一种，从而使它可以通过笔记本电脑、期刊文章和在线数据库等多种途径迁旅？）以及元数据的选择（哪些关于数据来源的信息对于未来的数据解读最有用？如何将其与相关数据建立有效链接？）。这些限制很可能会影响之后对数据的解读，但这并不一定是操作者想要做的或监测的。操作者的主要目标是使数据能够在生产环境之外迁旅。我会在下一章讨论，模式生物数据库的管护人明确认识到数据包装选择对于未来数据解读的重要性，但他们无法准确说明这些选择会对数据的证据价值产生何种影响——这取决于数据最终被采纳和使用的具体研究环境。

对数据迁旅的研究表明，为使数据可迁移，可能包括将数据解读为具体现象的表征，但并不要求如此，也不将其视为目标。相比之下，当人们操作模型时，通常是明确地想要用它来表征世界的某些特征。[56]这种对模型的界定并没有与表征概念的具体解释相关联，也没有对被讨论的现象的本质做出假设。现象完全可以被视为虚构的或者实存的，被人工构建的或天然存在的，先于探索的或在探索后发现的。[57]对于我来说，重要的是认识到建模涉及创造工具，从而在科学家的想象力与世界之间架起桥梁，并帮助发展新的知识。[58]因此，数据建模可以被看作通过对数据的一种或多种可视化来推断关于现象的信息，从而认识世界的尝试。在这个过程中，科研人员用数据来识别、描述和/或解释相关现象的具体特征，因此，这的确是个抽象的过程。[59]

　　数据和模型都是科研人员在寻求知识的过程中不断操作和干预的对象。我认为，它们之间的区别在于这些操作的目标和限制条件。同一个对象既可以作为数据，也可以作为模型。这取决于它的目的是成为主张的证据，还是让科研人员发现一些关于世界的知识。建模是为数据赋予证据价值的过程。数据包装是最开始让数据便于分析的过程。这种理解与苏佩斯关于数据模型的看法相互兼容，但适当强调了数据生产和传播过程中，直觉因素所发挥的重要的认识作用。直觉为数据建模提供了条件，因而塑造了建模工作的步骤和结果。对于所予的数据集，选择最恰当的解读不仅取决于分析数据所用的统计原理，还取决于相关数据的特点、排序和可视化方式以及相关科学家的立场和专业知识。

　　最后，让我们回到"所予的"和"人造的"这两个看似矛盾的对数据的看法。正如我在本章开篇时所述，它们长期困扰着关于数据分析的哲学和科学讨论。克里斯汀·博格曼曾说过，数据"或许只能存在于观察者的眼中：认识到数据由观察、人造物或记录构成，这本身就是一种学术行为"。[60]这种观点与科学界内部经常感受到的一种期望——将数据定义为客观的、与背景无关的单位相冲突，博格曼自己也曾说过这一点。但是，科研人员并不需要将数据视作客观的、与背景无关的单位来培育其证据价值。相反，数据库管护人制定的包装策略很明确地承认了数据的主观性和背景依赖性，并将其作为促进迁旅和证据价值的出发点。在模式生物学中，收集和传播数据的尝试往往会假定需要收集尽可能多的数据，将其以原始材料长期保存，以供进一步分析。同时，人们广泛认为这些数据是人造物，其价值和质量受获得数据的条件的影响。数据库中数据的证据价值是否超出其代表的物种乃至生物体，需要在每一次迁旅的案例中评估。通过包装数据的来源信息和随后的迁旅方式，生物学家设法调和了在不同研究背景下重复使用数据的愿望，并意识到任何一个数据集的意义可能因其所涉及的物种和生物现象以及其在旅行中所经历的变化而大不相同。生产和传播数据的程序使得数据成了独特的信息源，而记录这些程序的方式则决定了数据如何跨越背景被解读。由于包装过程使研究人员能够根据自己的需要重新背景化数据，并对它们在旅途中所经历的操作有批判性的认识，因此，数据的人为性并不影响它们作为现象主张的可靠证据的 92
能力。

第四章　该将什么视为实验？

　　为了更加深入细致地研究数据传播和数据生产之间的联系，需要进一步讨论在生物体上进行的实验以及在电脑上进行的数据管护并分析二者之间的认知关系。是什么使研究人员能够解读在线的可用数据并评估其证据价值？很少有哲学思考去解决这一问题。我认为，在实验生物学中，研究人员需要对记录数据的目标系统和研究该系统的实验条件有一定程度的熟悉。这并不是要求数据使用者需要了解产生数据的具体背景，而是需要他们具有一定的对实际生物体的实验操作经验，凭借这些经验来评估关于数据起源的信息。

　　我的切入点是分析模式生物数据库管护人处理数据创建中涉及的程序、协议、技能、团队合作和情境决策的方式。正如我在第一章中所阐述的，数据库管护人很清楚，提供数据生命历史信息的元数据对于评估数据的质量、可靠性和证据价值至关重要。为了获取这些历史，数据库管护人在技术、设想、方法、材料和数据产生条件的标准化描述方面投入了大量精力。本章的第一部分回顾了其中的一些尝试，并认为当前从事元数据开发的管护人尝试形式化**具身**知识取得了良好的收效，这些具身知识在验证数据作为关于现象的主张（**命题**知识）的证据时发挥着关键作用。接下来，我将分析以上尝试所面临的问题。虽然确实可以通过命题和图像等工具获取具身知识，但此类编码不足以传播（从而取代）通过科学实践获得的具身知识。访问元数据需要人们具有与其所描述的物质相互作用的实际经验,这要求研究人员提升自身从他人的行为和发现中学习的能力。更笼统地说,阅读具身知识并不一定能教会人们实践这些知识。研究人员如果只从数据库中访问元数据,则很难弄清楚如何开展被描述的实验和/或如何评估结果数据的证据价值——除非他们已经有了执行类似数据生产实践的经验。

以上观点并非在指责编码和传播具身知识这一行为本质上是漏洞百出、毫无用处的。相反地,我认为它们在提高研究中的负责精神和激发围绕生物研究的方法论讨论上起着至关重要的作用。当前开发元数据的作用之一是提供一个平台,用于表达并批判性地讨论实验活动的特征、有效性和可复制性,以此来激励研究人员把自己的工作方式与其他实验室倾向选择的工作步骤进行比较,从而反思并重估自己的工作方式。该平台还有助于评估实验人员与参与数据迁旅的许多其他专家(包括统计学家、计算机科学家和软件工程师)所做假设和决定的兼容性。对数据解释中涉及的各种具身知识的明确讨论表明,以数据为中心的生物学的推理具有广为分布的性质,这种推理应当被视为集体而非个人的成就。

作为总结,我认为仔细研究具身知识在数据迁旅中的作用,可以彰显出对生命体的物理干预,以及使这种干预得以发生的社会互动二者是如何相对于它们在数据库中的表征体现出认知价值的。毫无疑问,基于数据库挖掘的研究在补充与支持实验工作方面发挥着日益重要的作用,这两种路径之间的相互作用仍然是获取关于自然世界的有效和重要知识的关键因素。因此,用元数据传播具身知识不应该被定义成一种完全废除实验的方式,因为在线数据的解释和再次使用仍然依赖于研究人员在受控条件下进行生物实验的经验;用元数据传播具身知识也不能保证实验的可复制性,因为研究人员对于这些信息的理解并对其采取行动的方式可能会因为学术背景和

94

实验经验的不同而存在巨大的差异。因此，对于通过分析大型数据集获得的新发现可以完全实现自动化和/或用作活体实验干预的替代品的观点，我保持一种怀疑态度。

一　获取具身知识

具身知识是在特定的研究背景下处理数据并将其作为证据使用所需的知识。更宽泛地说，它可以被定义成为进行科学研究而指引行动和推理的意识，对于生物学家来说，为了干预世界、提高对所研究系统的控制并处理由此产生的数据和模式，具身知识是必不可少的。[1]这一概念与吉尔伯特·赖尔（Gilbert Ryle）所说的"知道如何做"类似：在实验的具体实现中涉及的一系列行动和技能。[2]例如，具身知识体现在那些使得科学家能够对感兴趣的实体和过程进行干预的步骤和方案中；体现在实施这些步骤，并根据研究的具体情况修改它们的能力中；体现在处理仪器、模式生物和有机样品所涉及的技能中；体现在根据所研究的模式生物和材料去自我调整和自我定位的意识中，这种意识通常基于科学家在特定空间（如实验室）内互动的经验；以及体现在制定便于复制实验结果的方法中。

在本节中，我将展示以上对生物数据库中对具身知识的编码是如何与迈克尔·波兰尼（Michael Polanyi）著作中提出的关于"默会知识""个人知识"的哲学图景形成对照。波兰尼把通过有效地干预世界发展或应用命题知识的能力描述为一种"不可言传的艺术"，这种能力只能通过实践或模仿来学习，对这种能力我们很少有自我意识，因为它需要整合进实践者的思想和行动，而无须使其注意力从主要目标上转移开。[3]这就是为什么波兰尼把这种知识称

为默会的：它是一种能力的集合，为科学家的行为（行动和推理） 95
提供信息，而不被拥有这些知识的个人直接认识到。波兰尼进一步
解释了这一阐述，他区分了科学家自我意识的两种方式："聚焦"
意识和"附带"意识，前者与有意识地追求"知道是什么"相关
联，后者与科学家对运动的感知、与物体的相互作用以及他们的追
求所涉及的其他行动相关联。从这个观点来看，聚焦意识和附带意
识是相互排斥的：没人能做到同时兼有二者。在波兰尼看来，从
"知道是什么"到"知道如何做"的来回切换，就是在这两种自
我意识方式之间切换。事实上，他将"知道如何做"描述为"附
带意识"，将这种类型的知识降到了比"知道是什么"次要的地位
上。[4]根据波兰尼的观点，获取理论内容是科学家关注的核心焦点。
默会知识使科学家能够获得这样的理论内容，但它本身不具有价
值：它只是达到（理论）目的的一种手段。

虽然波兰尼对默会的专业技能的强调为我们提供了灵感，但我
认为，他把"知道如何做"作为"知道是什么"的附属品这种等
级排序并不能公正地体现生物学研究的特征——即命题性知识和具
身知识的相互交织。在大多数生物学当中，适合研究特定问题的技
能、程序和工具的发展与它所促成的理论或数据的成就同等重要，
有时甚至更重要。生物学家通常更承认以下事实，即工具和程序的
进化对概念的发展至关重要。因此赖尔关于具身知识的观点更符合
我的分析，因为它并没有假设任何一种类型的知识是支配性的。这
是由于他的观点和波兰尼的观点有着本质上的不同。后者认为这种
区别是描述性的，从而在实践中呈现出两种不同类型的知识；赖尔
则将这种区别视为一种分析工具，并将这种描述性解释称为"唯
理智论者的传奇"："当我们说一个行为蕴含着智力的时候，这种
说法并没有蕴含着考虑和实施的双重活动。"[5]赖尔将具身知识定义

为既包括有意识的行为，也包括无意识获得的习惯。事实上，他更喜欢理智的行动者去尽可能地避免习惯行为："纯粹的习惯性行事方式的本质是，一个行为是他的先前行为的复制品。显示出智力的行事方式的本质是，一个行为靠它的先前行为得到修正。行动者仍然在学习。"[6]更进一步说："具有智力不仅仅在于满足准则，还在于运用准则；在于调节一个人的行动，而不仅仅在于被调节得很好。假如一个人在自己的行动中准备查明并且纠正失误，准备重新再来并且改进所取得的成绩，准备吸取他人的教训，等等，那么他的行为就可以说是细心的或有技巧的。他在批判地进行活动的过程中运用了准则，也就是说，在力求把事情做好的当口运用了准则。"[7]

赖尔并没有将他的叙述具体应用到科学知识的案例中。然而，他对理智行为人试图通过反复改善其行为来"把事情做好"的描述，可以巧妙地应用于生物学家编码具身知识的尝试当中：具身知识使生物学家们能够共同努力改进现有的技术、方法和步骤。在数据迁旅中，具身知识既不是默会的，也不是个人的。相反地，数据在数据库、指南、协议和相关标准中的表达和形式化对数据的流通和再次使用至关重要。为了促进数据迁旅，需要公开具身知识，从而使具身知识被编码成可以在个人和团体之间共享的描述、工具和材料。实际上，我们已经看到，数据包装可以促进数据迁旅。数据包装涉及以下内容：一是元数据的开发，记录特定数据集最初的来源；二是元数据的收集方式；三是在进入数据库时如何对元数据进行格式化、加注释及可视化。这涉及决定在数据生产中牵涉的具身知识的哪些方面对于如下事务是最相关的：把数据定位于新的研究背景；把数据同其他数据整合；阐释数据的重要性；以及发现把这些知识形式化的方法，使得那些不具备相关的技术、材料和有机体的直接经验的研究人员能理解这些知识。接下来，我将回顾生物学数据库管护人为完成数据迁旅和获取具身知识所做的一些努力。

　　获得具身知识的一个显而易见的方法是通过文本——也就是说，描述数据生产活动实际上是如何进行的。这并不是什么新方法：实验书籍、协议和方案指南长期以来一直被实验人员用来相互交流具身知识。[8]这些文本描述的问题在于，它们倾向于沿用本地研究的特殊背景和传统，而不去使用标准的术语或格式。文本描述同样也有些不稳定，因为并没有一般的规则去限定文本中应该包含怎样的内容，而且其中的描述也不足以让除原始团队之外的团队复制该实验。此外，这些文本通常不会在进行相关活动的实验室范围之外流通，因为研究人员倾向于仅在被要求或涉嫌不当行为的情况下才会共享这些材料。事实上，尽管在科学研究中普遍认同有效实验应当是可复制的，但这一期望似乎并没有对最终判断哪些实验能产生可靠的科学结果施加强烈的约束；而且，尽管该期望确实鼓励了科学家们仔细记录获得数据的环境，但并没有促进一种可广泛应用的共同标准来表达具身知识 。

　　另一种获取具身知识的方法也愈加流行，那就是使用非文本媒体，包括图表、播客和视频等。特别是视频媒体，它被认为能够在还原实验情境上比标准化文本更忠实且更有指导意义。一个著名的例子是《可视化实验杂志》（*Journal of Visualized Experiments*，"JoVE"），这是一个成立于2006年的同行评审视频期刊，旨在以可视化形式发表科学研究。《可视化实验杂志》自称要"克服当今科学研究界面临的两个最大挑战：可重复性差，以及学习新实验技术需要付出大量的时间和劳动"。[9]该杂志的表述与波兰尼关于通过艰苦的模仿和学习去获得具身知识的描述相似，因此强调了实时观察实验如何进行的能力，这是最接近于在实验室中目睹实验过程的体验。我当然不想否定这种工作的重要性：在 YouTube 等社交媒体上"如何"

自己动手类的视频大受欢迎，这告诉我们视频作为在科学领域内外传播具身知识的手段具有一定的效果，制作精良的短片可以使生物学家不必亲自往返于实验室之间就学习到新方法。同时，凭借实验室书籍和亲身观摩等传统方法学习具身知识所面对的弊端，在视频学习中也保留着。看视频很耗时间，视频是高度个性化的，难以相互比较，而且仍然需要补充信息才能作为复制实验的基础。

为了使数据能通过数据库迁旅，许多数据库管护人已经开始致力于改进现有的记录实验过程的方法，包括文字和非文字形式，以便更轻松地开发、传播、比较和理解具身知识。与模式生物数据库建设相关的一项突出工作是生物和生物医学调查的最低限度信息项目（Minimal Information on Biological and Biomedical Investigation，"MIBBI"），这是一个生物实验中涉及的最基本具身知识的标准化文本表述系统，数据捐赠者、管护人和用户可以使用它来开发元数据。[10]另一个例子来自植物本体论，从储存在拟南芥库存中心的数千个植物突变体的特征开始，它对描述模式生物实验中使用的植物形态特征的文本和图形提出了统一标准。[11]在这种情况下，管护人试图记录的不是研究人员所进行的活动，而是实验样品的特征，在帮助研究人员培养在任何实验中选择技能、仪器、方法和活动的能力上，这些特征都发挥着重要作用。

MIBBI 和植物本体论不应被单纯地视为试图同质化各实验室的实验步骤。由于所涉及的参数极其复杂，这两个项目的出发点都充分认识到了每个实验环境都是独一无二的。他们对标准化的尝试并不是基于"一刀切"的简单诉求，而是基于对生物学中具身知识的作用和功能的复杂理解，我们可以将其概括为三个核心观点。

首先，当涉及评估实验结果的质量和意义时，实验的某些特征要比其他特征更重要。例如，如果不知道数据集来自什么材料

（例如哪种模式生物，如果知道的话，是哪种突变菌株、表型和基因型），生物学家就不可能确定这一数据集的意义。

其次，这些特征可以被挑选出来，作为一种能够跨实验环境的"类型"特征。任何试图解读在线生物数据的研究人员都需要了解这些数据来自什么生物体、用什么仪器获得、谁在何时何地进行了实验等信息。因此，元数据需要包括诸如"生物""仪器""作者""原始实验的地点"和"原始实验的时间"等范畴。

第三，这些特征中至少有一部分可以通过文本、图表或其他媒介进行明确描述，从而能够让人们在大型网络中进行单独交流，而不必让人们亲自见证这些过程是如何在实验室中实现的。

自千禧年以来，人们对开发元数据的兴趣和投资以惊人的速度发展，足以说明这种对于实践知识的愿景所取得的成功。2014 年初，MIBBI 和植物本体论汇同另外 544 个项目加入母项目 BioSharing，BioSharing 是一个致力于汇集"共同体开发的生命科学标准……以标准化的方式提供数据和实验细节"的门户网站。[12] BioSharing 计划的目标是针对三种主要标准的描述：关于各种实验过程（包括样本处理、磁共振和随机对照试验）的 **报告指南**，关联不同类型数据的 **交换格式**（例如，用于图像、临床结果、基因组序列的标记语言），以及作为标准术语来描述具体领域（如解剖学、化学和系统生物学）内知识及各种生物解剖特征〔例如，植物和脊椎动物，当然还有具体的模式生物，如秀丽隐杆线虫、盘基网柄菌（*Dictystelium discoideum*）、果蝇、非洲爪蟾蜍（Xenopus,）和斑马鱼〕的 **标签**。

元数据同数据一起在数据库和跨研究背景的迁旅中使用了这些将知识编码的方法。这些编码方法在数据迁旅中的作用强化了这样一种印象：在伊芙琳·福克斯·凯勒（Evelyn Fox Keller）的著名构想中，确定数据的科学意义需要"觉察到"现象在何种物质条件下被研究以及特定样本——对我而言是模式生物的器官和样品——以何种方式代表所探寻的现象。[13]凯勒的表述因缺乏精确性而受到批评，这种模糊弱化了在科学研究中指出具身的、非命题的知识的重要性。从认识论的角度来看，元数据变得很有趣，因为它们成了一种阐明科学知识的所谓默会维度的明确尝试。通过尽可能多地提供关于数据如何产生的信息，元数据成为一种工具，至少可以消除在实验活动和技能中的一些模糊，并提升了这些知识在个人之间和群体之间被报告、教授和评估的程度。

二　当标准不足时

承认元数据在交流具身知识方面的作用，并不必然是在挑战这样一种观点，即生物实验会受到不同地域和环境的影响，每个实验都要重新配置不同的实验技巧、假设、材料、环境条件和目标；也不意味着否定在实验生物学中为了获取具身知识，在实验台上用实际生物体训练所起的关键作用。换句话说，我既不认为使用元数据一定会导致生物实验过程的标准化和同质化，也不认为使用元数据会让没有实验经验的研究人员如那些每天应对这些生物的人一般，可靠而准确地解释模式生物的数据。为了说明这些观点之间并不矛盾，我将分析围绕在模式生物学中使用元数据存在的问题，这些问题既表明编码元数据有效促进了围绕数据生产和解释程序的讨论，也表明这种形式化的可理解程度取决于数据库用户将这些信息与自己的实际经验进行比较的能力。

尝试将具身知识编码能促使研究人员比较并思考自己的实验步骤；这种尝试还提出了这样一个问题：实验材料和步骤能否以及如

何在不同的实验室和研究文化中实现同质化，以及能够达到怎样的效果。即使在相对有凝聚力的群体中，比如那些研究特定模式生物的群体，研究小组在描述数据来源时，也很容易在哪些元素应该优先考虑方面存在分歧。此外，在任何一个项目中，实验方案和步骤都是不断变化的，因为生物学家会根据不断变化的研究需求和本地条件进行调整。这使得用固定的类别来描述实验活动变得更加困难。作为"数据摩擦"的案例，爱德华兹与其合作者讨论了围绕元数据的制定和使用当中的争论。[14]接下来，我将研究生命科学实验研究中这类摩擦的两个例子，这两个例子既说明了制定元数据的困难，也说明了在让生物学家明确地解决和讨论实验实践中的差异方面，尝试将具身知识编码颇具作用。

（一）问题案例 1：确定实验材料

第一个例子涉及鉴定实验所使用的材料——在该例子中，这些材料由有机样品（有机体的部分或全部标本）组成。为了理解这一例子，应当特别注意模式生物实验的目的往往是探索同一物种的诸变体之间出现形态的、遗传的和/或生理的差异的原因。正因为如此，对于任何希望再次使用这些数据的研究人员来说，知道所讨论的生物体的哪一株被用于生成特定的数据集是一个关键信息。因此，似乎有理由假设，生物样品的信息应该总是伴随着数据从一个环境传播到另一个环境。这构成了关于生物学实验实践的"最小"信息的理想情况，并被包括 MIBBI 在内的几个生物共享系统所认可。

然而，实践证明，获取关于这些实验材料的信息既困难又充满争议，因为在不同实验环境中工作的研究人员对如何报告他们使用的材料的信息有不同看法。例如，我采访的一些数据库管护人指出了临床和非临床环境之间的差异。根据他们的经验，临床研究人员经常不能具体说明他们研究的是哪些有机样本——例如，他们是否混合了来自不同生物体的样本（譬如人类细胞培养物和动物 RNA 探针），或者他们在大鼠细胞还是小鼠细胞上作业。这与在非临床环境中研究模式生物的研究人员的看法相冲突，对他们来说，这些信息对最终数据的解释至关重要。由于研究人员无法指定这种类型的元数据，因此在临床环境中获得的数据通常不能完全包含在模式生物数据库中。用一位数据库管护人的话来说："当人们发表文章时，他们……很多时候不会告诉你他们在研究何种蛋白质，是来自老鼠还是人类。他们会告诉你蛋白质的名字，但人类和老鼠的蛋白质名称可能 99% 都一样，他们不会告诉你蛋白质来自哪个物种。所以在这种情况下，我们无法去标注，因为不知道确切的物种是什么。"[15]

造成这种元数据困难的另一个原因在于研究中使用的模式生物细分种类繁多。一方面，大多数这类生物在不同的环境中表现出高度的变异性，因此，从不同地点收集它们的研究人员最终会得到许多不同类型的样品，需要对这些样品的特征进行系统比较。另一方面，实验过程本身通过从根本上改变生物体的培养方式，以及通过基因工程，最终会产生大量的突变体。元数据应当捕捉任何具体实验中使用的模式生物品系的特殊性，但这在全球数千个实验室每天使用和修改数百种不同品系的模式生物的情况下是很难做到的。对这些品系的描述往往采用非同质的术语和语言，因此难于比较实验记录及提取它们之间的共同信息。在分类和描述上达成一致可能有助于对生物体进行准确的标记，但这是一项巨大的协调工程，需要大量的资源，也需要分散的研究团体之间进行合作。

在组织相对良好的团体中，对能够充分捕获实验样品信息的元数据开发得最为成功，这些团体专注于易于储存和运输，且没有显著经济价值的生物，如拟南芥（其突变体可以以微观种子的形式传播和储存）、大肠杆菌（整个突变品系可以轻易被包含在小培养皿中）、秀丽隐杆线虫和斑马鱼（由于它们的体型和对环境变化的相对适应性，它们的突变体也相对容易保存和传播）。在这些情况下，模式生物品系的管理由集中的库存中心监督，它们的任务是提供可靠的方法来识别突变体并将其用于未来的实验。[16]这些库存中心的技术人员和管理人员的工作已成为数据迁旅的核心组成部分，这些工作确保了能够提供用于生成每个数据集材料的准确元数据，并让希望复制或继续这一领域工作的用户能够订购此类材料。这些元数据的效用获得了增强，因为大多数访问它们的研究人员都有操作类似种类有机体的经验，即使不是完全相同的品系。这提高了数据库用户评估数据来源的能力，也减轻了管护人的压力，当分类与他们的经验不匹配时，管护人就可以依赖实验者所提供的反馈。[17]

　　实验生物学中使用的绝大多数物种都不是以这种集中的方式储存和管理的。这使得提供针对生物材料的准确元数据变得非常困难，同时也增加了数据库用户可能无法将元数据提供的信息与自己在实验室中的经验联系起来的风险。一个值得注意的例子是小鼠，其众多品系构成了生物医学研究的主要材料来源，但其分类和收集往往非常零散。历史学家和社会科学家强调了造成这种状况的原因——包括在私人机构中对小鼠的普遍使用，研究中使用小鼠的国家在法律上存在差异，小鼠的运输和维持成本高昂，以及某些小鼠品系的商业化和许可背后的历史，如在标志性的肿瘤鼠（OncoMouse）案例中显示的那样。[18]另一个有问题的例子是微生物，它们在实验室中会快速进化和变异，因此很难通过固定的类别来描述它们。[19]研究不那么热门的生物的小型研究团队在其成员之间传

102

播数据时往往表现得更好，因为他们可以依赖于个人接触和对彼此工作的了解，这是大型团队无法做到的；然而，小型研究团队一旦尝试在团体之外进行数据迁旅，即在跨物种数据库中贡献数据时，则会毫无优势。

　　这个例子说明了以一种普遍明确和可靠的方式提供关于实验步骤的最基本信息是多么困难。与此同时，模式生物数据迁旅的需求，特别是数据库中元数据的形式化，在使科学界注意到这些困难时发挥了重要作用。随着模式生物数据库的兴起，人们对收集材料缺乏标准化，以及在获取和比较模式生物方面遇到的相关困难重新产生了兴趣，这并非一种巧合。CASIMIR 就是这样一个例子，它是欧盟委员会在 2007~2011 年间资助的一个项目，旨在提高国际小鼠信息学资源的协调性和可持续性。该项目的主要目的是提供可靠的数据库，以促进使用小鼠作为人类疾病的模型；然而，它的许多方案最后都将精力集中在了小鼠品系的鉴定和获取，以及用于描述样品的元数据上。[20]

（二）问题案例 2：描述实验室环境

　　第二个例子涉及对生成数据的环境条件的描述。这里的一个有趣例子是关于基因表达的微阵列数据的传播。微阵列数据是当代生物学中最受欢迎和最广泛传播的"组学"数据之一（见图 3）。它是在高度标准化的机器帮助下，通过基本自动化的实验以数字格式产生的。它们被誉为本质上可在不同计算机上使用且易于集成的大数据，而无论其来源如何。然而，许多研究人员认为微阵列数据可能并不可靠，因为它们容易受到实验环境条件的影响，所以难以在实验室中复制。由温度和湿度等因素引起的变化会影响产生数据的质量，但研究人员很难就充分捕捉这些变化的元数据达成一致——

尤其是对于哪些环境因素影响最大，人们几乎没有达成共识。[21]这些困难反映在数据库管护人的工作中，他们很清楚，他们的用户不会高度信任其他研究人员在缺乏关于实验条件的足够信息的情况下获得的微阵列结果。[22]在 2000 年，一组生物学家开始着手解决这个问题，他们开发了微阵列实验最小信息项目（Minimal Information About a Microarray Experiment，"MIAME"），使协商和建立适当元数据的过程顺畅。[23]诸如此类的尝试引起了许多争议，也突显了复制微阵列实验中涉及的问题。[24]例如，2009 年《自然遗传学》期刊发表了一项研究，评估了通过微阵列实验获得的 18 个数据集的可复制性，发现有 10 个数据集无法根据所提供的信息进行复制，由此推断"已发表的微阵列研究的可重复性显然有限。人们应该考虑实施更严格的发表规则，来强化公共数据的可用性，并对数据处理和分析进行精确描述"。[25]这些结论引发了一场至今仍在进行的争论，包括一些研究声称，在微阵列数据建构的过程中使用更丰富的模型，甚至可以使现有的微阵列数据得到更好、更可重复的结果。[26]

当我们考虑到通过那些不如微阵列实验般高度标准化的步骤获得的数据时，这些问题变得更加重要。以代谢组学实验为例，它试图捕尽可能多的组织提取物的化学成分，并在样本之间进行比较。这很难实现，因为与核酸和蛋白质不同，组织样本中小分子的多样性意味着没有一种提取和分析技术可以检测到所有东西。此外，大多数生物没有可供比较的参考代谢组，也无法对现有的小分子数量给出确切的数字。代谢组学数据应用的收集技术多样且复杂，即使是通过这些技术中最流行的（质谱法）产生的数据也难以解释，因为如果缺乏标准化合物或进一步的纯化和详细分析，这些实验中检测到的特征就无法被识别或验证。[27]管护和解释代谢组学数据中遇到的这些困难很好地解释了为何目前在公共数据库中可用的代谢组学数据如此稀缺。考虑到代谢组学数据收集环境的特殊性，人们正在加倍努力改善这种情况。这些工作的关键是让用户参与进来，积极评估和补充数据库获取的具身知识。例如，Metabolome Express 网站（http：//www. metabolome-express. org）包含从原始数据文件中提取信息的工具，以及进行比较分析的能力。拟南芥代谢组学联合体（Arabidopsis Metabolomics Consortium，http：//plantmetabolomics. vrac. iastate. edu/ver2/index. php）和日本理化研究所代谢组学平台（Platform for Riken Metabolomics，http：//prime. psc. riken. jp）这样的数据库甚至更加精确具体，需要有高水平的代谢组学实验经验才能够分析其中的数据。为了帮助那些不具备大量相关具身知识的研究人员，有许多存储核磁共振波谱和质谱的数据库可用于辅助化合物鉴定，例如，戈尔姆代谢物数据库（Golm Metabolite Database，http：//gmd. mpimp-golm. mpg. de）、日本理化研究所代谢组学平台、MassBank 数据库（http：//www. massbank. jp/？ lang = en）、生物磁共振数据库（Biological Magnetic Resonance Data Bank，http：//www. bmrb. wisc. edu）、人体代谢组数据库（Human Metabolome Database，http：//www. hmdb. ca）。此外，多年来报告这类数据的各种标准被不断提出，为元数据的需求指明了方向。[28]这些举措表明，元数据的发展是怎样激发了围绕数据迁旅条件进行的讨论，人们应如何描述数据产生的环境，以使用户能够将这些信息与他们现有的实验室经验进行比较。

三　数据旅程中的分布式推理

围绕数据生产中具身知识如何编码的争论，亦可视为对波兰尼观点的辩护——具身知识有默会的品性。如果没有亲身参与，以及深入熟悉某些类型的物质干预，就无法获得这样一种知识。通过推理和实践可以学到同样多的东西，而实验干预仍然是生物科学中最重要的实践形式。[29]我讨论的两个例子都指出，元数据很难**取代**用户在评估实验研究组件时的专业知识和经验。即使在模式生物研究这样高度标准化的领域，在具体的步骤和材料上建立共识比在其他生物学领域吸引了更多的关注和资源，数据库用户也不会盲目相信数据库管护人提供的元数据，而是将它们作为自己对数据生产者使用的方法和材料进行调查和评估的起点。元数据并没有取代用户在实验室中的专业知识和经验，而是**提示**用户使用具身知识来批判性地评估关于其他人所做事情的信息。

我并不是要贬低用计算机进行探究的价值。相反，注意到数字研究实践和物质研究实践之间的联系，意味着在线数据库的数据迁旅可以通过很多方式作为实验工作的补充，也指出了在调查物质世界时，在缺乏同世界的互动中——这种互动总是以社会和制度环境为中介——习得的技能的情况下，很难用数字工具获得新发现。正是在塑造进行研究的社会环境时，为使数据迁旅而引入的标准术语、工具和基础设施才会产生最大的影响。元数据的使用正在促使研究人员之间就什么是或应该是实验工作的显著特征的反思和交流达到一个新的水平。就实验实践的某些方面进行明确辩论也受到了鼓励，否则一般来说如果没有元数据的使用，这些方面大概不会被过问，例如跨实验室的实验步骤和材料的可比性、特定仪器的可靠性以及各种环境条件影响其使用的方式。数据库管护人对这种使用元数据的方式持欢迎态度，将其作为一种积极参与数据迁旅的形式。[30]我认为，对潜在的不同形式的具身知识的批判性辩论是数据管护的一个重要成就，特别是试图捕捉和表达那些若无这种辩论就会保持"个人性"和"默会性"的知识的尝试——无论就准确性而言多么受误导和成问题，这种尝试都是重要的成就。需要再次指出，这对于生物学研究来说并不是一个全新的特征，因为关于应用具体实验材料、仪器和步骤的争论已经有很长的历史了。然而，元数据的公共性质——它们的高可见度、扩散潜力，以及使实验中涉及的具身知识为各种各样的利益相关者所用的纯粹追求——引起了人们对这些辩论的关注，并重新激发人们对实验可复制性原则及其可以实现的条件的兴趣。[31]这反过来又促进了关于具身知识的科学交流，其规模在科学史上前所未有。

考虑到参与数据迁旅的生物学家越来越多，以及最近生物学领域合作规模的变化，关于如何编码具身知识的讨论和决定变得非常有用。[32]我已经强调过，数据的交流和再利用，尤其是在分布于全球各地的数千个研究小组组成的模式生物团体中，很少涉及个体之间的认识和直接接触。此外，数据迁旅越来越多地涉及来自不同领域的各种各样的专家，其中一些人——如计算机科学家、统计学家、数学建模师和在库存中心工作的技术人员——不一定有在实际生物体上进行实验互动的经验，却参与了赋予被传播数据以证据价值的一系列过程。[33]在这种背景下，元数据给人们提供了一种可能性，具身知识不一定局限于具体研究环境和个人经验。虽然研究人员对实验技术、材料和仪器的现有熟悉程度决定了其能够理解元数据的程度（从而评估数据的证据价值），但这并不妨碍针对这些知识的讨论和表达。人们应该学会识别不同环境所偏向的技能和承诺之间的差异，这是跨研究环境对其进行批判性评估的重要一步。由于有了元数据这样的工具，拥有不同训练和实验背景的人可以评价彼此的实践，并利用这些评价去理解电脑中的数据。

从这一分析中可以得出一个重要观点，解释数据并不要求参与数据生产、传播和解释等复杂过程的每一位科学家都拥有同样的具身知识。事实恰恰相反：以数据为中心的生物学的原动力部分来自从不同的观点评估数据证据价值这一行为，这些观点涉及不同的理论背景、实验传统和学科训练。这种视角的多样性既影响到数据密集型研究过程中涉及的具身知识，也影响到命题知识。这种形式的研究证明科学多元主义既取得了丰硕的成果，又有创造性的潜力，海伦·朗吉诺（Helen Longino）、桑德拉·米切尔（Sandra Mitchell）、罗纳德·吉尔、维尔纳·卡勒博（Werner Callebaut）和哈索克·张（Hasok Chang）等哲学家都是这种科学多元主义的捍卫者。[34]由于我更强调具身知识和物质实践的重要性，因此这一立场与哈索克·张的互动多元主义的叙述最为一致，他的"实践的多轴系统"中包括所有的研究要素，诸如数据、模式和各种可能的目标。[35]正如哈索克·张在谈到 20 世纪的化学学科时所说，"科学家们发展了包含不同理论的各种实践体系，这些理论适用于实现不同的认知目标。因此，科学的伟大成就来自于培养不确定性，而不是消除不确定性"。[36]事实上，以数据为中心的生物学的动力和吸引力之一就是它能潜在地包容生命科学中各种各样的实践体系，在帮助它们相互对抗和挑战的同时，也不试图将它们同质化或统一。在模式生物研究中，数据库管护人明确认同并发挥科学多元主义的优势，他们的许多包装程序都是为了同生物研究的丰富性和多样性进行联动而设计。只有将数据暴露在各种认知文化中，才可能会使数据的证据价值超出原始数据生产者的想象力。

　　这一观点揭示了通过数字技术促进的数据迁旅是如何在生命科学中促成了新的协作和分工形式。正如我在前一章中所强调的，研究人员在数据处理的所有阶段都要做出重要的选择，包括如何格式化、可视化、挖掘和理解数据，以及明确什么才算是数据。对于任何给定的数据集，都有几个人——有时是数百人——参与做出这些决定。由于计算机和互联网接入提供的综合平台，以及我在第二章中讨论的监管和制度结构，这些人中可能没有共同点：他们可能互不相识，可能有不同的专业知识和擅长领域。最重要的是，他们中的每一个都可能拥有不同形式的具身知识，因此在处理数据时的技能、方法和承诺也各不相同。在过去，这种并无联系的群体中的个人很少有交集。由于计算工具、网络通信以及研究网络、机构和市场日益全球化，科学内部的分工正变得更加灵活。

随着数据在世界各地的实验室之间迁旅，它们的生命史可能变得漫长且不可预测，从而导致无法控制这些数据的实际操作人、操作它们的方式以及所产生的效果。因此，对数据的任何一种理解都可能是通过一群（有时是多个）具有不同目标的不同个人的努力来实现——正是这种多样性和合作的结合才使人们有可能从相同的数据集中提取多种观点。在这种情况下，需要放弃科学理解是靠孤独天才的英勇努力而产生的刻板印象。赋予生物数据证据价值的能力不是通过大一统的综合产生的，而是通过几个不同研究小组的碎片化工作产生的，这为整合与异花授粉①（这是去背景化/重新背景化的结果）提供了独特的机会。这种把以数据为中心的生物学视为集体努力的解读，与罗纳德·吉尔把欧洲核子研究中心（European Organisation for Nuclear Research，"CERN"）的研究视为一个大型分布式认知系统的解读相近。[37]然而，我们的侧重点有所不同。当吉尔对探索人造物在扩展人类认知方面所扮演的角色感兴趣时，我希望强调理解本身作为科学集体认知成就的分布式本

---

① 原文为 cross-pollination，意为生物学中"异花授粉"的概念，作者在此处比喻不同数据之间的碰撞交融，从而产生更加优质的发现或观点。——译注

质。[38]从这种角度来看，分布式推论已经成为 21 世纪研究的一个关键组成部分，促进了对数据的日益多元化的理解，从而也对自然界有了更丰富的理解。

大型分布式系统的存在并没有削弱个人理解和综合的价值，这二者仍然是数据阐释的重要组成部分，不仅仅因为具身知识在这一过程中能够发挥重要作用。此外，个人反馈对于确保这些系统能继续发挥生物学研究中所特有的多元化视角也很重要。多元化视角绝不是一个明显的特征。事实上，许多数据传播系统被指责助长了相反的倾向：隐藏——而非昭示——在数据迁旅的不同阶段引入的偏差、假设与个人动机，从而使这些系统变成了一个巨大的黑箱，只能让人们接受其表面的结果，而不是将每一步的探索和挑战展现给世人。这成为一个令人担忧然而真实的前景，特别是考虑到数据迁旅变得愈加复杂且分散，去背景化的过程就会更加复杂且分散，数据也会因多重的操作与修改同其原初的格式产生极大的区别。因此，对数据库用户来说，不仅要了解最初产生数据的实验环境，还要了解为迁旅而包装数据所采取的后续步骤，这一点变得尤为重要。至少在原则上，为了理解数据而将数据重新背景化，应该具有重建数据迁旅的所有路径的能力，数据在这些路径当中被修改，从而以特定的方式被检索及可视化。重建这些路径才有可能批判性地评估迁旅中不同时刻所做的决定，识别最终的错误和不当行为，并追究具体的个人或团体的责任。然而，现在大家已经很清楚，在实践中，数据传播系统的复杂性和多样性使得任何一个人都不可能以如此准确的方式重建和解读数据迁旅。

这使我想到了以数据为中心的生物学的一个重要矛盾。虽然数据传播系统无疑增加了个人获取和评价他人成果的机会，但它们也给制定和表达批判性判断的条件加入了新的限制。正如我将在第六

109

章中所详细表述的，数据传播系统的分布式性质为数据集成和阐释提供了新的机会，但它限制了任何个人作为一个整体理解这些系统的能力，并要求研究人员对这些网络中其他参与者所做贡献的质量和可靠性给予越来越多的信任。我已经展示了数据库用户在评估数据来源时行使自己的判断是多么重要，以及数据库管护人在开发数据基础设施时如何认识到这一需求。然而，用户和管护人都需要依赖数据生产者提供的实验过程描述。大多数数据库管护人和用户既没有办法也没有时间去核实这些描述，因此除非有具体的怀疑理由，通常默认数据生产者提供的信息是正确的。[39]在许多情况下，数据库管护人承认有必要在评估数据生产者的可靠性方面承担一些责任。在该方向上的一个尝试是用管护人自己的"信任度排名"来作为提供元数据的补充，其目的是让数据库用户粗略地了解管护人对当前数据的信任程度，这样用户就可以在深入研究数据来源之前了解哪些数据最有可能值得相信。[40]依赖信任度排名意味着将评估数据的证据价值的部分工作委托给管护人。这是数据迁旅中不可避免的一个方面，也例证了实验生物学中以数据为中心的推理和解释的分布式本质。同时，这也使得任何个人都不可能对这些工作的可靠性进行全面的评估，因为对这些系统的关键性判断本身就分布在各类专家之间，他们只有资格判断整个工作的某些方面。[41]这种情况引起了人们对数据基础设施和科学网络的长期可持续性的担忧，这些网络是在共同致力于相同数据集的过程中偶然地和不可预测地出现的。

四　自动化和可复制性的梦想

鉴于数据迁旅的分布式特质，人们迫切需要编码和传递具身知识的方法，以使所有相关的研究人员能够对那些生命物质在实验交互中的具体特性保持敏感。使用元数据的基本原则是，在数据生产中所涉及的具身知识的特征可以而且应该被明确地表达出来，这样没有直接参与该过程的科学家就仍然可以知道它是如何进行的。而这种判断可以在多大程度上影响对数据的解释，要取决于研究人员在数据迁旅过程中扮演怎样的角色，以及他们对实验中技能和经验分享的细致程度。那些主要参与数据传播的人，如数据库管护人和计算机科学家会使用元数据来了解应该如何包装和可视化数据；而评估其他研究人员的实验技术的能力则与其访问元数据的目标不太相关。相较而言，那些旨在通过再次使用数据获得生物学新发现的人，如数据库用户们，访问元数据是为了了解应当如何评估和阐释数据；这正是人们能够把自己的具身知识同表达出来的他人的具身知识进行比较对于科学探寻来说的至关重要之处。这一发现说明了命题知识和具身知识之间的交集——以及如何在社会上、物质上和制度上对它们进行培育和管理——对于获得关于现象的科学理解是多么重要。[42]

考虑到这一点，完全在电脑上进行研究，而没有对现实生物进行实验干预的想法是行不通的。这促使我简要地考虑了自动推理在以数据为中心的生物学中的作用。几十年来，推理过程的自动化一直是计算科学和人工智能的圣杯，而生命科学恰好构成了一个理想的测试案例，来探索通过依赖机器可以在多大程度上克服人类干预的限制和成本。[43]遵循这一传统，一些评论家提出了这样的观点：数据密集型的工作可能有助于从数据分析中完全消除人为干预（进而消除人工劳动和主观决策），从而自动生成科学假设：这是一种完全自动化的"机器科学"。[44]这一观点与使用计算机软件和统计分析从数据中提取有意义模型的最终将导致"理论的终结"的想法齐头并进，亦即使科学发现的过程彻底摆脱人类的监管与概念化。[45]

我希望在本章中展示的是，数据传播和分析的新方法不是通过消除人类决策来让数据迁旅的过程更便捷，而是承认形成人类判断时所用到的观点和知识类型的丰富性，并以这种丰富性作为促成数据迁旅的起点。管护人调节和管理数据库用户需求的方式影响着生物学家利用信息资源来指导实验工作的能力。同时，管护人试图将数据旅程标准化和自动化的过程，也需要不断地被监测、质疑和更新，才能更好地反映出每个生物学子领域的最新科研进展和多样的研究方法。尽管近年来在数据处理、文本挖掘和相应的计算技术方面取得了长足的进步，但数据推理的完全自动化仍然不太可能导致数据驱动的"机器科学"。当代科学高度重视对同一数据集从多种可能性的角度进行解释，而在不同研究环境下促进数据重新背景化的工作与此密切相关。反过来说，具身知识的概念也支持了这一点，这些知识只能部分地通过机器存储或复制：人类主体仍然是社会技术系统或实践制度的关键组成部分，因此，人类主体也是以数据为中心的生物学的关键组成部分。数据阐释至少在一定程度上关乎的是如何理解数据产生时的背景——而且，这里并不存在唯一的阐释（甚至也不存在"最佳的"阐释）。根据生物学家的研究背景和对特定数据生成方法的熟悉程度，他们可能以不同的方式阐释相同的数据，这增强了数据的证据价值，也增加了他们为科学知识的进步做出贡献的机会。

这也对一种被许多管护人、实验人员和开放科学活动家支持的（比如我们在《可视化实验杂志》和 Biosharing 的例子中所看到的那样）观点形成了质疑：开发可靠的元数据能够帮助促成跨生物学子领域的实验可复制性。我认为实验可复制性是指通过遵循相同的实验步骤来进行一个给定的实验，从而复制同样实验数据的能力。[46]许多科学家重视可复制性，认为它能够证明实验结果不是偶然获得，而是一种应得皆得的成果，只要给予实验人员相应的材料、仪器和步骤知识。因此，可复制性在科学中是一个重要的监管目标：它表明数据的产生不依赖于相关研究人员的具体位置、个性和价值观，进而强调了科学方法的可靠性、客观性和合法性。然而，这种对实验的理解与一个长久的发现相冲突，即绝大多数实验从未被复制过，即使是那些尝试复制的少数例子，也并没有全部成功。[47]一些开放科学的倡导者声称，失败的原因是实验者报告中的方法和步骤不准确，这使得其他人无法重现之前的实验室活动。这就是为什么元数据被标榜为一种补救措施：改进实验者记录自身行为的方式，并期望以此来提升实验产生数据的可复制性。

在本章中，我从几个角度讨论了为什么元数据的开发确实有助于改善科学方法，特别是它们有可能促进不同团队和研究传统之间根据实验实践形成建设性对话与反馈。也正是这些论点让我对元数据可以增加实验可复制性的期望持谨慎态度，尤其是需要跨不同的生物学子领域，或在使用不同种类有机体的研究团队间进行的复制实验。由于科研训练和专业知识上的区别，不同背景的研究人员可能会以截然不同的方式来理解和处理元数据提供的信息。虽然精确的报告标准确实能帮助研究人员理解其他人在实验中的一举一动，但我已经讨论过这种理解是如何被他们基于自己在实验室的经验进行过滤和调整，这往往会导致他们对某些具体实验步骤的有用性和/或重要性的不同评估。因此人们很难相信，来自不同研究传统的研究人员将能够纯粹地在查阅元数据的基础上来复制彼此的实验。似乎更合理的是，在同一领域研究相似生物的研究人员可能会使用元数据来提高他们复制彼此实验工作中对具体研究有特殊意义的某一方面的可能性。这是一项重要的成就，它可能会激励实验者更加深入思考如何报告实验方法，以及如何选择元数据来描述自己的工作环境，但这很难说是通过元数据来改善科学方法最乐观的捍卫者所设想的样子。

113

第五章　该将什么视为理论？

如果不应用组织原则的话，数据就无法储存和流通。我们已然看到，在线发布数据时，这项基本要求甚至更为紧迫。存储在数字数据库中的数据需要被标准化、有序化、可视化，以便科学家们可以检索提取，为自己的研究提供数据信息。正如莫林·奥马利（Maureen O'Malley）和奥尔昆·索伊尔（Orkun Soyer）所言，将数据整合进单一信息体需要为相关数据赋予一定的次序和同质性。[1]与此同时，人们对统一和综合的追求可能会过度决定数据检索和解读的方式，其实在上一章中，我就已经展示了数据库管护人是怎样试图记录数据质量和来源的差异，而非掩盖它们。因此，本章将转向数据库数据组装和检索所必需的组织原则，特别是数据库管护人用以对数据加以分类以便传播的各类标签。在对这一分类过程详加描述后，我认为它向我们展示了数据库管护活动如何有利于生物学知识的产出，从而驳斥将此项工作仅仅视作生物学界的"集邮"或技术"服务"的做法。我将为实现数据迁旅而给数据打标签的活动视作一种**理论创造**；我还认为该活动的产物，如生物本体论、发育阶段、分类系统等，构成了明显有别于科学哲学中常见的其他理论化形式的**分类理论**。最后，我探讨了我的分类理论概念在人们关于理论在以数据为中心的科学当中所扮演角色的广泛讨论当中有怎样的参考价值，特别是科学界常常引用的数据驱动的研究与假说驱动的研究二者之间的区别。关注数据库管护在理论创造上的作

114

用，这是强调数据库管护在科学发现过程当中所发挥的核心作用的一种方式，在发现过程中，将数据可视化的概念决策和实践决策影响了最终所获知识的形式和质量。这也是一种说明理论如何进入以数据为中心型的研究的方式，而不仅仅是驱动研究，如同现在人们也不认为数据的作用仅仅是验证假说一样。这一点阐明了以数据为中心的研究有别于所谓的无理论的归纳活动，同时也把这种对理论的使用方式和其他在科学探究中对理论的使用方式进行了区分。

在做进一步论述前，我要指出我的讨论基于对科学理论化的一种多元主义的和实用主义的理解，它研究理论在具体研究实践，以及特定研究目的中的功能。[2]我认为哲学讨论不应局限于追寻一个一般的理论定义，使其能够适用于一切科学。人们构建各种各样的理论来服务特定的研究目标，因此我不认为承认各种类型的理论之间具有差异性这一点存在着问题。矛盾的是，最近人们对建模形式的多元性和范围的坚持，有可能将理论概念从科学实践的组成部分当中完全抛弃掉，特别是在那些认同将理论视为模型家族的一员，[3]或模型作为自主主体[4]的语义学观点的哲学家眼里。相反，我相信理论在科学认识论中有着重要的作用，但我们对于该将什么视为理论的理解应当反映出科学实践的转向，这是对模型的哲学研究的特征。

一　迁旅数据分类

在第一章、第三章和第四章中，我们已经看到数据基础设施的快速发展如何为通用标签的需求带来了新的紧迫性，在这些标签下，从各种环境获取的数据都能进行分类与检索。我们也认知到这一要求颇具挑战性，因为生物学是一个高度碎片化的领域，包含许多具有不同宗旨、兴趣、研究方法的认知文化。各认知文化之间的差异也可能迅速变换，这取决于为具体课题而建立的联盟，因为认知文化的形成或瓦解取决于哪些项目受到资助，以及哪类合作长期来看可能成果丰硕。[5]尽管存在这种波动性，但认知文化之间的差异往往在他们各自阐释指称生物学对象和生物学实践的术语时表现出来。举例而言，对于生态学家眼中的共生体，免疫学家可能会将其归类为寄生虫；而分子生物学家和进化生物学家倾向于为"基因"这个术语赋予不同的含义。[6]

　　在试图将海量数据加以分类并用于传播时，语言的使用是不可避免的，不过让数据在以不同方式使用术语的共同体中迁旅绝非易事。正如一些科学与技术研究（Science and Technology Studies，STS）领域的学者所强调的那样，任何分类系统都有一种稳定的力量，而这种稳定性正是在查询和检索数据时所需要的。[7]不过，这一需要与用户群体的不稳定性相冲突，正如生物信息学中一篇被引量很高的文章指出的："这是打造生物学标准中最重要的普遍性问题之一——我们对于生命系统的理解在不断发展当中。"[8]能够支持数据迁旅的分类方式需要足够灵活，才能支持使用它的生物学家们对自然不断变化的理解；同时它还要足够稳定，不同类型和意义的数据才能被快速检索。通过划定标准范畴实现的数据分类，能否在不影响其发展性和多元性的情况下，让以数据为中心的研究变得可能呢？

　　在20世纪90年代末，生物学家迈克尔·阿什伯纳从数据分类功能的角度回答了这一问题。阿什伯纳的想法在1998年7月的蒙特利尔国际分子生物学智能系统会议上首次提出，即根据基因组数据被用于研究的生物实体和过程来对数据进行分类。这一观点源于阿什伯纳在开发第一个共同体数据库（Flybase数据库，用于研究

黑腹果蝇）时的经验，其后被许多数据库开发人员所采用，他们
服务的对象不限于那些"具体生物的共同体，还包括对制药业、
人类遗传学以及对多种生物感兴趣的生物学家"。[9]阿什伯纳的方法
需要根据基因的已知分子功能和生物学作用，对从每个基因上收集
的数据进行分类。这就意味着数据分类所使用的术语应该是生物学
家用以描述其研究兴趣的术语，即指代生物现象的术语。因此，譬
如一位希望研究细胞新陈代谢的数据库用户只要能够在搜索引擎中
输入"细胞代谢"，就可以检索一切可用的、与其研究相关的基因
组数据。[10]

116

　　这种分类是作为一种"本体论"来实现的，遵循的是计算机
科学和信息技术领域广泛应用的信息排序和存储策略，因为它让程
序员能够生成一套概念，以及这些概念在特定领域中关系的形式化
表征。我本该在一开始就说明：在此语境下选择"本体论"一词
与哲学悠久传统当中对于存在的研究关系不大。[11]它实际关乎的是
提示其他科学家和世界，标签开发影响到科学与技术创新的核心本
身——也就是科学家们用来协调工作、共享资源的现实地图。这张
地图的绘制需要基于实用的考虑，而不是理论的或意识形态的考
虑。正如一篇关于模式生物学标准化工作的综述所指出的："构建
一套用来表征知识的'完美本体论'与打造一套能让整个共同体
用作交换信息手段的实用标准，二者之间差异巨大。如果本体论是
复杂的，即使有人使用它，也不太可能被持续使用。"[12]当应用于生
物学领域时，每个标签都用来指代一个实际的生物实体，同时被用
来对现有数据进行分类。这样就产生了生物本体论，其被定义为
"知识领域的形式化表征……可被链接至分子数据库"，因此可以
作为数据共享和检索的分类系统使用。[13]

　　首个在各大数据库中取得突出地位的生物本体论是基因本体

论，我已在第一章和第二章探讨了它的一般特点。在此我想重点讨论它的分类功能，这一功能对于揭示数据密集型科学的认知结构和工作方式非常重要，特别是理论在数据密集型科学中起到的作用。基因本体论是为了对基因产物进行分类而开发的一套标准。它包含三个不同的本体论，每个都描绘了一组不同的现象：**过程**本体论描述"基因或基因产物有助于实现的生物学目标"，[14] 如新陈代谢或信号传导；**分子功能**本体论表征基因产物的生化活动，如特定蛋白质的生化功能；**细胞组分**本体论指代基因产物在细胞当中的活跃场所（核膜或核糖体）。[15] 基因本体论术语通过一个网络结构相互关联。术语之间的基本关系称作包含，这种关系包括一个**父术语**和**子术语**。当子术语表征了父术语中一个更为具体的范畴时，就说子术语 **包含在**父术语当中。这种关系是生物本体论网络组织的基础，因为它支撑着被使用术语的层级排序。用于排序的标准是根据每个生物本体论中所捕获的现象的特征来选择的。例如，基因本体论在术语间使用三种关系："是一种"（is_a）"是……的部分"（part_of）以及"调节"（—regulates）。[16] 第一类表示身份关系，就像"核膜是一种膜"；第二类表示分体论关系，如"细胞膜是细胞的一部分"；第三类表示调节作用，如"诱导凋亡调节了凋亡"。在其他生物本体论里，可用的关系类别可能更多、更复杂：如表示测量的关系"测量为……"（measured as）或归属关系"是……之一"（of a）。将生物本体论可视化的一种方法就是关注它作为术语网络的层级结构，如图 6 所示。这一方式为实验科学家所偏爱，他们透过该方式来关注术语之间相互关联的方式。

　　如今，基因本体论已融入大多数模式生物的共同体数据库，包括 WormBase 数据库，斑马鱼信息网数据库（Zebrafish Information Network），盘基网柄菌数据库（DictiyBase），大鼠基因组数据库

117

118

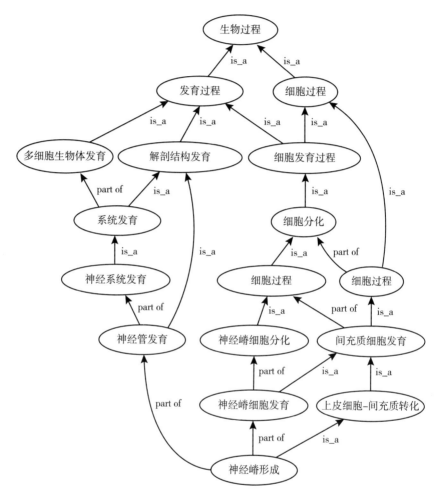

图 6　作为术语网络的基因本体论的一部分的可视化

资料来源：基因本体论网站，2010 年 4 月访问，由米歇尔 · 杜林克斯略微修改，以强调术语之间的关系，http：//geneontology. org/page/download-ontology#go. obo _ and_ go. owl。

（Rat Genome Database），FlyBase 数据库，拟南芥信息资源数据库，作物和模式生物的比较植物基因组学数据库（Gramene），以及小

鼠基因组数据库。[17]自基因本体论诞生后，许多其他的本体论纷纷
出现。一些本体专注于从特定类型的对象上收集数据进行分类，如
细胞本体论或植物本体论；另一些本体论则专注于通过具体实践收
集的数据，如临床研究本体论和生物医学研究本体论。[18]我的研究
仅限于由开放生物医学本体论联合体收集的本体论，这一联合体旨
在促成拥有广泛相似特点的生物本体论之间的交流与融贯。[19]基因
本体论与我的论点尤为相关，不仅因为它在诸多生物本体论之间的
基础性地位，更是因为它已被明确地开发以促进跨模式生物种类的
数据整合、比较和再次使用，我在第一章已经详细论述过这一点。
生物本体论们可以用于其他工作，如被用来管理和访问那些刚从实
验室生成，还未向外流通的数据，[20]基因本体论特别致力于表达那
些为在新的研究背景下再次使用数据提供基础的生物学知识：它捕
捉了研究人员为了成功地从现有数据集中得出新的推论所需要共享
的猜想。[21]在考虑生物本体论创建的一些过程时，这一点就变得清
晰起来，例如：

• **选择**那些用作数据搜索关键词的术语：术语的选择依据是
它们在现有科学文献中的普及度及其对于数据库潜在用户的可理解
性。正如基因本体论创建者所强调的那样，"基因本体论成功的一
大因素便是它源自生物学界，而不是由外部的知识工程师所创造并
随后强加进来的"。[22]生物本体论鼓励管护人挑选当前科学文献所使
用的术语，从而确保他们不将自己偏好的术语插入到分类系统中。
此外，他们还负责为每个术语汇编同义词列表，以便对同一实体使
用不同术语的研究团体仍能访问他们希望得到的数据。

• **定义**术语的实际含义：生物本体论不仅是一系列关键词列
表，它们还是"受控的词汇"：是一系列定义和相互关系依照特定
规则被清晰列出的术语的集合。各术语的含义都是被一个定义明确

119

规定，数据库管护人以该定义明确了术语所要指代的现象的特征。[23]例如：基因本体论将"ADP 代谢"定义为"涉及 ADP（5′-二磷酸腺苷）的化学反应和通路"。[24]术语的定义对于生物本体论作为分类系统是否能成功关系重大。研究人员只有准确无误地知道该生物本体论标签所指称的实体时，才能理解通过这个标签检索到的数据。

• 术语与具体数据集的**映射**：没有现成的标签来显示可能与数据集相关的研究领域，因此才用生物本体论术语来分类。数据到生物本体论术语的映射需要通过一个称为"注释"的过程，由管护人或数据生产者自己手动完成。同样，管护人决定如何标记数据，对用于数据检索的生物本体论的功能有很大影响。数据库用户需要相信，那些归类在某个特定术语下的数据，实际上都是作为研究相关现象的证据，因此也彼此相关。

上述三个过程需要定期修改，数据库管护人很清楚，生物本体论所捕获的知识必定会随着研究的深入而变化。作为数字化工具，生物本体论的优势在于它们可以不断更新，从而反映相关科学领域的发展变化。[25]它们被构建成一个动态的分类系统："通过使本体论的发展与基于实验文献的注释的创建相协调，本体论中的类型与关系的有效性不断经受基于实验中观察到的真实世界示例的检验。"[26]

用一种富于哲学趣味的视角看生物本体论的话，就是将其视作一系列关于生物实体和过程的描述命题。因此，在图 6 所示的例子中，生物本体告诉我们"细胞发育是细胞分化的一部分""细胞发育是一个细胞过程"。我们可以诉诸**细胞发育**、**细胞分化**、**细胞过程**等术语的定义为这些陈述赋予意义，也可以诉诸"是一种""是……的部分"的关系。同理，人们了解到"神经嵴的形成是神经嵴细胞发育的一部分"，以及"神经嵴的形成是上皮细胞到间充质细胞的转变"。从这个角度看，生物本体论由一系列关于现象的主张组成：一段概述了生物本体论所针对的实体和过程的已知内容的文本。就像其他任何文本一样，对这些主张的解释部分取决于对所使用术语和关系的定义的解释。为术语赋予的层级结构意味着，改变一个术语的定义或者改变网络中连接两个术语的关系，就有可能改变同一网络中所有其他主张的含义。

　　然而，定义并不是研究人员解释生物本体论中包含的主张的唯一可用工具。这些主张还会通过评价那些与术语相关联数据的质量和可靠性来进行评估。正如之前章节中详细叙述的那样，这一点可通过查阅元数据来实现，元数据使用户可以评估数据生产者所给出的解释及他们支持（或不支持）由生物本体论获得的主张的理由。例如，对神经嵴的形成感兴趣的研究人员可研究"神经嵴的形成是上皮细胞到间充质细胞的转变"这一主张的有效性，办法就是检查哪些数据被用来验证这一主张（即通过"是一种"关系将术语"神经嵴的形成"与术语"上皮细胞到间质细胞的转变"关联起来），这些数据来自何种生物体，获取数据采用了哪些程序，谁主导了这项研究，等等。如此，研究人员就可以利用自己对于可靠的实验装置、值得信赖的研究团队、合适的模式生物的理解，来解释对象数据作为一项主张的证据的质量。

二　作为分类理论的生物本体论

　　许多探讨科学理论特点与作用的哲学著作基于一种直觉，即构建理论意味着要引入一套新的话语来谈论自然世界。这一理念与库恩的范式的不可通约性不谋而合，后者认为范式的转换涉及语言转换，即便关键概念保持不变，其意义也会发生变化。[27]在本节中，我主张生物本体论是对上述直觉的一个反例。生物本体论构成了一种科学理论化的形式，长期看来，它有可能影响实验生物学的方向和实践，但它的目的不是将一套新的语言引入生物学，而是试图归纳并表达关于什么构成了现有知识的共识。换句话说，生物本体论向我们展示了理论如何可以从对世界上各种实体进行分类的尝试中——而不是从解释现象的尝试中——诞生。认知到生物本体论的这一作用，就需要接受一个事实：一切描述性谓词都可以有理论价值，而不用考虑它所包含概念的普遍性和新颖性，也就是说，不用考虑它们是否可以明确地区分于经验观察，及它们是否质疑了现有的知识主张。我意在表明：描述性谓词是否构成一种理论形式，取决于它们在实验研究的生命周期中所扮演的角色。为进一步阐述我在之前章节中提出的观点，我强调认识到生物本体论的这一角色，就可阐明理论创建和实验二者之间的关系，而后者是以数据为中心的研究的主要特点。将生物本体论视作理论，说明了数据分类背后的理论主张只有通过查阅支撑这些主张的证据，以及熟知产生这些证据的实验实践才能加以解释。

我以玛丽·赫西（Mary Hesse）的科学理论网络模型为讨论起点，该模型把理论定义为相互关联的术语所构成的网络。各术语的含义既取决于该术语所应用的现象的定义，也取决于它与其他术语的关系。术语间的关系通过类似定律的陈述（law-like statement）来表达（如牛顿力学中有"**质量**"和"**力**"这两个术语，它们通过类似定律的陈述"物体所受的力和它的质量与加速度的乘积成正比"而产生关联）。通过阐明一系列定义了指称现象的术语之间的关系的类似定律的陈述，理论可以获得命题形式的表达。在此框架下，赫西主张"理论语言和观察语言没有本质区别"。[28] 赫西的意思就是科学语言中充满描述性陈述，描述性陈述的真理性取决于两个根本因素：

（1）它们与科学中其他用以描述相关现象的陈述之间的关系（赫西称之为"理论网络的融贯性"）；（2）它们与种种证据（赫西称之为"经验输入"）之间的关系。[29]这些描述性陈述可能因它们所适用的现象范围、它们所包含概念的普遍程度、它们对于具体经验实例的抽象程度而显得截然不同。不过，没有明显的方式能够将这些陈述划归入两个不同的认知类别——一个是"理论性的"，一个是"观察性的"。这种观点的结果就是，所有的描述性语句都具有理论价值，并且在某些使用背景中可以视为理论。

122

这幅关于理论在实验科学中运行方式的图景非常契合生物本体论的情况，生物本体论是一个术语网络，每个术语是由一个谓词（该术语的定义）和一组具体经验证据（分类在该术语之下的数据）定义。这些术语相互关联，从而形成了适用于多种经验环境的描述性语句，如"细胞核是细胞的一部分"。这些陈述的真值取决于每个用到的术语的定义的真值，各陈述与它所属网络的其余陈述之间的规定关系，以及各陈述与科学家视为可用的证据之间的关系。生物本体论中的描述性语句拥有与可验证的假设一样的认知地位：它们作为理论陈述，其有效性和意义只能参照经验性证据和产生该证据的条件来解释及评估。与我一起讨论过这一观点的一些生物学家起初不认同我将生物本体论视为理论。在他们的理解中，理论需要表达某些在经验上尚未确立的东西，或者非常新的东西，而不是已知的东西。同时，他们认同生物本体论理应包括关于生物学中"我们所知道的一切"，因此又符合将理论视为表达对于生物学现象的已知知识（包括但不限于新获得的知识）的观点。下面这段话摘自一个主要生物本体论研究中心负责人发给我的电子邮件，它就体现了这一点："我们所捕捉到的关系往往是更为基本的、被普遍接受的关系，而非那些随着生物学知识的拓展当下正在发展出来的关系。或许这就是生物学家们不将数据库设计视为我们这一领域最高层次研究的原因，就好比数学模型之于真实宇宙那样，我认为本体论结构更接近于一个真实的概念模型，但即便如此，它所捕捉到的关系也不能引领非生物学的前沿发现，而只是那些已经被普遍认同、没有争议的关系。"[30]

赫西认为，对一个网络中的各种术语和关系的选择、使用和修改都取决于对于它们所要描述现象的实证研究，因此也取决于这些实证研究中涉及的复杂的实验、干预、分类过程。[31] 因此知识的理论表征有利于实证研究的目标和需求。同理，生物本体论开发背后的主要动力是促进数据整合，以推动进一步的研究。可纳入的数据的性质、格式以及收集它们的实验室所使用的方法，为应当使用哪些术语、如何定义它们，以及如何将它们彼此联系起来的所有决定提供了依据。与赫西的论点一致，术语的定义不是基于纯粹的理论考虑，而是为了适应实证科学家实际进行的研究而形成的。未经研究的实体和过程没有与之相关的数据，所以指代它们的术语不会被纳入生物本体论。同样地，术语的定义通常是通过实证研究人员使用的观察性语言形成的，而不是基于它们彼此之间的融贯性或者任何一个给定的框架形成的。

我在参加一个专门讨论**代谢**和**病原体**这两个术语的基因本体论内容会议时明白了这一点。众所周知，这两个概念很难定义，而且在不同的子学科里，对它们会有不同的处理方式。[32] 与会的免疫学家、遗传学家、发育生物学家和分子生物学家的讨论从对这些术语的暂时定义开始，并对最初的定义进行逐步修正，以使其能够应对反例。大多数反例呈现为来自实验室或田野**的实际观察的形式**。例如，在免疫学家中流行的将病原体视为一个独立于细胞器的类别的提议，被生态学家和生理学家否定了，因为在内共生的案例中，病原体被证明既是同一生物体的共生体，又是它的寄生虫。在这些案例中，有人认为病原体不能被视为与宿主细胞的其他微观成分分开的、独立的类别，因为它们也对整个细胞发挥正常功能起着作用。因此，在研究内共生及其对植物发育的作用方面的专家来看，这些病原体应被视为细胞的"一部分"，而不是与细胞无关的独立实体。某些种类的细菌（如固氮细菌）可以同时与宿主有共生和寄生的关系。[33]因此，根据观察到的案例，以及数据库用户和管护人之间的激烈讨论，整个理论范畴（"病原体"这一范畴）都进行了修改，以适应不同的背景和定义。

这个例子表明，生物本体论成功发挥作用的关键之一是避免在理论语言和观察语言之间产生区别，以及相关的考量。生物本体论的目的是表征关于当下所研究的既存现象的知识，而不是通过详细的解释或大胆的新假设来理解这些知识。出于这个目的，我们并不介意生物本体论没有，也从未打算引入新的理论术语来解释生物现象。并非所有的科学理论都是以这种方式运作的，正如我接下来将讨论的，它们也并非都旨在提供一种统一全学科的全局视角。将生物本体论理解为我所说的**分类理论**会更好。就如下涵义而言，它们来源于分类工作：它们的目的是表征具体研究领域中的知识体，以便能够传播和检索该领域的研究材料；它们在经验证据的基础上接受系统的审查和解释；它们对该领域中讨论和研究的方式产生长远影响，以及最重要的，它们表达通过实证研究所获结果的概念意义。即使使用生物本体论进行数据检索的研究人员可能也没有意识到，在他们查阅生物本体论的那一刻，已然默示地接受生物本体论中包含的生物实体和过程的定义，这反过来又影响了数据在后续研究中的使用方式。正是由于生物本体论在传递生物现象的可用知识方面起到关键作用，进而指导和构建后续的研究，所以生物本体论

124

最好被视为一种理论形式。

这种对于理论的看法在科学哲学中并非新鲜观点，它与克洛德·贝尔纳（Claude Bernard）将理论视为建立新的科学事实的"阶梯"的观点相似："通过攀登，科学日益扩大它的世界，因为理论必然要阐述和包含许多事实，它们包含的事实愈多也就愈先进。"[34] 理论主张将我们从一个观察带到下一个观察，并使我们有可能发展出复杂的解释，因此，诸如那些被用在分类学传统中，对生物有机体进行分类的描述性陈述就可以被视为具有理论性。[35] 这一观点建立在先前对于选择分类标准具有深刻概念化影响的观点之上，特别是考虑到生物学中对有机体的概念化，如约翰·杜普雷（John Dupré）所指出的。[36] 他认为，物种和生物个体的分类有"自己的生命"，对生物学理论有着重要的影响，[37] 而分类标准和种系发生等分类系统深刻地影响了生物体的概念化方式。[38] 在此我将更进一步，表明这种分类有时可能**构成**生物学的理论。

重要的是需注意，我并不是主张将所有科学分类都视为理论。相反，我指出，一些分类可以发挥理论的作用，这取决于它们在多大程度上体现和表达了对一组经验结果整体意义的具体解释。而生物本体论以外的分类——如博物学传统或当代分类学中使用的分类——是否符合这一要求，仍然是一个有待进一步讨论的话题。斯塔凡·缪勒·威利（Staffan Müller Wille）解读了林奈（Linnaeus）使用的分类方法。来自世界各地的数据涌入林奈的研究中，需要对它们进行排序和总结。斯塔凡认为林奈的分类法就是被这种需求引领的结果，进而衍生出对这些数据的生物学意义的特定阐释（"本体论框架"），可以认为这一例子表明了林奈分类系统在 18 世纪植物学中起到了理论的作用。[39] 同样，布鲁诺·斯特拉瑟（Bruno Strasser）在构建数据库（如 GenBank）时提出的关于实验实践和分类实践相互交织的论点指出，蛋白质序列的分类在 20 世纪 70 年代至 80 年代的分子生物学中具有潜在的理论作用。[40]

我想更详细考虑的一个类似的例子是艾伦·洛夫（Alan Love）所描述的发育生物学和系统学中的"类型学思维"，在他看来，这涉及"对自然现象的表征与分类，包括根据不同的特征对这些现象进行分组和区分，同时忽略特定种类的变异"。[41]这一观点的一个好例子是在发育生物学中选择及使用正常发育阶段的描述和/或表征作为数据分类工具。洛夫提出了一个强力的论点，这一论点的提出同关于自然类作为分类工具重要性的最新研究相关：[42]选择类型学来对发育的阶段进行分类，一部分是出于实用主义的原因，例如对相关数据的类型和格式以及收集这些数据的策略的熟悉，另一部分原因则基于预期被讨论的生物体的哪些方面与推进当前关于发育过程的科学知识最相关。例如，发育生物学家在选择对鸡或蛙胚胎的胚后期发育阶段进行刻画的图像或描述时，既依赖于他们在众多不同的样品中辨别是什么构成了"典型阶段"的经验（这又涉及他们对于样品被研究的方式以及通过这些过程特定类型的数据被获取的方式的熟悉程度），又依赖于他们关于胚胎不同发育阶段的图像如何在他们的领域中被收集和阐释的背景预期。[43]

这些都是关于数据获取方式的选择，通过这些数据，就能开启对相关生物过程（在本例当中，这个过程就是指特定生物体的发育）的调查研究。众所周知，这些对数据的选择中既有描述性的意味，也有规范性的意味："（正常阶段的分类）包括对'典型性'的评估，因为不同发育过程的绝对时间顺序上存在着巨大的差异。"[44]这些选择表现出了这样一种设想，即如何为一个本质上是动态的、关乎具体物种的过程提供稳定而普遍的表征。因此产生了关于被研究过程的知识（例如，阐明发育阶段之间的因果关系以及

126 不同物种之间的同源性陈述），这些知识进而又被用于评估和解释现有的可用数据。发育阶段等分类标签体现了这些选择与假设，并使其形式化，从而辅助了人们在如何衡量发育时做出的大量决定；也体现了哪些参数应被考虑及其原因；还体现了哪些术语和方法最好地概括了关于生物发育的现有知识，同时还促进了未来的数据收集和解释工作。因此，一方面来说，这些分类系统之所以有成效，至少部分原因是它们作为协调发育数据的收集、传播和分析的工具，效率极高；另一方面，它们自身就构成了发育的概念化，对开展这一领域研究的方式及内容产生了影响。与生物本体论一样，为了充分评估这种概念化的重要性和意义，生物学家通常需要评估最初提出它们的实验环境。这为人们理解一些具体概念化的实用主义动机，并评估这些概念化在其他实验背景中的有用性提供了方法。

三 分类的认知作用

我的论证可以被视为一项范围更广的、进行中的工作的一部分——重新考虑分类实践在科学中的认知作用，并修正人们长期以来对分类的一个印象，即认为分类是科学研究中在观念层次上无趣的部分。为此，乌尔苏拉·克莱恩（Ursula Klein）和沃尔夫冈·勒费弗（Wolfgang Lefèvre）研究了历史上人们如何利用 18 世纪化学中多样的分类系统来突出本体论信念的广泛差异；[45]类似地，洛林·达斯顿（Lorraine Daston）通过对分类学实践进行广泛的历史研究后，将这些活动定义为"行动中的形而上学"；[46]阿尔伯特·科隆比（Albert Crombie）和伊恩·哈金认为，科学分类涉及一种对于科学研究至关重要的特别的推论风格；[47]约翰·皮克斯通（John Pickstone）将博物学及其分类实践作为一种独特的"认知方式"——用他的话说，通过"收集、描述和展示"来"认知世界的多样性"。[48]皮克斯通还强调了博物学中分类活动的广泛的历史和文化背景，包括各种动机，如"对占有的自豪感、智力的满足感以及工商业动机"，并强调，存在非认知的分类理由并不会降低此类活动的认知价值——就像数据迁旅的物质的、概念的和制度的条件塑造了其证据价值一样。

上述分类实践统筹并支持着对生物现象的追踪，以及将生成的数据收集到对这些现象建模的表征中。通过这样做，它们形式化了关于有机体的生物学知识，其主要目标是促进关于跨物种的生物结构和生物发展的数据的解释和进一步收集。[49]这些形式化揭示了那些人们在收集、传播和使用数据时默认的知识。此外，通过收集、整合和表达用于处理数据的知识，这些分类系统对科学研究做出了独特的贡献。它们传递了在其他地方（模型、工具、现有理论或教科书）无法觅得的知识。从获得新的研究发现的意义上来说，这未必等同于贡献了全新的知识。我们已经看到了生物本体论是如何整合和形式化那些已经存在但分散在生物学研究不同领域中的知识（例如不同的模式生物种类或研究同一现象的不同分支学科）。这种形式化需要大量的概念性工作，并且往往是拓展生物知识的重要一步，即使它不一定包含类似范式转变的成果发现。例如，基因本体论为"配子发生"（gametogenesis）一词制定了一个新的定义，考虑了这一过程在植物和动物之间的差异，而正是得益于这一分类实践，研究人员才能够明白其中的区别。[50]

这一分析表明，基因本体论等分类系统与列表不同，列表的主要功能是对给定的一组事物进行分组并按特定的顺序排列。单纯的排序过程并不能等同于理论化，特别是在根据预先确定的标准进行排序的情况下（例如在生物多样性调查中，围绕物种的特定概念

127

编制清单；抑或在植物学手册中，恰当的分类范畴能够使读者识别野生植物）。当排序与对被分类项目的科学意义进行的分析和解释交织在一起时，就会产生一些问题。在基因本体论中，什么是好的术语、定义、与数据联系的标准，以及怎样在系统中更进一步表达生物知识的标准，都是作为分类过程的一部分而制定的。因此，生物本体论和发育阶段等分类系统不仅仅是依赖于理论的，它们还传递了评估和解释分类项目的科学意义的标准。这是支撑和指导科学实践和新数据生产的知识，最重要的是，这也是支撑和指导针对生物实体和生物过程的结构和功能进行讨论的知识。

128　　将这些系统视为理论，承认了它们在传递实验研究背后的生物知识方面起到的关键认知作用，同时也强调了这些知识的可错性、动态性和环境依赖性。就像蒯因（Quine）的"信念之网"一样，分类理论面临着"经验法庭"的审视：它们经常受到新证据的挑战，而且在必要时会被修改和更新。这一观点表明，无论哲学家是否同意这种理论的存在，对分类理论的认同于科学家来说都是有价值的。事实上，认知到生物本体论作为理论的作用，可以揭示并突出接受它们背后的概念实质与承诺，从而提醒生物学家不要不加批判地使用这些分类系统的数据库。同样，将发育生物学中使用的类型认定为一种理论形式，可以让人们批判地讨论它们，并在遇到自相矛盾的概念化或实验结果时提出必要的质疑。正如三位著名的发育生物学家在讨论发育阶段作为脊椎动物数据分析工具的地位时所指出的，"从类型的角度思考，无论是作为发育阶段还是作为假定的祖先，都有助于在动物生命的多样性中寻找秩序。不过，我们需要意识到类型论的局限性"。[51] 认知到分类工作中的理论贡献就是承认这种局限性并鼓励对其进行批判性审视的一种方式。

此时可能会有人提出一个重要的反对意见：为什么我们应该将生物本体论视为理论，而不是将其看作科学实践的另一个重要组成部分，虽然它会影响，但还不构成理论知识？这种分类实践构成理论化的观点会面临何种批评？结合最近一些针对理论以外的因素（如模型、实验和仪器）在形成科学研究中所起作用进行讨论的文献，这种反对意见似乎尤为有力。为什么我所描述的类型分类不是一种迄今依然是候补的模型类型，甚至不是背景知识，而是一种理论形式？就像威母萨特（Wimsatt）和格里斯梅尔（Griesemer）所暗示的那样，仅仅指出分类活动为生物知识的进化提供了概念框架这一重要作用[52]，难道还不够吗？

在回应这些问题时，需要注意生物本体论不是像模型或工具那样简单地影响生物学中的知识创造活动。它们之所以具有认知力量，因为它们传递了，而不是简单地影响了通过科学研究获得的知识；它们以一种独特的方式对知识进行传递，因为这种知识在其他任何地方都不会以同样的方式形式化，同样也不能使实验者理解他们获得的结果。因此，生物本体论在界定知识的内容和发展（什么算是生物学观点，它可以采取什么形式）以及作为批判的目标和构建替代性解释的参考点等方面发挥着重要作用。当然，就像在所有科学理论中一样，分类理论最好在其与产生这些理论的研究人员所做的模型、工具和承诺的关系中去理解。[53] 但是，它们不能被还原为任何其他要素；此外，它们还提供了一种方法，以链接和**评估**使用所有这些手段和工具来研究自然的认知结果。阐明那些使科学家能够评估其结果的知识是一项成就，远远超出了列出一组常用假设作为进一步探索的基础。在后一种情况下，现有的知识被用于把给定的一组项目排成某种顺序；而在前一种情况中，现有的知识被转换和开发以利于对数据进行概念分析。如此想来，分类理论与

129

克拉考尔（Krakauer）等人对数据处理实践中出现的"底层理论"的讨论类似："理论为模型的普遍综合提供了基础，是支持模型间比较和理想地建立模型等价的手段。"[54]这就是为什么一些分类系统的成果应该被视为理论，而不仅仅是背景知识，即使这种理论概念不同于传统的描述，即一系列具有强大解释力和普遍适用范围的公理或原则，正如我在下一节中所展示的那样。

四　分类理论的特征

现在我将更详细地考虑分类理论与其他形式的科学理论之间的区别，后者包括类似定律的概括（如哈代—温伯格种群平衡定律）、解释性原则（如进化论中的选择）、机制（如对 DNA 复制的发生方式的描述）或建模活动（例如，使用图表来说明代谢网络，这可以算作语义解释下的理论化形式）。我讨论了科学哲学理论的四个典型特征：概括、统一、解释和提供指导未来研究的宏大图景的能力。我认为，这些特征确实在分类理论当中有所展现，但是其展现的方式与在其他理论中有极大不同。

（一）概括

分类理论的目的在于普遍性，即提供涵盖大量现象和相关研究结果的共同标签。这些标签应当是普遍的，以便用于解释新数据集的证据价值，为未来的研究调查提供启发式指导和概念结构，以及促进生物学家对现象的理解。[55]然而，它们的普遍性水平并不是固定不变的，并且与对通用性的渴望脱节。

1. 它不是**固定的**，因为分类理论的应用范围可能会因研究背景和使用它们的对象以及使用它们的科学家的不同而有很大的不同。一方面，分类理论的意义和认知价值是环境依赖的：它们可能被接受，也可能被质疑，这取决于使用它们的研究背景。另一方面，这些理论的意义和可理解性取决于使用者对发展它们的科学实践的了解，即对围绕其对象（即其假设和描述的现象）的材料、环境和技术的了解。换句话说，作为分类实践的结果，理论主张的意义和认识论价值取决于科研人员在研究所探寻的现象时的专业知识。[56]

2. 分类理论的普遍性还同人们对通用性的渴望脱节，因为分类理论倾向于在狭义的领域中积累普遍性。例如，基因本体论和发育阶段的目的都是在物种上进行概括，使分类范畴不仅仅能够适用于最初获得数据的物种。这种愿望根据目标物种的不同而表现出不同的特点。不同的发育阶段分类往往涵盖系统发育上接近的物种，如脊椎动物的某些科。在基因本体论中，对物种的概括意味着对当前收集分子数据的最流行的模式生物进行概括，因此主要目标是对拟南芥、酿酒酵母、秀丽隐杆线虫、黑腹果蝇和小鼠进行概括（当然，考虑到这些生物的多样性，这是一项不小的努力[57]）。

分类理论缺乏普遍性和背景依赖性，这提出了一个重要的哲学问题，即这类理论所表达的主张能否算作生物学规律？如果答案是肯定的，那么是哪种意义上的规律性？我根据桑德拉·米切尔对科学理论中的规律性的功能性解读来回答这个问题，根据这一解读，"在明确定义的条件下，充满例外的、非普遍的真实概括能够像通用的、无例外的概括一样在解释和预测中发挥作用"。[58]米切尔补充说，在许多情况下，这种非通用的概括"不容易使用"，因为无例外的通用性概括常常被哲学家认为能构成理想的科学理论。哲学家经常用这一观察结果来证明普遍规律优于局部概括，但据我所知，尚未有哲学家进行过调查，去验证科学家是否更倾向于通用的概括多于非通用的概括，以及在何种情况下科学家会做出这种选择。[59]
相反，米切尔关于实验生物学的研究和南希·卡特赖特（Nancy
Cartwright）关于物理学的研究[60]等表明：对于一个正在埋头工作的
科学家来说，局部概括可能比一套通用的概括更有用，后者过于抽
象，无法应用于眼前的现象。基于这些见解，我认为生物本体论等
分类理论中的主张类似于米切尔所说的"实用规律"，即一种"更
具包容性的规律"，通常被生物学家视为关键的解释资源以及对科
学知识的贡献。

（二）统一

另一个在哲学文本中常被归于理论的属性是，理论是关于现象
的统一主张，从而为世界万物如何运行提供一个全面的解释——这
方面的经典模型是广义相对论，它对引力作为空间和时间的几何属
性提供了统一的描述。我想指出，分类理论确实具有统一的力量，
但其表现方式与广义相对论等宏大理论有很大不同。为了澄清这一
说法，我将借鉴玛格丽特·莫里森（Margaret Morrison）在 2007 年
关于理论统一的研究中提出的一个区别。这就是对**综合性**统一理念
和**还原性**统一理念的区分，前者尝试对目标话题进行单一的解释，
而后者希望在不同现象之间建立某种共性，但不必然将这种共性嵌
入一个总体的概念结构中。生物本体论等系统的目标是创建能够突
出不同物种之间相似性的分类范畴，因此生物本体论管护人将大量
时间投入术语标准化工作当中，以适合不同的生物学亚文化。这是
一个很好的说明统一的还原性过程的例子，它通常不伴随着实现综
合性统一的企图，例如，后者通过提供生物构成元素的单一说明，
基因本体论的所有定义都可以适用。相反，生物本体论或发育阶段
等分类系统旨在使科学家能够对各种各样的对象进行不统一的、碎

片式的研究。分类系统倾向于通过对实体或过程的具体实例抽象出一个指代共同特征的标签，来实现还原性的统一。实现了这一点后，分类理论就会试图通过使用大量标签来覆盖生物现象中的复杂性和多样性。例如，基因本体论通过不断使术语多样化，不断增加术语，而非试图减少使用术语的数量，以便尽可能准确地捕捉关于研究的具体过程或被研究的实体中的知识。这种分类并不将减少用于识别现象标签的数量当作自己的目的。在试图开发有效的实验研究工具时，或者如前所述，在对物种进行概括时，可能发生标签数量减少的情况，但这不是这些系统的主要关注点，也不是它们的必要特征。

（三）解释

如果我们遵循迈克尔·斯克里文（Michael Scriven），将解释定义为用来回答关于"如何"问题的描述，[61]那么分类理论肯定可以被视为是解释性的。例如，"配子发生是如何进行的"？这个问题可以通过引用基因本体论对配子发生的定义来回答，而回答"鸡胚胎是如何形成骨骼结构的"？这一问题的一个办法是列出骨骼结构的各个发育阶段。相反，如果我们要求解释需要参照于一般的解释原则或高度通用的、类似定律的陈述，例如解释的演绎—法则模型所要求的那样，则分类理论难以被视为解释性的。分类理论不涉及诸如人口遗传学中使用的数学方程（例如哈代—温伯格种群平衡定律）之类的定律性、公理性陈述；它们也不同于进化论等理论，进化论中的一些基本原则为解释遗传的复杂机制提供了宗旨。引人注目的是，分类理论可能显示出解释力，但首先它并不打算作为解释被使用。因此，在这种理论中，解释力是一种次要的认知德性。在塑造这种形式化的过程中，其他的认知德性占据更优先的地

位，例如，经验的准确性、广泛的可理解性以及对未来研究的启发
性价值。

（四）提供指导研究的宏大图景

　　科学理论的最后一个特征是它们在提供一般框架和综合化理念
上的作用，这一作用能够启发和指导未来的实证研究。这种宏大图
景通常被认为关乎的是生物知识的内容，更具体地说，是要围绕什
么构成了生命的一些具体观点，就像 20 世纪 60 年代遗传学的中心
法则，或者进化论那样，尽管对进化论有各种各样的解释，但它通
常被描述为一套核心理念，在 19 世纪下半叶带来了一场概念变
革。[62]我认为分类理论确实为生物学研究的未来提供了一个宏大图
景，但不一定是通过聚焦生命如何构成的某种具体理论。分类理论
很可能涉及生命如何演进的本体论承诺。例如，生物本体论坚持跨
物种的遗传保护原则，如果没有这一原则，期望一个物种的遗传数
据可能会揭示另一个物种的某些事实就是不合理的。然而，这种承
诺只是为了通过生物本体论进行数据整合而做出的一种假设，并没
有在生物本体论框架内得到发展或受到质疑。事实上，分类理论对
拓宽生物知识内容的图景贡献甚少。相反，它们展现了一种关于应
当**如何进行生物学研究**的观点——一个方法论的图景，而非概念化
的图景。因此，分类理论的启发作用主要基于方法论承诺，这种承
诺可能具有重大的认识论，或者还有本体论意义，取决于具体研究
中的科学家如何（不加批判地或批判地）接受它们。分类理论可
以传递研究项目背后的知识，因此能够帮助它们确定核心假设，并
反思其影响。它编码了（一些）研究人员对我们应该如何研究和
干预世界的观点。它既是一种普遍的方法，又是一种有针对性的方
法，它试图在全面性的要求与对生物过程和研究生物过程的实践多

133

样性的深刻认识之间取得平衡。生物本体论的例子表明了分类理论是如何认识到理解所有现存数据的愿望（贯穿了当前对"数据驱动"方法的辩论）与数据生产和解释的背景依赖本质（这使得数据很难跨语境迁旅，并且很难在数据密集型工作所需的巨大规模上整合与再次使用）之间存在的张力，并建立于这种张力之上的。正如我在第二章所述，对这一张力的认知与科学研究所嵌入的社会和文化世界存在密切联系，特别是紧密关联于全球和地方之间的张力，以及自上而下和自下而上的治理形式之间的张力，这一特征在新千年开始时非常突出。正如进化论思想在 19 世纪的流行、广义相对论在 20 世纪初的流行以及第二次世界大战后遗传学中的"编码"隐喻所表明的那样，这种抓住当代社会和文化想象力的能力本身可以被视为宏大科学图景的关键属性，这种图景常常被视为对如何理解和干预生物世界和社会世界的启示。

134

五　以数据为中心的科学理论

我曾捍卫过这样一个观点：像基因本体论这样的生物本体论在数据密集型的研究模式中发挥着分类理论的作用。它们由一系列对生物现象进行详细阐述的主张组成，这些主张被认为关联于对这些具体生物现象进行实验的方法、材料和仪器，并且紧跟科学的前沿进展。一方面，它们表达了为进一步传播和分析数据而对其进行排序所依赖的命题知识，这类知识表达了当前人们是如何看待数据在理解生物现象上具有的意义，并且可以根据研究背景的变化对其进行质疑和修改。另一方面，针对这些主张的解释建立在生物学实验研究的仪器、模型和协议的默会知识的基础上。因此，生物本体论构成了一个例子，说明理论是如何在分类实践中与实验知识一起出现的。它们表达了目前人们对生物实体或过程已经有了哪些认知，从而通过研究项目之间的协调和相关数据的交换来进一步研究这些实体和过程。它们将被广泛假设，分散于出版物和研究团队的形式化知识当中。它们不必具有普遍性；相反，它们捕捉了在特定时刻及非常具体的环境中成功共享和再次使用数据的假设、解释和实践，并为社会如何研究自然界提供了长期的方法论图景。

一种简单的理解认为，以数据为中心的科学与"假说驱动"式研究是并列关系，前者就是基于对数据集模式的归纳推理，从而在不依赖预先假说的情况下形成可验证的主张，这与我的分析形成了鲜明的对比。我也对《连线》杂志大力宣传的一个备受争议的主张提出了强烈的批评，该主张认为，大数据和数据密集型方法的出现预示着"理论的终结"和"数据驱动"研究阶段的开始。[63]数据密集型方法的支持者和批评者都认识到，从数据中提取有生物学意义的推论涉及复杂的组件间相互作用，例如对背景知识的依赖、基于模型的推理以及对材料和仪器的反复修补。[64]因此，归纳和演绎过程之间的对立无助于理解这一研究模式的认知特征。此外，我们在第三章中已经看到，数据的产生和解释是一个高度理论化的过程，这使得人们很难想象生物学研究是完全（甚至主要）由数据驱动的；第四章也已经表明了数据库管护人是如何通过提供元数据来认知这个问题的。基于哲学家肯尼斯·沃特斯（Kenneth Waters）提出的有用区别，我为以数据为中心的生物学不是受理论**驱动**，而是受理论**启发**的观点辩护[65]：它借鉴了理论，却不让理论预先决定其最终结果。关于以数据为中心的科学，需要问的问题并非它是否包括某种形式的概念框架，虽然实际上答案是肯定的，而是它是否利用了将自己与其他形式的研究区分开来的理论，以及这对于我们当前的研究有哪些认识论方面的启示。换言之，问题是如何将数据系统化并组合以产生认知，以及该过程中的关键概念成分和假设是什么。这就是为什么研究分类理论，特别是生物本体论的作用，对于理解作为一种研究模式的数据密集型科学认知特征至关重要。它具体地表明了从数据中提取研究模式的过程不是纯归纳式的，而是依赖于一个用于收集、集成和检索数据，使其可用于进一步分析的复杂概念结构。

将生物本体论视为理论突出了信息技术对于实验实践及科学推理和研究方法的影响。倘若没有计算机技术和互联网，要以我所描述的方式构建和规范生物本体论是不可能的。这一事实使得以数据为中心的科学高度依赖于研究人员可用的技术手段和基础设施，正如我在下一章中将要表明的。与此同时，强调嵌入在数据迁旅过程中的概念框架，以及在每一条研究路线中开发、更新和修改概念框架所涉及的劳动，同在以数据为中心的科学中自动化通常被夸大的作用构成了一个有用的对比。虽然数字基础设施在塑造推理和"随机"搜索方面发挥着日益重要的作用，但数据生物学意义的解释基础是具身知识和社会性的知识，这些知识帮助研究人员去评价与利用生物本体论所提供的理论框架。因此，开展研究的环境，即具体的场合、材料、方法定义了理论及其对应解释的范围。数据库管护人首先承认，通过生物本体论促进的自动检索所提取的数据的再次使用，与实验和建模实践之间有着复杂的关系。我在第四章也说过，得益于分类理论，在并行使用其他研究方式的情况下，分析计算机整合的数据为科学发现提供最佳的机会。

将生物本体论视为理论，似乎与生物本体论看起来所表达的、数据库管护人经常归于生物本体论的实在论承诺形成对比（例如，在坚持生物本体论表现了"被底层生物科学所把握的现实"时，这种实在论承诺被归于生物本体论[66]）。我认为不存在这种冲突。

136

当然，生物本体论确实而且应该指称世界上的真实实体。但这并不意味着我们对这些实体的知识是不可动摇、绝对正确的。事实上，许多生物学家更倾向于认为他们的知识是试探性的，而不是结论性的。一个模式生物数据库的主要负责人告诉我，她发现生物学家对生物本体论用来表达知识的自信、明确的语言感到厌烦。的确，我采访的许多研究人员强调了自己对"黑白分明的"表述方式的不适。生物学家通常将"X 是 Y"或"A 调节 B"等表述方式解读为蕴含着将未经验证的统计相关性不可靠地转化为良好确立的因果关系。这种缺乏限定的表述让生物学家感到不舒服，正是因为他们知道其中一些说法还没有得到确凿的证明，将来很可能会被证明是错误的。将生物本体论视为理论，并不会影响数据库管护人提供目前已知的生物世界最好表征的现实主义承诺。相反，这种解释强调生物本体论是对生物知识不完美的、动态的、可修改的表达，正是这一点使其成为数据密集型科学中有效的探索发现工具。因此，将生物本体论视为理论有助于缓解众多生物学家对于数据密集型方法的不安，[67]其方法是诉诸揭示数据库开发背后的概念工作，从而提醒生物学家注意不假思索地使用这些工具背后的陷阱，以及需要建设性的批评和专家反馈来提高数据库工具的准确性和可靠性。

从更普遍的角度来看，将生物本体论和用于将数据系统化的其他分类系统视作理论，是识别和揭示建立数据库等数据基础设施所需要的概念发展的一种方式。迄今为止，苏珊·利·斯达（Susan Leigh Star）等科学与技术研究学者一直在呼吁人们注意标准和分类系统在"沉默"时所造成的麻烦。也就是说，当它们深度嵌入我们所使用的基础设施中时，我们没有意识到它们在多大程度上塑造了我们的世界观，[68]而且我们无力质疑这些标准和分类系统。通过将分类概念化为理论形式，我现在反而强调，需要广泛且定期地批判性参与为分析和解释数据而开发的概念框架。这是 iPlant 管护人在要求用户提供反馈时所倡议的，也是基因本体论数据库管护人在组织内容会议（不同的专家可以讨论如何最好地定义给定的术语）时所试图引出的。因此，认识到分类理论作为数据迁旅的概念支架的作用，其首先在认识论上是很重要的，因为它可以提高生物学家对数据如何被组合以及概念在这一过程中所发挥作用的理解；其次，它在制度上也很重要，因为它阐明了参与设计这种分类的管护人在概念上的贡献，并且能对这种选择负责。各种形式的理论总是可以成为科学进步的动力或阻碍，这取决于用它指导研究时人们的批判意识是强是弱。因此，目前为实现数据迁旅而设计的概念框架是否富有成效，取决于生物学研究的所有利益相关者是否有能力利用数据密集型方法，前提是不忘记它们对科学推理和科学实践的承诺和约束。

138

第三部分　对生物学与哲学的影响

第六章　在数字时代研究生命

　　在前几章，我讨论了在以数据为中心的生物学中的数据传播实践，同时我把自己的分析与现有科学研究动态的哲学描述进行了对照。在这里，我会反思这些发展将如何影响至少一些生命科学家——主要是那些将分子和模式生物研究作为其工作关键资源的科学家——与有机体的互动；它们将如何影响那些研究进化与行为等方向的子领域；以及这与整个生物学的历史和未来发展轨迹有何种关系。

　　我将首先讨论最近的数据包装策略在生物学家如何概念化和干预有机体方面引入的认识论创新，尤其是在依靠整合不同来源的数据以挑战和扩展现有研究结果的案例当中。为此，我回顾了一些关于在线数据库如何帮助以数据为中心的生物学取得进展的例子。我将重点放在当代植物生物学中实施的三种类型的数据整合，每一种类型都侧重于一条如何定义有机体和如何研究有机体的路径。这些案例表明，通过数据库进行的数据整合不仅可以产生新的生物学知识，而且可以形塑生命科学当中根本的知识概念，还能形塑生物学家们为生产知识而把自己组织起来和装备起来的方式。

　　强调以数据为中心的生物学的成功有助于我们理解过去十年大家对这种研究形式的期望与相关投入。同时，这可能让人们对运用数据挖掘和相关基础设施所能实现的目标产生过于乐观的想法。为了平衡这种印象，我将讨论广泛运用且依赖以数据为中心的方法带来的一些危险。在前几章中，我已经提过数据迁旅出错的几种方式，这可能会严重影响由此产生的知识的质量。在第六章第二部分，我把这些问题归纳起来，并思考了其潜在的意义，尤其是这样一种可能性：采用特定形式的数据包装并将其逐渐固定在研究工作流程中，会边缘化生物学中现有传统和工作方式。沉溺于使用数字工具可能助长把大量生物学专业知识黑箱化并不加批判地对待。那些用英语以外语言产生的知识和技术，以及那些在远离数据传播中心节点的地方发展起来的研究传统可能会遭到忽视与压制。此外，过分依赖通过在线数据库传播的数据可能会鼓励生物学中的保守思维，不利于激发创新想法——这是一个明显的例子，说明某些类型数据集的存在和可用性本身会影响使用这些数据进入的科学环境与社会环境。这让我对以数据为中心的研究取得的成功能否代表整个生物学产生了怀疑，特别是一些研究领域不太依赖"组学"数据，而更多依赖那些很难系统地收集、标准化和传播的数据，例如图像、行为数据、形态学观察或者历史数据。

最后，在第六章第三部分，我将反思这些发展对生物学家研究生命系统的意义。我将回顾在何种条件下以数据为中心的方法可以为生物研究带来新的机遇，此外我还提出，强调整合和反思是这种路径最复杂形式的特点，可能促进对生物现象的过程性及动态性描述，就像在当代元基因组学、表观遗传学、系统生物学以及演化发育生物学中表现的那样。如果生物学家对数据传播策略有一定的了解，且对这些策略的功能和局限性持有建设性的批判态度，上述促进作用就是最有可能实现的。虽然在塑造数据迁旅方面，数据库管护人和计算机科学家发挥了关键作用，但他们对生物学的最终影响是由数据库用户决定的，因此用户需要在开发这些关键工具时承担一定的责任，考虑到这将涉及大量的时间与资源，科学机构和资助机构应给予这些用户一定的支持。

一　数据整合的多样性，理解有机体的不同方式

莫林·奥马利和奥尔昆·索伊尔指出，数据整合涉及的科学工作非常重要，而且它与方法论整合和解释性整合等其他形式的整合所需要的工作不同，后两种整合更为成功地吸引了科学哲学家的注意力。[1]在本节中，我分析了当代生物学中的三种不同的数据整合模式，这三种模式通常在同一实验室中共存，但是在任何一项单独的研究项目中，这三种模式互相矛盾的需求和目标通常不能被同等程度地容纳在一起：（1）**层间整合**，包括在同一物种内不同层次组织的数据的集合及相互关系，主要目的是改进现有的生物学知识；（2）**跨物种整合**，包括不同物种间数据的比较和共建，主要目的也是扩展现有的生物学知识；（3）**转化整合**，包括使用不同来源的数据以设计干预有机体的新形式，最终目的是改善人类健康。我使用了当代植物科学的三个案例作为这些不同形式整合的例子：（1）围绕从模式生物拟南芥上面收集的数据所开展的研究活动；（2）将拟南芥的数据与从多年生作物芒草上面收集的数据进行整合的研究；以及（3）当前对栎树猝死病菌的生物学调查，自 21世纪初以来，这种植物病毒给我居住的英国西南部的森林造成了严重破坏。

我关注植物生物学有以下几个原因。首先，尽管植物生物学具有巨大的科学与社会作用，但这是一个相对较小的研究领域——尤其是与生物医学相比——而且在科学哲学中同样受到较少的关注。[2]植物生物学还得到了政府部门的大量资助，尤其是有关植物分子和

基因组方面的研究——这为植物科学家研究基础问题提供了更好的机会，也促使他们互相协作，以吸引资助人的注意，使有限的资源能够得到充分利用。[3]从其历史看，植物科学确实对科研通才及跨学科思维持开放包容态度，因为即使是最相信还原论的植物科学家往往也对分子生物学、细胞机制、发育生物学、生态学和进化之间的关系非常感兴趣。[4]此外，与模式生物研究的情况类似，在植物科学界，正式发表前的沟通也受到热烈的欢迎，尤其是在引入植物分子分析时。植物分子分析由一群有魅力的人引领，他们明确表示要通过开放合作来推动知识发展，因此实际上这要早于今天的开放科学运动。[5]这些因素使得植物科学家共同体相对来说更具有凝聚力和协作性，而不是像癌症研究或免疫学等专注于动物模型的领域那样更有权威、具有更高的社会可见度、资金更充足，且结构更严密。[6]在这样的背景下，植物科学目前有最好的科学数据管理及整合的资源，这不足为奇。植物学家对合作并寻找有效方法收集和传播他们资源及成果的兴趣要早于用来实现数据共享的数字技术的出现，其中许多科学家迅速抓住了这些技术的潜力，利用这些技术辅助他们进行综合研究。因此，植物科学拥有生物学中一些最先进的数据库和建模工具。[7]植物科学对系统生物学的贡献非常大，尤其是在促进数字有机体的发展方面（使用模型和模拟来整合定性数据，以预测有机体与环境有关的行为及特征）。

不过，植物科学作为一个成果高产的领域，之所以能帮助我们研究数据整合作为产生新知识的关键过程，还由于它的另一个特征。植物科学的研究结果直接关系到社会的若干部分，包括农民、林业管理部门、土地所有者、植物学家和园丁、食品行业和能源行业（通过生产第一代和第二代生物燃料）、关注转基因食品和可持续农业以及人口增长的社会运动、培育用于农业或者装饰的新植物品种的人，当然还有国家和国际的政府机构，等等。这些领域的代表可以（有时也被要求）参与科学项目的发展和规划，以便于为正在进行的研究确定各种目标、机会和限制。非常重要的是，非科学人士对科学研究的直接贡献不仅对科学最终服务的目标有影响，而且对科学的实践、方法和结果也有影响，包括使用什么策略来分享和整合数据，以及这种整合产生的新科学知识的定义与范围。我将说明，要想认识到科学研究与其他社会领域在接触程度上的差异，我们需要挑战许多科学哲学家仍然偏爱的科学知识的内在主义观点，这使我的论点与最近围绕科学哲学的社会相关性展开的辩论相关。[8]如果我们从分析当代植物科学中不同形式的数据整合开始，那么想要超越"科学仅仅是为了获得关于世界的真知"这样的观点似乎是不大可能的事情；然而，我将在下文中论证，对"进行中"的整合过程加以观察可以立即发现在被整合的数据类型及来源、整合过程本身以及作为整合结果的知识形式等方面的重要区别。[9]

144

（一）作为参照点的模式生物：层间整合

在第一章中，我阐述了数据库在确定模式生物在当代生物学中的认知作用上发挥了怎样的关键作用。数据库极大地促进了模式生物共同体赖以建立的前提的成立，其中包括：把有机体作为"整体"来理解的合作精神与分享结果的意愿、交流材料与样品的需求，以及由此产生的对术语和实验方案开展的标准化工作，目的是使交流尽可能无缝化和全球化。拥有这样的有利地位使得共同体数据库展示出了围绕和横跨模式生物的合作是多么富有成效。作为20世纪初以来模式生物研究历史的延续，上述合作过程加速了这些共同体的建设，并使其逐渐扩展为全球性的研究力量（并且获得了用于生物研究甚至生物医学研究的相当大份额的资助）。

从一方面来说，模式生物数据库因此扩大了流行的模式生物相比其他组织化较差的生物体研究的优势。事实上，具体模式生物的流行程度往往随着其共同体数据库规模与组织的扩大而逐渐扩大——希望将新的有机体作为"生物学的下一个顶级模型"的生物学家很容易就能认识到这一原则，他们认为获得建立共同体数据库的资助是这一过程的关键步骤[10]，这一原则同样也被想要强调模式生物研究会对未来人类疾病[11]和进化发育生物学[12]发挥作用的研究人员所认识到了。然而，在另一方面，重要的是我们要看到共同体数据库在扩展过程中如何将关注的重点从单一物种研究转移到考虑环境变异性的跨物种比较研究。模式生物数据库被当成了参照点，用来研究同一科或界中人们知之甚少的其他物种，同时也被用来研究环境条件如何影响特定性状的表达。例如，拟南芥信息资源数据库（TAIR）仍是关注作物或树木的研究人员常用的工具，因为它为特定过程（如春化、细胞代谢或根系发育）如何实现以及可能包含哪些基因与生化途径提供了参照点。研究秀丽隐杆线虫以外的线虫（例如那些对农业或人类产生重要影响的寄生虫）的研究人员也越来越多地使用 WormBase 数据库。

因此，数据库在帮助我们更好地从可以跨物种**比较**的工具角度理解模式生物时发挥了关键作用。研究模式生物在某种程度上可以为这种比较提供参照点，数据库的使用增强了模式生物作为参照点的能力。模式生物作为比较工具的优势在于能够代表特定有机体群体，也能够完成探索生物学的不同方面的跨学科研究计划，最终目的是将有机体当作整体实现综合理解。数据基础设施（其形式包括在线数据库、靠数据库提供访问入口的共同体、样品集及各种信息）是一个平台，基于这个平台，模式生物才使自身成为比较、表征与综合的工具。如果没有数据基础设施，模式生物的信息交流及用来比较的目的将不能以适当的规模实现。共同体数据库通过使用基础设施把结果、人员及样品聚集在一起，在定义后基因组时代的有机体知识方面发挥了关键作用。

模式生物研究在植物科学内部取得了巨大成功，它极大地增强了人们对光合作用、开花及根系发育等关键过程的认知。[13]理解这些过程需要一种包含从分子到发育和形态等层次组织[14]的跨学科路径。拟南芥提供了一种相对简单的有机体，因此可以在实验室环境的受控条件下尝试上述层次的整合。拟南芥的使用在整个植物科学界引发了巨大争议，专门研究其他植物和/或植物生态学的科学家抱怨说，关注拟南芥会占用研究植物的生物多样性、进化以及植物与环境之间关系的资源。[15]同时，通过在与自然环境及其他植物相对隔绝的条件下研究拟南芥，人们成功获得了关于其内部机制的重要洞见，尤其是在分子和细胞层面。例如，目前科学家能够详细解释光合作用的机理，因此也能够操纵淀粉与光照条件以利于植物生长，这些在很大程度上是因为科学家成功把对参与光合作用的酶及其他蛋白质的研究（涉及对细胞核内部的分子相互作用的分析）与对新陈代谢的研究（涉及细胞水平的分析，因为其侧重于细胞核外的翻译后过程）进行了关联。这两个层次的分析整合充满困难，因为对 DNA 分子数据的评估（由基因组分析提供）需要考虑到分子在细胞内的实际行为以及分子与细胞内复杂动态环境的相互作用，这使得建立代谢途径模型变得极为困难。[16]

这很好地说明了层间整合的目的是把有机体作为复杂实体来理解，通过结合来自生物学不同分支的数据，以获得跨越同一有机体各层次组织的整体的、跨学科的知识。[17]这个案例也体现出数据库及管护活动在实现层间整合时发挥的关键作用，因为开发集中的数据存储库是模式生物研究取得成功的核心。[18]自成立以来，TAIR 始终在大力促进层间数据整合，尤其是通过开发软件与建模工具使用户能够将从两个或多个组织或层次中获得的数据集结合并可视化。例如，AraCyc 和 MetaCyc 等工具使研究人员能够将基因组、转录组和代谢组数据作为单一信息体进行结合与可视化。这使得整合从分子和细胞组织层次产生的数据成为可能，因此研究人员能够可视化与研究特定的代谢途径。TAIR 管护人还非常重视开发元数据，帮助在特定层次（如细胞层次）工作的研究人员评估与解释在另一层次（如分子层次）收集的数据。最后，不得不提的是，TAIR 管护人与来自植物科学各个领域的研究人员大力合作，生成可以充分描述目前研究中的生物对象及生物过程的生物本体论，例如基因本体论和植物本体论（我在第一章、第四章和第五章讨论过）。

必须强调的是，与许多其他流行的模式生物一样，拟南芥的层间研究得到了科学界的大力推动，也得到美国国家科学基金会等资助机构的支持，但它受到其他与植物科学有利害关系的社会群体的影响很小，如农业研究人员、农民和工业育种者。[19]整合来自不同植物研究领域的数据（人们认为它需要植物科学界不同研究方向专家的协商）旨在解决技术与概念问题，增强对拟南芥的生物学认知。利用同一模式生物的数据来实现层间整合的这一想法体现了科学哲学界经常称颂的科学图景，也体现了许多关于发现的流行说法：科学家希望把成果汇集在与其他社会群体相分离的专家圈子里，这样做是为了更准确、更真实地理解生物过程，从而清楚可靠地解释这些过程（以及相关的干预形式）。[20]事实上，层间整合非常关注跨学科合作带来的方法论与概念挑战，例如把每个共同体产生的命题性知识、具身知识与社会性知识进行标准化的工作。在第一章中，我们已经看到 iPlant 的管护人如何与在不同生物组织层次上工作的植物科学家进行广泛磋商，以确保数据整合工具与各分析层次的研究相一致及兼容。

这些工作让人联想到不同科学团体在交流命题知识时面临的挑战，许多科学哲学家在反思科学整合时都会关注这一问题。[21]我们在第四章中看到，关注数据的整合而不是关注这些作者提出的解释、模型及理论的整合，能够突出为获得新的洞见而交流具身知识的重要性（关注解释与概念结构的文献常常忽略这一因素）。关注数据也有助于强调推动整合的优先级和认知目标的多样性，以及追求这些目标可能获得的不同形式知识的多样性。为此，现在我将对两种形式的整合进行讨论，其运作方式与层间整合有所不同，而其结果也与本案例中获得的植物生物学知识有所不同。

（二）从模式生物到研究情境中的生物多样性：跨物种整合

在跨物种整合中，科学家较少强调整合同一物种内不同层次组织间的数据，而更加强调比较不同物种的现有数据，并把这种比较当作新发现的跳板。[22]让我们思考一下目前对巨芒草①（图7）这个草种的研究。芒草是一种多年生作物，这意味着它可以在任何季节种植，而不会中断生产链。芒草生长迅速而且长得高大，因此能够保证较高的产量，此外它也容易在贫瘠土地上生长。这些特点使芒草成为生物乙醇来源的合适选择，尤其是考虑到它对粮食生产的威胁小于玉米等其他流行的生物燃料来源（为生产生物燃料而开展的作物种植使美国大片土地远离了粮食生产，这被认为影响到了全世界农产品的供应与价格）。[23]

148

---

①　在这里原作者使用了巨芒草的拉丁名 "*Miscanthus giganteus*"，然而后文全部使用的是芒属植物，或者芒草的拉丁名 "*Miscanthus*"，本节虽然以巨芒草为例子，但是芒属植物普遍都被当作模式生物进行研究，而且许多种类都可以被当作生物燃料，所以此处采取直译，在后文中不再强调巨芒草。——译注

图 7　2011 年 10 月，德国 Sieverdingbeck 公司的巨芒草

资料来源：Hamsterdancer，Wikimedia Commons，October 2015，https：//commons. wikimedia. org/wiki/File：Miscanthus_ Bestand. JPG。

　　芒草作为生物燃料来源的巨大潜力刺激了科学家对这种植物展开研究。事实上，研究的最终目的是对芒草进行基因工程改造，以延长其生长季节（通过操纵植物生长早期的活力与衰老），优化其光照摄入（通过修改几株杂乱茎的结构或者增加茎的高度与数量）。在更广泛的意义上，对芒草的研究构成了一个好例子，证明以干预世界为目标而开发的技术最终成功地改善了人类的生活。然而，至少还有另一个原因使得芒草成为当代植物科学中重要的有机体，当然这与芒草能量输出的关系不大，其真正的原因在于科学家有机会将芒草研究同拟南芥研究进行有效地对照参考。

149

　　从一方面来看，拟南芥为开展探索性实验提供了一个完美的平台，因为科学家们已经对这一系统获得了不少了解（得益于层间整合工作），也有了全面的基础设施，收集数据和元数据的标准，以及可用的建模工具（例如 TAIR 和 iPlant 中所包含的）。从另一方面来说，研究者们之前还没有探索过拟南芥对其他物种的价值，而芒草作为测试案例，参照了许多在拟南芥的基础上形成的观点。因此，许多接受过拟南芥生物学知识培训的研究人员开始转向对这两个系统进行比较研究，并取得了非常有成效的结果：在拟南芥上比在芒草上更容易进行许多关于非生物胁迫相关分子途径的实验；芒草本身的数据收集与整合得到了为拟南芥而开发的标准、数据库和管护技术的支持；新的数据类型，例如芒草在野外状态的数据（如水的摄入量），可以有效地与拟南芥的代谢数据相整合，从而获得关于这两种植物如何产生能量的新知识。这项研究不仅仅要求将知识从一种植物转移到另一种植物。为了获得新知识，植物科学家需要在这两个物种之间反复观察，比较结果，并整合每一个步骤中的数据。换句话说，这项研究需要把从芒草和拟南芥上获得的结果进行真正的整合。例如，拟南芥调节花期转变基因的 TAIR 数据也能大大推动对芒草花期的研究，因为这些数据为芒草研究人员研究花期调节机制提供了起点；[24] 而后续关于温度与地理位置影响芒草开花的研究结果又可以反哺拟南芥花期的研究。[25]

也许跨物种整合最重要的特点是它促进了对与环境有关的有机体变异和生物多样性的研究，将有机体当作相互联系的实体来理解，而不是当作复杂却独立的整体（如层间整合中的情况）。这是因为，一旦物种之间的相似性和差异性成为研究的重点，植物研究人员至少需要确定这些相似性与差异性出现的一些原因，这就不可避免地会涉及思考物种的进化起源和/或它们发育的环境条件。因此，像层间整合一样，跨物种整合的目标可以被认为是要发展生物实体的新科学知识。然而，跨物种整合扩大现有知识领域的方式不一定是通过扩大层间解释的范围，而是扩大这些解释可以适用的有机体的范围。事实上，虽然研究人员可以（而且经常）同时进行层间整合与跨物种整合，但跨物种整合并不是必然伴随对层间整合的促进才能实现。例如，通过比较拟南芥与芒草开花时间的数据来研究这两种植物对温度的各自反应，这种跨物种的比较最终可以用来加深对开花的层间理解，产生关于整合分子、细胞和生理学的洞见，但这并不是跨物种整合本身被视为一项重要成就的必要条件。

此外，跨物种整合还引发了一系列不同于层间整合的挑战，对任意一个挑战进行回应，都足以成为某些研究项目的全部研究重点。为应对这些挑战，需要积累那些与比较目标高度相关的数据（例如，确保在芒草上获取数据使用的工具和材料同在拟南芥上使用的相似，这样的比较才能站得住脚），同时还需要开发基础设施、算法和模型，使研究人员能够有效地可视化与比较这些数据。因此，在我们的案例中，TAIR 提供了一个关键的参照点，但对这样一个比较项目来说，仅靠 TAIR 作为数据基础设施还是不够的，其原因很简单，因为 TAIR 只关注拟南芥数据。事实上，植物科学界非常清楚仅使用 TAIR 进行跨物种整合面临的困难，因此 TAIR 本身有另一个以拟南芥为中心的数据库 Araport 作为补充，这是为了确保未来 TAIR 在层间分析与跨物种分析时能具有兼容性。[26]而这一任务甚至更加困难，因为研究不同有机体的共同体在术语、概念和方法上存在差异，关于什么是好的证据，以及对某些具体性状在进化史上跨物种保留程度的看法也存在差异。在搭建能够包含与整合从不同有机体获得数据的数据库时，就需要清楚地指出这些差异。例如，基因本体论是目前在整合跨物种基因产品数据时广泛使用的平台，[27]它证实了应对上述挑战时遇到的困难和争议。[28]由于基因组序列数据产生过程的高度自动化与标准化，对它们的比较应该是最容易完成的工作，但即使这样简单的比较也会面临重重困难。[29]在这样的背景下，诸如遗传保守原则（principle of genetic conservation）——根据这一原则，科学家认为跨物种保守程度高的基因组区域可能与重要的功能有关（因为在进化过程中，不太重要的区域已经被淘汰掉了）——这样的规范就比用于实现层间整合的有效性和准确性规范更为重要。

总之，对跨物种整合的日益强调，可以看作对层间整合的补充，但又明显地区分于层间整合。很显然，这两种形式的数据整合是相互关联的。我已经指出，通过模式生物为拟南芥实现的层间整合如何给植物科学若干领域的跨物种整合提供了重要参考。一个物种内数据的层间整合往往是跨物种研究的起点，也是关于同一生物过程在不同物种里如何表现的数据整合的起点。然而，这并不意味着跨物种整合原则上（或者在任何情况中）都要以层间整合为前提。此外，针对这两种形式的整合提出了不同的认知难题，这些难题在同一个研究项目中无法解决。对我当前的目标来说，重要的是这两种整合需要不同的数据集和基础设施——正如在使用 TAIR（重点关注拟南芥的层间整合）来研究芒草等其他植物物种时遇到的实际困难所表现的那样。

（三）当社会议题指导研究时：转化整合

对芒草的研究可以被视作以服务社会为目标而开展研究的典范，在这一案例中的社会目标是生物燃料的可持续生产。然而，虽然资助机构与产业界设定的目标对于选择并资助芒草作为实验有机体来说至关重要，但从事芒草研究的植物科学家（至少到最近）并不特别在意他们正在改造的植物如何转化为生物燃料，这一过程

151

是否特别地可持续和富于经济效益，或者这些"下游"要考虑的事如何影响"上游"的研究。这一系列要考虑的事在很大程度上都留给了政治家和行业分析人士，植物科学家则专注于获取芒草的生物学新知识。换句话说，关注跨物种整合的科学家和管护人主要关注的是产生比现有的植物生物学知识更为准确与全面的知识。他们期望以这种方式产生的知识最终会为芒草的大规模基因工程改造提供信息，从而创造可以有效提取生物乙醇的生物质。这是一个合理的期望，从芒草研究中获得的知识无疑会为未来的生物燃料生产提供信息。然而，一些其他的植物科学研究项目被规划出来，甚至在改进相关有机体的现有科学知识之前就已经明确形成了服务社会的需求，因此这些项目不再强调生产新的生物学知识，转而致力于管理与操纵有机体与环境策略的生产，使之能够长远支持人类的生存与福祉。

例如，科学家对植物病原体的研究。全球贸易和旅行使得寄生虫的扩散远远超出了原本的自然范围，[30] 由此引发的植物病原体对全世界的生态和农业系统构成了严重威胁。处理某个地区新出现的植物病原体是一个迫切的问题，因为我们需要在病原体造成巨大破坏之前设计出有针对性的干预措施。科学研究在此发挥着关键作用，因为这些病原体在科学文献中通常相对不为人知，而且病原体与全新的生态系统的相互作用往往会产生前所未见的结果。2012年2月，我参加了一场在埃克塞特大学组织的研讨会，讨论植物科学如何帮助抑制栎树猝死病菌的肆虐。2000年初，这种植物病原体登陆英国西南部地区，此后一直破坏着德文郡的森林。2009年，它开始侵袭本地大片的落叶松（图8），这种灾害变得尤其令人担忧。参加这场研讨会的有：在英国一些研究机构开展植物生物学和数据管护研究的代表、英国林业委员会、食品与环境研究部门、私

有土地所有者、社会科学家，以及来自生物技术和生物科学研究委
员会等其他政府机构的代表。

图 8　加州大苏尔的山坡被猝死病菌侵扰

注：虽然在这样的森林中几乎所有的木本植物都是易感的（Rizzo et al.,
"*Phytophthora ramorum* and Sudden Oak Death in California 1"），美国的橡树如鞣
皮栎，是特别脆弱的。相比之下，在欧洲的橡树上没有观察到明显的损害，而
在英国，这种疾病已经导致落叶松物种大量死亡。

资料来源：Rocio Nadat, Wikimedia Commons, October 2015, https：//
en. wikipedia. org/wiki/File：Sudden_oak_death_IMG_0223. JPG。

　　研讨会开始时，大家清楚地知道几种解决植物疫情感染的替代
方法，其中包括焚烧受感染的地区、使用除菌剂、砍伐树木、让树
木存活并引入天敌、禁止人类进入受感染的地区，或者干脆顺其自
然直至感染结束。当时辩论的重点是确定哪种科学方法能够提供实
验依据，帮助从所有可能的干预措施中选出一种有效的行动方案。
在这方面，关于疫霉菌的全新生物学知识显然很重要；然而这并不
是研讨会的主要目标，会议明确指出，哪种研究路径在短期内会被

153　优先选择，不应基于该路径是否可以长期提供生物学的新洞见。这
对于选择何种数据收集策略，以及在进一步分析中优先考虑哪种类
型的数据非常重要。例如，全基因组测序被认为是传统研究计划的
很好的起点，这一路径旨在通过层间整合和跨物种整合来获得疫霉
菌的生物学知识，尤其是因为数据可以（通过在线数据库）与欧
洲和北美实验室针对疫霉菌其他菌株产生的数据进行比较。然而，
许多参会者质疑这一策略提供栎树猝死病菌的遗传标记的效率，该
标记对于防治感染有直接的作用。有人认为，如果将基因组研究的
重点放在更具体的部分，例如已知与致病性状有关的主要基因位
点，将为林业委员会提供一种途径，来测试尚未感染地区的树木，
并立即确定感染是否正在蔓延〔大家对使用基于聚合酶链式反应
（PCR）技术的诊断方法的优点和缺点展开了详细辩论〕。此外，
围绕被考虑的每一种干预模式可能产生的生态、经济和社会影响以
及与之相关的科学问题也产生了很多争论。因此，生物研究并不是
评估干预措施质量与有效性的唯一经验依据；其他因素包括本地的
生态环境、地区的旅游价值以及被砍伐木材的经济价值（即我曾
154　指出的，对跨物种方法至关重要的环境考量的因素，以及那些被跨
物种整合研究视为不相关的经济与社会因素）。只有通过这种整体
的评估，参会者和科学家才能确定正在规划的研究项目的整体可持
续性。

　　值得注意的是，每位参会者不仅对解决疫霉菌问题的优先级别
提出了各自的看法，还提供了各自的数据集，用来与植物科学家收
集的分子数据和表型数据相整合。这些数据集包括与科学研究密切
相关的数据，尽管收集这些数据不是为了研究疫霉菌的生物学知
识：例如，森林研究院（林业委员会的研究部门）在空中监测过
程中收集了感染蔓延的地理数据，数学建模人员利用这些数据预测

未来的蔓延模式；林业委员会和本地土地所有者收集了几处受影响地区的树木照片，詹姆斯·哈顿研究所的植物病理学家把这些照片作为植物对生物胁迫做出反应的证据。对植物科学家来说，获得这些数据本身就是一项成就，因为有些利益相关者比其他人更愿意传播他们的数据。例如，比起在埃克塞特大学工作的植物科学家，林业委员会更不愿意分享数据，对前者来说，向 Sequence Read Archive 或 GenBank 等在线基因序列库提供数据是研究的常规部分。此外，参会的科学家不确定哪一个现有的在线数据库或数据库组合能最好地服务于他们想要开展的整合工作。一个明显的候选数据库是 PathoPlant，该数据库致力于收集植物与病原体相互作用的数据，但我参加的会议并没有明确讨论这一数据库的用途，也许是因为参会者不清楚这样的数据库能否服务于他们的直接研究目标。[31]

事实上，参加埃克塞特大学研讨会的植物科学家发现自己在与利益相关者协商，其中一些利益相关者可以说参与了科学研究（如为林业委员会工作的生物学家），他们的主要目的不是产生关于疫霉菌的新生物学洞见，而是要找到可靠的证据，帮助确定如何解决疫霉菌感染问题。这样的协商是此类整合工作的主要特点，但并不容易，尤其是考虑到植物科学家同时还倾向于触及层间整合和/或跨物种整合。因此，会议上的植物科学家强烈建议把对栎树猝死病菌的研究扩展为一个长期项目，研究病原体对不同宿主的相对毒性（这也将涉及对宿主——树种的详细研究），收集现有和新出现菌株的所有基因组数据，研究触发毒性的机制。所有这些研究项目显然都与层间整合与跨物种数据整合相关，这将产生关于疫霉菌的生物学知识，科学家认为这些知识对开发更好的干预措施非常重要。然而，这些项目需要大量的资金和时间才能产生结果，科学家在多方力量的推动下，需要更为充分地阐述对疫霉菌菌株进行系

155

统的全基因组测序最终将如何对这种植物感染形成有效干预。特别是，虽然大家认为通过这些方法实现跨物种整合与层间整合是可取的，但它们对于如何解决疫霉菌问题来说并不是必需的。例如，PCR 诊断方法尽管对人们更好地了解疫霉菌及其宿主的生物学知识没有多大用处，但对于诊治感染这一目的可能非常有效。

在撰写本书时，分子生物学家、在森林研究院工作的科学家以及其他利益相关者之间的磋商仍在进行，这一讨论将会产生一个共同的研究项目，其中一部分将涉及开发一个数据库，以促进与研究疫霉菌毒性和潜在环境影响有关的数据整合。这个案例很好地体现了转化整合的特点——不是面向产生新的科学知识，而是更倾向于通过针对性地干预环境以及利用现有资源等来改善人类健康。[32]在目前的一些政策讨论中（例如 21 世纪初美国国家卫生研究院发起的），强调了科学研究对更广泛社会层面产生的积极影响，我从此处借鉴来了“转化”（translational）一词。然而，我并不赞同这些政策讨论中经常使用的从“基础”到“应用”的线性研究轨迹。相反，我会使用“转化”这一范畴来关注科学家为了应对社会挑战而开展研究的具体方式。在我考虑的案例中，科学家的目标是产生针对当前情况的新的干预方式。这本身并不足以将转化整合与层间整合以及跨物种整合区分开来。我曾在第四章中提到过，学习如何干预世界，特别是在生物学中操纵有机体，是科学研究的主要部分，并且与获得关于世界的新知识的过程密不可分。因此，在“改造”和“理解”之间没有明确的认知差异，许多科学家开发新类型的实验干预手段，作为获取新知识的一种方式，其实反之亦然。

我认为转化数据整合与其他两种数据整合模式的区别在于是否致力于产生影响（最好是改善）人类健康的结果，这需要发展不同于层间整合及跨物种整合的研究策略与方法。因此，我对转化的定义比莫林·奥马利和卡罗拉·施托茨（Karola Stotz）给出的定义要窄，她们定义的转化研究包括"对一个系统进行多元调查时，把干预措施从一个背景转移到另一个背景中的能力"。[33]我同意她们认为转化研究与知识的转移有关这一观点，然而，我也认为知识的转移可以用来满足各项社会议题，其中有些议题的主要关注点并不是科学知识如何影响社会。生物研究的许多部分继承并改造了一些干预有机体的技术，这不一定是为了在短期内产生具有社会价值的结果。所有的研究都可能最终改善人类健康，然而科学的某些部分并不是明确地要在短期内促成这一目标（顺便说一下，这恰好是一件好事，因为科学潜在的社会效益是不可预测的，而且关于什么算是对人类有益的社会议题会随着时间与地域的改变而发生变化）。在我看来，一些科学家对社会变化议题的认同程度（并据此塑造其研究）标志着更"基础性"的科学研究与转化工作之间的区别。因此我不同意奥马利和施托茨的这一结论：她们认为只要把干预技术从一个科学背景转移到另一个科学背景中时就会涉及转化。根据她们的定义，我在此考虑的三种整合模式都可能涉及同样程度的转化；但在我的分析中，当科学家承诺在短期内担任特定的社会角色时，转化才成为关注的重点，并对如何进行研究及取得何种结果产生重要影响。

　　承诺改善人类健康有一个关键的影响——从事转化数据整合的科学家需要关注其研究项目的可持续性。这不仅是狭义上对财务可行性的担心，而且在广义上要考虑对有机体的理解如何潜在地影响环境与社会。实际上，这通常会直接地涉及生产/应用的背景，以便能够评估具体研究策略和预期结果的"下游"适用性。最重要的是，生物学家本身不具备正确的专业知识来决定什么是"可持

157 续的"研究结果。这就是为什么他们需要与产业中的科学家、国家机构以及社会科学家等展开合作，通过与其他人的合作，科学家确定了什么是"人类健康"以及如何利用手边的案例来改善人类健康。事实上，转化研究的"社会议题"不可能是固定的，原因很简单，因为它在很大程度上取决于许多利益相关方不断变化的观点和需求。那些选择花时间与科学界以外的相关群体讨论研究目标和结果，并根据这些讨论调整自己的研究、工具和方法的科学家，将其大量的资源投入到成果生产当中，这些成果可能无法在概念上对生物学知识做出革命性贡献（尽管可能被证明的确有革命性的贡献！），因为它们的主要目标是服务于更广泛的社会议题。

参与交流的研究人员也常常被迫在自己的观点上做出妥协，包括什么是有成效的研究策略和有吸引力的研究结果，以满足那些对实现社会目标而不是科学目标感兴趣的各种群体的要求和建议。特别是把实现可持续和有效的干预（对可持续及有效的定义由不同的当事方商定）置于获取生物学知识之上，对数据整合过程产生了重要的影响，例如在相关数据的选择以及数据收集和解释的速度等方面。[34]

（四）以数据为中心的知识生产的多元性

上文讨论的数据整合模式之间的差异与相互作用，体现了当数据被更广泛的科学界使用时会面临怎样的挑战；体现出将网上的数据转化为新的科学知识时需要的大量概念与物质支撑；还体现出数据整合过程中可能产生不同形式的知识，这取决于科学研究关联着哪些共同体、基础设施和机构。我在分析中还强调了要从全维度对研究活动的重要性进行考虑，包括那些由产业或政府机构开展的所谓应用研究，来拓展与改善当前对科学认识论的哲学理解。科学研究的任何组成部分（无论是数据、模型还是解释）都可能为生物医学以及环境与农业领域增加干预的机会，而这些干预则会对维护和改善人类健康具有潜在的价值。考虑科学研究潜在的社会意义，会影响人们从科学哲学的角度理解科学家在从事研究项目时制定的不同策略。

　　这里提出的整合分类并非意味着已经穷尽了所有数据整合——以及数据迁旅——在植物研究中刺激知识生产的方式。这些整合形式也并非相互排斥，实际上，它们经常在同一个科学实验室中同时出现，并相互沟通（正如我的例子所展示的）。我接触的大多数研究小组都对全部三种类型的数据整合感兴趣，并积极地参与其中，以不同的方式为理解有机体做出了贡献。这是基于一定理由的。这三种数据整合模式之间的相互作用对于实验室的科学成果来说往往非常重要，特别是全球资助机构高度重视科学成就和科学研究的社会影响，围绕着如何选择指标来评估科学家在这两个方面的表现也展开了激烈的讨论。制定跨物种数据整合的标准是发展模式生物数据库的关键步骤，这标志着研究人员愿意超越层间整合，转向跨物种比较。同样，层间整合与跨物种整合通常都会产生一定的结果，以此为基础可以建立新形式的转化整合——正是这种情况推动了企业和政府当前对大数据的大规模投资。如果植物科学家们积极寻找高效且可持续的生物乙醇"下游"的生产方式，并利用这些互动为自己的生物工程实践提供信息〔这似乎正是植物科学家开始做的事情，例如通过英国植物科学联合会（UK Plant Science Federation）等提出的倡议〕，那么芒草研究的案例就能以这种方式发挥效果。甚至还有同时尝试三种类型整合的案例，例如把从大型植物群体中获得的转录组数据（跨物种整合）与代谢分析、功能基因组学和系统生物学路径（层间整合）结合起来，以揭示"药用产品的完整途径"，这样的方式有望彻底改变药物的发现过程，因此成为转化整合的优秀案例。[35]

　　因为我指出三种整合形式之间存在多种复杂的相互关系，人们可能会问，为什么要把它们区分开呢？原因与改善科学实践的现有哲学理解，以及开展研究的短期性和条件约束有关。即使这三种形式的整合在科学可以为人类实现哪些目标的总体图景中、在任何一个具体研究小组的总体研究过程中都交织在一起，但它们各自独特的目标、方法、策略和规范在任何时间点上要求达到的程度仍各不相同。所有我在讨论中对其工作有所涉及的植物科学家都有兴趣利用数据把植物的生物学知识作为一个整合后的总体来理解；也有兴趣利用数据比较不同的物种，尽可能全面地了解植物王国（包括植物进化、内在多样性和环境角色）；**还有**兴趣利用数据来应对 21 世纪人类生活面临的关键挑战，如气候变化、城市化及人口增长。[36]然而，**他们不可能同时追求所有这些目标**；[37]在考虑哪些数据与他们的研究最相关、该如何整合这些数据，以及这一过程需要哪些专业知识时，他们所做出的选择将决定以何种形式的知识作为他们工作的主要成果。换句话说，人们对不同形式的数据整合的追求，使数据以不同的轨迹迁旅，从而产生不同形式的科学知识，而这些知识的价值与内容也会因每一研究项目不同的目标、专业知识和方法而相互区别。

二　数据中心主义的影响：危险与排斥性

　　通过上一节对研究实践的分析，我已经阐明选择怎样的基础设施和标准用于传播和整合数据，会如何影响到要追求哪些研究目标、获得哪些形式的知识；同时，将某些目标置于其他目标之上的做法会如何影响到构建数据迁旅和整合的方式，以及用于这一目的的基础设施和标准。思考为促进数据整合而研发的程序和标准提供了关于整合过程的规范、实践和影响的重要线索，也指出了这些工作在所处的社会与制度背景下的认知意义——尤其是当确定谁可以为数据迁旅做出贡献，以及在哪种工作上做出贡献时。在这一节中，我会讨论以数据为中心的生物学的前景，尤其是参照数据旅程对具体制度的、物质的和社会的现实的嵌入，讨论数据旅程基于前几章所讨论的包装策略、概念支撑和基础设施而拓展出的前景。因此，我需要在这里强调一些与本书讨论的以数据为中心的研究形式相关的顾虑与风险。

我会首先指出四个主要障碍，它们阻碍了以数据为中心的研究所需的广泛数据迁旅的实现。第一个障碍是**资助**是否充足。我们已经看到，为充分促进数据迁旅和新背景下的数据再次使用，数据包装活动所需的人工管护工作需要大量的投资。然而用于数据库管护的资金仍然相对匮乏，尤其是与其他研究活动中公共和私人机构的投入相比。即使是在模式生物学这样成功的领域中也是如此，该领域中有储备和管护工作最好的数据库，涉及的数据类型很少，高度标准化（如测序、转录组学，以及在某种程度上也包括蛋白质组学），但是管护人仍在艰难地纳入更加劳动密集型的数据，例如在代谢组学、细胞生物学、生理学、形态学、病理学和环境科学等领域使用的数据。[38]对于那些不太受资助机构重视、因而得到较少支持的研究领域，或者那些数据生产仍然极其昂贵的领域，问题则变得非常严重。在上述两种情况下，大多数生物学家更愿意把资源用于数据生成与分析，而不会公开传播辛苦获得的成果或者向现有数据库进行反馈，因为这些活动不太可能带来直接回报。

第二个障碍是缺少生物研究人员对数据管护活动的**参与**。我已经强调过开发适当的数据包装需要得到更广泛的生物学界的支持与合作。然而，这种支持在很大程度上受制于生物学家的成果评价机制，这些机制通常不重视捐赠数据以及参与数据库的管护活动。因此，许多科学家（尤其是那些承受严重经济和社会压力的科学家）认为数据处理活动是在不可原谅地浪费时间，即便他们也意识到了这些活动的科学重要性。我在第二章中讨论过，真正参与数据迁旅的人往往来自那些强大的、资金充足的机构，以及被广泛认为是"前沿"且受到资助机构激励的研究领域。这种环境使生物学家更可能把时间和资源投入到数据捐赠与管护当中。在著名机构工作的研究人员也更可能利用其可见度及国际关系，使数据管护活动扮演平台的角色，给研究者们的合作与交流提供支持。因此，虽然有人认为广泛的数据传播可能带来民主化的力量，但研究人员参与到数据迁旅当中所需的条件表明，在以数据为中心的生物学里，数字鸿沟依然存在。

　　在分析完我清单上剩余两个数据迁旅的障碍后，这一点会变得更加清晰。第三个障碍是必要的**基础设施**非常有限，例如正常运行的宽带网络、充足的计算设施以及稳定的电力供应。研究人员访问在线数据库的能力，以及检索和评估其中数据的能力都取决于这些看似基本的基础设施是否可靠；然而，对于在大城市以外或高度城市化以外地区工作的研究人员来说，例如，全世界的农村地区（如英国的威尔士或苏格兰高地）和/或所谓的发展中地区（如撒哈拉以南非洲或孟加拉国）的研究人员，想要获得这些设施并不容易。虽然宽带覆盖率和计算工具的供应得到了极大改善，但最近的研究发现，数字鸿沟仍在迅速扩大。[39] 此外，其他基础设施问题——如缺乏可靠的公共交通、快递服务和冷藏设施——使得实验材料和设备的检索与维护面临真正的挑战，这导致人们鲜有时间和意愿与周围共同体之外的研究人员接触，从而鲜有时间和意愿通过数字数据库捐赠或检索数据。[40]

　　数据迁旅的最后一个障碍是**语言**，这个障碍看似基本但影响巨大，尤其是因为科学研究日益全球化。重要的是我们需记住，目前数据迁旅使用的大多数工具，无论是数据库、软件、Excel 电子表格，还是出版物，都以英语能力为前提——既包括利用这些资源的能力，也包括为其发展做出贡献的能力。英语作为科学交流的通用语言得到了普及，这一点做得相当不错；但这也减少了其他机会，特别是对于那些母语与西日耳曼语言相距甚远的人来说——例如讲汉语普通话的人，如果把所有普通话及方言加在一起，人数远远超过以英语为母语的人。如果考虑到开发与评估元数据的活动，语言障碍会变得更加棘手，没有元数据，数据的传播和再次使用就不可能实现。我在第四章中曾讨论过，元数据需要捕捉的关于研究程序和环境的非形式知识已经很难在研究者自己校准仪器、制定和传递协议、讨论材料和分类时使用的语言中被形式化了。对于成千上万在日常工作中使用其他语言的研究人员来说，将这些知识翻译成英语以及评估这种非英语语言提供的元数据是另一项巨大的挑战。

　　这些障碍的一个明显后果是数据传播往往被少数资源丰富地区所协调与控制，例如英国的欧洲生物信息学研究所与美国的哈佛大学，它们负担得起通过投资数据基础设施来提高声望和国际可见度。这种对数据迁旅的不均衡参与具有重要的认识论意义。也许其中最重要的是，在线数据集在决定挑选并包装哪些数据以迁旅时往往是极其片面的。无论是在发达国家还是发展中国家，由条件差的或者老旧的实验室产生的数据被收纳进数据库的比例都很低。虽然管护人尽了最大的努力，但模式生物数据库还是倾向于展示那些拥有高度知名的研究传统的实验室产出的结果，这些实验室经常处理那些易于处理的数据格式——矛盾的是，一些生物学家将这些数据形式首先视为劣质的与不可靠的，克洛斯曾在"便捷性实验"[41]的话题下讨论过这一点。反过来，这种倾向使某些类型的数据比其他类型的数据更明显、更容易获得，因此更容易成为未来研究框架的核心资源（这是现有数据影响研究发展、影响未来"该将什么视为数据"的概念的明显案例，而并非相反）。此外，模式生物研究本身就是尝试将复杂的生物现象限制在高度标准化的条件下对有限物种的可观察机制和过程进行研究。因此，它排除了许多其他生物世界的关键信息来源，包括环境的数据、有机体的行为、有机体的进化史，以及诸如气候、人口规模和生态系统等因素对繁殖和发展过程的影响。我在 iPlant 案例中曾说明，模式生物数据库正在不断地更新与改造，以纳入越来越多的额外数据来源，增进生物学家对基因、有机体和环境之间相互作用的理解。不过，这类研究出现和发展的历史条件使得"组学"数据不可避免地成为这种尝试的起点，即使是像 iPlant 这样复杂的共同体数据库，也远不足以成为当代生命科学所产生数据的全部来源。

　　这些数据库甚至没有包涵生物学历史前期积累的数据，这一事实进一步印证了上述观点。从实际来看，排除旧数据（有时被称为"遗留数据"）是完全可以理解的，因为访问和收集这类结果非常困难，它们依赖于过时的技术和媒体，格式种类繁多，而且鉴于获得数据的研究背景不断变化，这些数据的可用性常常遭到质疑。这与高能物理学等领域的情况相类似，在这一领域已经停用的粒子加速器产生的数据不再有可用的格式（例如，欧洲核子研究中心大型强子对撞机的前代机器积累的数据保存在软盘上，因此很少有人查阅）。然而，这使得数据库更加远离了全面的信息来源，这种全面是指不仅包含共时的科学成果，也包含历时的科学成果。

鉴于生命科学领域数据生产速度在不断加快，以及目前管护人在获得足够资金以充分维护与更新基础设施（从而使其适应命题性知识和具身知识的转变）时遇到的困难，也引发了这些工作是否能实现长期可持续性的问题。

数据迁旅的实际情况，尤其是它对科学团体与机构提出的要求，严肃地提醒着人们它嵌入弹性的政治、文化和经济结构当中的程度。因此，数据实践很可能被用来加强，而不是挑战科学界当前的权力关系；然而事实是否如此取决于数据迁旅得到怎样的管理和资助，也取决于数字迁旅的发展与哪些人有关。有些人本期望互联网和在线数据库等技术的出现可以单枪匹马地改变科学研究的组织与评估方式，然而认识到上述情况后，人们或许会打消这种期望。以数据为中心的生物学不应该被解读为技术决定论或者"技术修正"（这一观点认为新工具的出现是科学研究中科学的、监管的和政治的转变的主要原因，它可以直接解决长期存在的问题）的典型案例。[42]技术当然是数据迁旅的关键组成部分，我到目前为止讨论的许多特征——最明显的是迅速传播大量数据并通过复杂的分类系统（如生物本体论）展开分析——如果没有计算、软件和通信方面的创新，都无法变为现实。同时，在过去的五十年里，这种技术的概念化和发展与科学家对研究领域、对作为研究材料的数据，以及对科学交流和组织方式的不断转变的理解深深地交织在一起。[43]在这个意义上，引入计算机作为生物学的基本技术遵循了乔恩·阿加尔（Jon Agar）指出的一般模式："计算机化（电子存储程序计算机的使用）仅在已具备了物质上和理论上的计算实践与技术的情况下才被使用。"[44]在分子生物学中，编码和信息等隐喻的流行塑造了研究人员对使用数字手段表达和交流基因序列数据的偏好；早期，人们尝试对数据生产中涉及的材料与程序进行标准化，如 20 世纪 20 年代科勒（Kohler）在果蝇研究中记录过的，[45]这为库存中心和元数据（对当前生物学的数据迁旅至关重要）的发展铺平了道路；围绕数据生产的大型合作网络的出现（人类基因组计划就是一个例子，但在过去几十年里，一些模式生物共同体的建立就已预示着这一点）为如何组织和管理以"组学"数据为中心的研究提供了蓝图。反过来，这些发展也有利于计算设施与知识生产战略之间的高度共建。[46]在尚未出现类似组织和概念转变的领域，例如理论生物学、行为心理学、细胞生物学、免疫学、生理学和田野研究的某些部分，前沿数字技术带来的机会与生物学数据生产及使用的现实之间存在着更大的鸿沟。[47]

如果不承认并填平这些鸿沟，数据传播战略可能会放大科学研究中现有的不平等及差异，而无法成为把差异与分歧表达出来，并且利用科学多元化来扩大数据证据价值的手段。鉴于目前生物数据通过数据库传播的程度有限，假如把数据定义为可以融入高度知名的数据库的东西，那些难以通过这种方式传播的、不能被广泛获取的结果就将不被视作数据了，这么做似乎是不合理且有害的。然而数据库作为所谓全面信息来源的作用日益突出，这很可能导致一些科学家将其作为特定研究领域内定义该将什么视为数据的基准，由此产生的后果令人担忧，因为大量的结果会被排除在这些资源之外。

如我在第二章中所讨论的，更广泛的政治和经济力量强化了这种趋势，聚集所有研究方向的全部可用证据的战略前景深深地吸引着政府与企业。2013 年欧盟委员会发起的 Elixir 项目旨在协调受到欧洲资助而产生的所有生物数据的收集和传播，这体现了对实行自上而下的大规模措施的渴望。如果有足够的能力开发分类理论和元数据，开发用于数据可视化和建模的可靠工具，这种协调可能会大大有助于改善数据迁旅的范围、效率和可持续性。然而，这些工作的规模使得创建标准变得异常困难，因为这些标准可能需要考虑多样的认知文化，并且需要维持对如此广泛的专业知识的审查与反馈。每当选择标准、标签和数据源，以及为未来的优先事项和资金投标制定战略时，像 Elixir 这样的项目就需要认识到，他们的选择潜在地决定谁可以为以数据为中心的生物学做出贡献，而谁又会被排除在外。由于缺乏对这一现象充分的实证研究和清楚的反思，导致了一种很明显的危险状况，即依赖以数据为中心的分析会提高那些确立已久的研究路径的可见度，而不太知名或流行的研究传统（无论其创新潜力如何）都会被搁置一旁。换句话说，通过调节以数据为中心的研究方法接受或排斥异议、多样性以及创造性见解的程度，数据迁旅的管理方式会相应决定这种生物学路径概念的保守程度，以及对全新见解的支持程度。

165

对生物学中数据迁旅条件的观察也突出了抽样问题在以数据为中心的研究中的重要性。我已经强调过，经由共同体数据库传播的数据最终代表了经过严格挑选的材料与工作，也把绝大多数的生物学工作排除在外。这种选择并不是通过分析数据获得的、证据充分的科学选择的结果。相反，它是社会、政治、经济和技术因素的偶然结果，这些因素决定了哪些数据可以实现迁旅，这种方式是不透明的，而且作为接收方的生物学家很难对其进行重建与评估。即便在我简短的分析中，也刻画出了数据迁旅是如何取决于国家数据捐赠政策（包括生物医学数据的隐私法）；取决于具体的数据生产者的善意与品质；取决于这些生产者工作的科学传统与环境的氛围和可见度（例如，为私营企业工作的生物学家可能不被允许公开披露他们的数据）；以及取决于是否有精心管护的数据库，而这反过来又取决于政府或相关公共（私营）资助者为这些数据库（以及其中的数据类型）带来的可见度与价值。除非科学机构找到一种方法来改善生物数据库收录数据过程当中的责任机制，否则数据库将继续为少数非理性选择的数据集提供优先传播平台，从而也是鼓励一种内在带有保守性且暗含偏向性的科研平台。

这种偏向性与研究中的偏差和错误有关，这反过来又让人们担忧网上流传的数据的质量与可靠性。随着数据迁旅变得越来越复杂，由于大量个体参与到日益多样的研究文化中，出现的误差范围可能会大大增加。我在第四章中指出过，这些数据传播形式所依据的科学推理的分布式本质以相关个体之间的高度信任为前提，因为没有人能够控制甚至识别其他贡献者做的决定，并理解其理论意义。在这样一个系统中，错误可以通过明确违反信任的行为悄然出现（比如欺诈性地传播通过故障仪器产生的数据和/或伪造与原始形式不同的数据），更常见的是因为那些琐碎的情况而出现的错误（比如在媒介间传输数据时的错误，在电脑上输入数字或在数据库中注释新条目时的笔误），它们更难被注意到。数据迁旅还带来了许多与数据收集、存储、传播及可视化的各种方法有关的偏差。在我的分析中出现过一个明显的例子，人们倾向于将模式生物数据库视为开发新的以数据为中心的分析方法的榜样和"必由之路"。鉴于模式生物研究也有其理论上和物质上的限制，这种倾向很可能会助长数据库转变为黑箱，遮蔽用户的视角，从没有明确得到认可的假设当中获得数据结果。

一个具体的例子是将人类临床研究中获得的数据——这些数据大都记录了病原体的状态——纳入为收集非病原体有机体的数据（比如大多数模式生物）而开发的数据库中。[48]我在讨论植物科学的转化整合时指出过，人们选择如何处理与传播数据，对确定有机体是否健康有重要影响。然而这种决定可能没有根据研究人员所处的具体环境而仔细检查或校准，从而影响了研究人员理解与治疗疾病，除非人们已经认识到并且批判性地评估了"什么是研究有机体"在定义上发生的深层转变。这种黑箱操作很可能导致"空中楼阁"的局面，我们会在没有持续检查与审核的情况下充分信任一个基础既不稳定也不充分的系统，去支持我们的推论。这一点尤其令人担忧，因为通过数据库进行数据传播的标准已经开始影响到未来实验研究的计划，例如，致力于开放数据运动的研究人员会选择那些能够建立在现有数据资源上，并使用现有生物本体论和元数据标签的试验。

　　一些数据密集型方法的倡导者否认这些问题的认知意义，他们指出，相对于数据收集的规模来说，个别数据点的单独属性没那么重要。换句话说，如果我们在资料库中插入几个错误的数据也是没有关系的，这些数据会被其他收集到的数据稀释而在统计上变得无足轻重。[49]我在下一章将会说明，我同意在共同体数据库收集的大量数据面前，单个数据点变得越来越不重要，相反，是数据排列、选择、可视化和分析的方式决定了哪些趋势与模式可能会出现。然而，我不同意这类观点的前提条件，即认为以这种方式收集到的数据的多样性和可变性足以抵消这些数据来源的偏差与错误。事实上，一些评论者认为大规模的数据收集由于其全面性而具有自我纠正的作用，这使得不正确或不准确的数据因为与其他数据来源不一致而被从系统中剔除掉。与这种充满希望的观点恰恰相反，我认为在生物学里收集的数据的类型和来源具有内在不平衡性，使人怀疑这种数据收集（无论多么庞大）的多样化能否足够对抗其来源中的偏差。如果所有的数据来源或多或少都有相同的偏差（例如依赖相同仪器产生的微阵列，或者考虑只与特定物种有关的数据），那么偏差可能通过大数据的集合被放大而不是减小；此外，由于数

167

据处理和解释的分布式性质，人们可能都很难识别这种偏差并批判地评估其意义。这也解释了为什么数据库管护人如此重视让用户自己评估数据是否准确和可靠，以及为什么数据库用户如此重视对线上数据的质量和来源形成自己的判断。

当前，对于数据技术可能具有民主化力量的观点、大数据和数据密集型方法可能对科学发现产生革命性影响的观点，都需要依照我上面表达的顾虑进行衡量。获取大量数据并不等同于获取所有数据，助长这种对于全面性的误解是生物学领域一种危险的、误导性的策略——在过去几年的采访中，许多研究人员曾反复向我指出这件事。这一分析凸显了英国皇家学会提出的"共享智慧"[50]的重要性：只有访问那些被包装得当、能够迁旅的数据，生物学家才能获得丰硕的成果。正因如此，以数据为中心这一路径（例如这里所描述的）的适用性很可能非常有限，所以不应该假定它会以同样的方式对整个生物学造成影响。我们可以在实验生物学领域感受到这一路径的强烈影响，这一领域主要关注数据的收集和解释，数据基础设施的建立也拥有相对充足的资金；事实上，模式生物研究给我提供了研究最复杂形式的数据中心主义的经验基础。同时，我希望通过对跨物种整合和转化整合的讨论来表明，即使在模式生物研究中，以数据为中心的方法能否取得成功，仍将取决于最初为收集基因组和代谢组数据而设计的结构是否能有效容纳其他类型数据的输入，例如有关群体和生态系统的环境和行为数据。

于是，我对数据旅程的分析——尤其是对数据库促进数据迁旅的作用的分析——提出了一些问题，在建立与开发项目时，以数据为中心的生物学研究的全部参与者都应该清楚记住这些问题：使用在线数据库会带来哪些机会，没有在线数据库的情况下哪些机会可能不存在？引入这些机会的代价是什么——也就是说，在线数据库的使用给未来的研究带来了哪些障碍，尤其是在那些尚未因引入这些工具而受到强烈影响，而且也没有积极进行工具开发的领域？这些工具是在帮助生物学家提出新的问题，还是在鼓励他们忽视进行中研究的内容与影响，从而忽视其学科的总体目标和创造性挑战？这些工具是否落后地依赖旧的假设而不是鼓励新的想法与路径？这些问题的答案将取决于以数据为中心的生物学每一个案例中的具体项目、数据、基础设施、目标、研究情况及组织机制。我在下一节将论述，参与者是否能够认识到这种方法的缺陷，以及是否有明确意愿质疑其项目中的偏差和限制，将会决定这种研究模式未来的长期前景。

三　数据中心主义的创新：机会与未来发展

目前，我认为以数据为中心的科学强烈依赖参与者批判性评估与数据迁旅相关的具身知识和命题知识的能力。这与人们对来源和研究文化不同的数据能够完美顺畅整合的期望背道而驰。数据不会轻易沿着为其传播和再次使用而设计的渠道流动，而是处在一段充满障碍、中断和挫折的不可预知的旅途中。在迁旅的各个阶段，相关研究人员采取创造性及劳动密集型的方式解决各种问题。正是这些实现数据迁旅的工作导致了科学研究在认识论上的变化，其中包括：究竟什么是数据，它应用的对象是谁；何种知识是具身知识，它对数据解释有何影响；该将什么视为理论，包括为了让数据在不同背景下流动而做出的概念性承诺。

总的来说，我们可以把以数据为中心的生物学定性为更关注研究**过程**，而非最终结果。毫无疑问，生物学家在从事数据传播和挖掘时会考虑一些具体问题，比如希望了解基因、有机体和环境之间

169

的关系，希望可以处理这些关系；而理论框架如细胞理论和进化原理等等继续在指引研究方向时发挥基础性作用，例如，这些理论框架变成分类理论的一部分。然而，以数据为中心的生物学似乎并没有建立在一个统摄全局的生命本体论上。相反，这种方法专注于可以及应当怎样研究有机体的认识论问题上，并明确试图纳入多种本体论承诺，为了便于数据解释，这些承诺不必有重叠，甚至不必相互兼容。实现数据迁旅的方式不可避免地塑造了生物学家对数据的理解，但这并不妨碍数据迁旅催生意料之外的多元解释。恰如我们已经看到的，共同体数据库的发展和使用伴随着促进数据迁旅的愿望，但需要建立在不过度决定数据的预期生物学意义的条件下。生物学家对数据库中被检索的数据进行批判性判断的机会越多，经数据库传播的数据以不同的方式被解释的可能性就越大，其证据价值也会因此扩大。同样地，许多数据库管护人坚持认为，他们的工作并不是为数据解释建立包罗万象的框架，让用户被迫在这种框架中用固定的方式思考世界，而是促使包含不同的——甚至可能对立的——信念与承诺的各种认知文化之间展开交流与沟通。事实上，共同体数据库受到重视，正因为它使研究人员能够互相检视不同来源的研究〔艾莉森·维利（Alison Wylie）在"三角测量"的话题中讨论过这一过程〕，从而提高衡量研究的准确性，确定哪些数据是最可靠的。[51] 虽然数据挖掘确实能够帮助科学家发现潜在的重要模式，但生物学家很少将这种联系本身视为科学发现，而只是认为它启发了研究者们未来工作的方向。[52]

从这个角度来看，模式生物数据库既能警示以数据为中心的潜在缺陷，也能测试在何种条件下数据旅程可以增强对生物学的理解。数据迁旅想要被高效地利用，就需要使用计算工具来提升研究者们对数据包装和解释所需的概念、材料和制度框架的认识，而不是对这些方面避而不谈。这反过来可以提高关于数据处理和传播实践的讨论的认知地位，使它们成为知识生产的关键要素——另一个关键要素是要开放地接受同行和公众的审查——就像将数据集作为具体主张证据时，人们对其有效性的讨论一样关键。一些例子反映了这种趋势：《自然》与《科学》等主要科学期刊越来越关注数据挖掘和发表的研究结果中存在的欺诈和错误案例，[53]还有我在第四章中表达过的对实验结果可复制性的担忧。我们还看到这种态度如何影响了数据中心主义如何处理综合，此处"综合"是指将大量无序且不协调的信息转化为有意义的知识主张的能力。以数据为中心的生物学并不专注于产生统摄性的理论框架，而是试图建立同质化的标准和共同的基础设施，通过这些标准和基础设施，数据可以汇集起来并根据具体问题进行整合，根据不同的问题提出者与提问原因，使用不同的方式来对其进行整合。同样，这里强调的是开发共同的程序，而不是形成共同的理论框架，或者形成关于应当如何评价和解释数据的统摄性理解。

我认为，增强研究者对数据处理实践的批判性和反思性态度的机会，是以数据为中心的研究应当期待的最重要结果，而这个结果可能对生物学产生最有趣的影响。在**时间顺序**、**空间顺序**和**社会顺序**上，以数据为中心的方法都影响了生物学研究。可以说，"数据**驱动**型研究"这一术语的流行，就是因为人们强调要把查询现有的数据资源作为所有研究项目必要的第一步，而查询的结果会影响研究者如何选择规划未来的方向、解决哪些问题以及产生哪些额外数据（以及如何产生）。我已经说明了这一举措并不等同于直接的归纳推理，因此很难符合"新的研究可能主要——甚至仅仅——由现有数据所驱动"这样的观点；然而，数据挖掘的启发式力量是不可否认的，在已经开发出足够强大数据库的生物学领域，数据

171

挖掘确实被看作研究项目的起点。因此，原先围绕实验工作设计的实验室当前转变成了生物学家花大量时间在计算机上工作的实验室，这是一个显著的变化。除了充当记录和分析数据的关键工具以外，计算机已经成为查阅与未来研究项目相关的现有数据集不可或缺的手段。通过重新调整研究中使用计算机的时间顺序，以数据为中心的生物学也影响了开展研究的空间。此外，数据可能以多种方式被去背景化及重新背景化，这意味着一些数据旅程的地点可能会变得和数据生产的原始地点一样重要，从而导致各种研究空间影响到数据最终的解释方式。不可避免的是，这些研究过程的时间与空间的重新配置会对社会产生影响，更多的研究人员可能参与到数据迁旅中。Synaptic Leap 项目能够明显地证明这种趋势，作为一个在线平台，Synaptic Leap 旨在促进世界各地的生物学家、生物化学家和医学研究人员之间的"大规模分布式合作"，来了解和治疗疟疾、血吸虫病、弓形虫病、结核病等热带疾病，由于缺乏利润激励，医药研究常常忽视对这些疾病的研究。[54] 此外，OpenAshDieBack 也是一个类似的例子，这个平台希望通过众包白蜡树及其病原体的基因组数据，来加快对森林感染紧急情况的科学反应速度。[55] 更有趣的是，围绕众包开展的研究项目有时能够让没有科学专业资质的个人参与进来，例如要求他们通过收集特定生态系统、物种或疾病的数据来进行环境监测（上文分析的转化整合案例中，由徒步旅行者和土地所有者收集感染树木的照片也是一个例子）。这些案例（有时会被用来证明"公众科学"具有一定前景）表明以数据为中心的生物学可能动用的团体、空间和资源远远不止那些被机构认可的、数量有限的研究场所和共同体。[56]

　　评估生物学实践中的这些转变如何影响着目前产生的知识内容，应该是非常有趣的一件事情，然而数据迁旅的新形式直到最近才开始应用，所以我们无法对这个问题做出任何明确的论断。以数据为中心的研究强调生物学研究应该是动态且迭代的，这一点确实与当前强调对生命的过程性理解，以及关注表观遗传学、元基因组学、系统生物学和演化发育生物学等领域的复杂性和概念整合的趋势相一致。所谓的后基因组时代有一条关键原则，即需要认识到生命是从进化到发育再到微生物等多个尺度的变化决定的，而对有机体的研究需要充分考虑到这些尺度在其生命周期的任何一点上是如何交叉的。[57]面向模式生物研究中的数据迁旅而开发的共同体数据库在促进对这些实体的层间理解上发挥了关键作用，随着以数据为中心的生物学出现的新的时间顺序、空间顺序和社会顺序很可能会改善科学捕捉这种复杂性的方式，无论是跨物种的复杂性还是与环境有关的复杂性。

　　这一观点有助于我们理解以数据为中心的生物学为什么被认为是一种创新。开发合适的存储与通信技术、设立机构以及创造术语来促进概念与方法的交流，这是几个世纪以来人们一直在使用的方法。而当今以数据为中心的生物学给我留下的深刻印象是：（1）讨论、规范和系统化数据存储和流动等数据实践的规模与透明度，以及（2）传统上被视为研究"内部"的方面（如有机体的概念化方式与研究有机体的程序）与"外部"的方面（如将研究实践嵌入特定的社会的、文化的和经济的结构和趋势中）之间日益一致的关系。以数据为中心的研究能够与科学的及社会的话语和实践交叉在一起是其成功的关键因素。毋庸置疑，由计算和通信技术提供的新的数据传播与组织机会促进了它的成功，这反过来也解释了为什么在生物学历史前期没有发展出这样的方法——或者至少没有发展成如此大的规模。从一方面来说，以数据为中心的研究实践概念具有典型的动态性和迭代性特征，从而摆脱了把科学方法作为不变背景下的线性实体这一理解方式，同时，生命概念基本上是由变化、复杂性和特殊性来定义的，这两者之间存在着明显的平行关系。[58] 从另一方面来说，如何在一个日益全球化的世界中生产知识，尤其是应该如何开发概念性、物质性和制度性工具以促进不同群体之间的交流，科学及文化对这些问题都有着相似的期望。事实上，强调对具体结果的传播是数据中心主义的特点，这本身可以理解为是一种摆脱日益专业化和认知文化多样化之间张力的策略。这种张力尤其不利于 20 世纪生物学的发展，虽然在这一时期，生物学的各个子领域中形成了多个成果丰硕的研究路径，但存在的张力也严重阻碍了可用资源的协调与知识的转移，甚至研究同一现象（角度不同）的生物学家之间也相对很少交流。通过关注知识生产的程序层面，以数据为中心的生物学将自己的焦点从理论或路径的科学异见当中移开，这些异见在纯粹的概念术语框架下通常难以解决，所以，以数据为中心的方法鼓励人们把分歧转化为所有相关研究人员学习的经验（即使他们同意各自保留不同意见）。这一策略反映了更开放的政治行动，即摒弃宏大的意识形态，在承认文化和社会多样性的同时，出于国际外交和协作的需要寻求和解。因此，把数据当成一种货币，以促成层间合作和跨物种合作，实际上类似于把经济协议（经济协议同样专注于商品的具体交换）视为一个实现文化间对话的政治平台，而无须挑战现有治理体系的合法性与权威性。与政治上的情况一样，这一策略在科学上的成功最终取决于其实施的方式、地点以及时间。

我希望这些反思能够表明，虽然我在此凸显了以数据为中心的生物学引发的担忧，但这并不等同于否定其创新的潜力。以数据为中心研究方法的许多前景在生物学中还没有实现，而这些前景能否实现很大程度上取决于两个因素：第一个因素是管理与促进数据迁旅的方式。数据库在这方面发挥着重要作用，它对如何选择、检索和评估数据起着规范作用。由于人们在数据包装上耗费了大量心血与劳动，数据无论被怎样精心编排或高度标准化，其流动仍然保留了催生多样化解释的潜力。第二个因素是研究人员们（特别是再次使用在线获取数据的生物学家）承认并解决我在上一节中提出的挑战的程度。根据以数据为中心的路径在设计及应用上的反思程度，这种研究方式可以提高研究实践的责任感与严谨度，也可以被用来对数据包装进行黑箱操作，从而减少批判性的参与。因此，所有对以数据为中心的分析和数据迁旅有贡献的人都需要承担起一部分研发计算工具的责任。生物学家尤其需要理解他们自身要发挥怎样的作用——至少在提供最少量必要反馈的层面上，鉴于这需要大量的时间和资源，这种承诺应该得到科学机构和资助机构的大力支持与认可。

174

175

第七章　面向知识生产的数据处理

　　一些国际组织认为，科学家尽可能多地参考和使用数据的能力可以决定生物医学研究未来的进展方向，而在全球范围内共享数据是"为公众利益推动科学"的最佳方式。[1]这一立场与这样的一个观点相一致：大数据的可用性以及获取、整合和分析大数据的复杂方式正在促使知识生产过程中涉及的方法和推理过程发生革命性变化。然而，事实证明，我们很难准确地界定这场革命是由什么组成的。如我所说，提供数据访问本身并不能保证对作为证据的数据进行有效利用。以易于计算和统计分析的形式呈现的大量可用数据，无疑增强了科学家识别模式和关联性的能力。与此同时，研究人员希望解释这些模式的科学意义时——它们能够表明关于世界的哪些方面，进而能表明关于数据可能被会用作什么主张的证据——需要确定数据是否可靠，它们与具体的样本和实验设置之间有什么样的关系，以及这些模式是否符合先前积累的有关现象的知识。这反过来意味着我们需要盘查数据产生和传播的条件，包括数据迁旅的各个阶段涉及的理论、方法、材料和共同体。

176

　　这些观察结果使得我们很难选出一种特定的推理方式作为以数据为中心的研究的特征。例如，有人可能会说，数据中心主义符合阿尔伯特·科隆比和伊恩·哈金提出的一种"科学思维风格"，它可以用来识别并指出科学内部方法论路径的差异——甚至可以说，它本身就包含一种推理风格。这是一个很难辩护的立场，因为在生物数据的迁旅中会涉及许多这样的推理风格，它们交叉的方式可能因当前研究的差异而大有不同。例如，在生物本体论中，分类理论的发展和元数据的表达既包括"对复杂的可观察关系的实验探索和衡量"，也包括"通过比较和分类对多样性进行排序"。而构建模式生物数据库的检索和可视化机制则借鉴了"类比模型的假设性建构"和"种群规律的统计分析和概率演算"，以及"遗传发展的历史偏差"。[2]因此，将数据中心主义与一种具体的推理风格联系起来的尝试，似乎并不能有效得出其认识论特征。[3]

另一个选择是思考以数据为中心的研究是否符合科学哲学中对推理的主流理解，如归纳、演绎和溯因。我们已经看到，诉诸归纳推理无法合理处置数据中心主义中出现的推理的复杂性和分布性，其中数据当然发挥着主要作用，但在缺乏促进数据处理的概念、物质和社会基础设施的情况下，我们没法用它来产生生物学洞见。数据中心主义同样不遵循传统的演绎推理，因为数据的证据价值不是取决于出自第一原理的推理或类似定律的概括，而是基于数据迁旅如何展开以及数据最终到达哪个目的地。溯因，即选择一个假设作为给定观察对象最合理解释的过程，看上去更有希望符合以数据为中心的研究的特征。溯因推理需要考虑几种可能的解释，并以全面评估科学观察发生的环境和诸种解释产生的背景为基础，选择一种解释。[4]这符合数据迁旅的不确定性，也符合访问同一数据集的不同用户可能对其解释存在分歧这一预设。但是，它没有抓住技术、承诺、制度、专业知识以及材料之间的相互关系，这些因素会影响到谁可以获得什么样的观察结果，以及哪些类型的主张可以被形式化并认定为合理的解释。

177

将数据中心主义与一种特定的推理模式联系在一起，无论是从多么宽泛的意义上来说，都是对数据旅程中所涉及的实践和概念步骤的复杂组合，以及它们在不同背景中的解释的合理处置方式。因此，在本章中，我不再试图形式化推理活动的结构，而是反思物质的、制度的和社会的条件，这些条件扩大和/或改变了数据的证据价值，从而也改变了能够解释数据的推理过程的多样性。[5]我认为，描述数据中心主义不能诉诸特定的方法、技术或推理模式，而应该围绕研究中具体的注意力模型，这种模型优先关注对数据的处理而不是与既有公理或共设的逻辑蕴涵有关的理论问题。[6]以数据为中心的生物学致力于增加研究情境的数量和类型，人们可以在多样化的情境中评估数据的证据价值，并希望以此来提高不同解释出现的概率，从而使同一数据集可以启发和/或证实一个或多个发现。

为了阐明这一论点，我将首先从对背景这一概念的讨论着手。哲学家经常提醒人们要了解研究所处的物质和社会环境，但事实证明，这对于研究这类环境与从数据中提取知识所涉及的概念工作之间有怎样的动态交集毫无帮助。我对数据流通、整合和解释当中的实践的研究表明，在整个数据迁旅过程中，被视为数据背景的内容会发生巨大的变化，而真正对科学探究的发展和结果来说非常重要的，是研究人员感知并管理这些变化的方式。因此，我建议放弃"背景"的概念，转而支持约翰·杜威（John Dewey）的"**情境**"（situation）概念，它更强调与所有研究活动相关的条件的内在不稳定性和演变特征，从而为解释数据怎样获得、为谁获得与怎样改变证据价值、为谁改变证据价值搭建一个更好的框架。最后，我将讨论知识生产为何涉及将数据置于具体解释行为的相关元素中，这些元素可能包括材料、工具、研究兴趣、社会网络和将什么视为证据的规范，以及概念化并评估知识本身的具体方法。生物学长期关注数据的组织化和可视化，但在数字时代中，它们获得了新的突出地位，也成为数据中心主义的一个关键特征，并且对科学综合化和系统化的哲学解读方式形成了潜在的挑战。

178

一 对背景的质疑

汉斯·赖欣巴哈可能是探究什么构成科学研究的背景这一问题的哲学家中最醒目的一位 。在 1938 年出版的《经验与预测》（*Experience and Prediction*）一书中，赖欣巴哈对同知识生产相关的不可预测的、部分偶然的过程（他称之为"发现的背景"）与能验证某一科学发现的推理的事后重建（通常出现在科学出版物中，他称其为"辩护背景"）做出了著名的区分。[7]一些哲学家和历史学家对这种方法提出了强烈的批评，指责赖欣巴哈过分强调研究的文本叙述，把哲学的注意力从对科学实践的研究上转移开了。[8]然而，大多数英美传统的分析哲学家选择采用赖欣巴哈的区分法，因为他们支持一种以理论为中心的科学观，而这种科学观以对辩护的分析为基础，将科学发现的过程排除在自己的关注之外。[9]这种区分理性重建与科学实践的倾向今天仍然存在，许多学者认为科学的核心是由其概念基础组成的，如本体论假设、自然法则和长效的解释，而科学探究的物质和社会方面，比如那些对科学的历史和社会的研究记录，只是次要的。因此，"背景"成为所有研究要素的涵盖性术语，我们需要认识到它能影响知识生产的重要性，但它不是哲学关注的焦点——哲学关注的焦点应该指向创建中的理论知识的结构和内容。不管是出于有意还是无意，这种对科学研究中起作用要素的等级排序，继续允许哲学忽视概念、材料和社会实践之间的关系。一些流行的相关区分方式突出了这一点，例如科学探究方法的内在主义和外在主义之间的区别，后者侧重于缺乏哲学趣味的偶然的、具体的、非形式的方面。[10]

以实践为导向的科学解释主要通过强调物质环境、对象、工具和活动的认识论意义来对抗这一趋势。例如，约瑟夫·劳斯（Joseph Rouse）对科学实验室提出了最早的哲学思考，他认为实验室是"通过实验者的本地的、实践的'知其如何'知识来构建科学的经验特征的地方"。[11]与此类似，莱茵伯格用生物学史中的案例研究来剖析"事物"在科学中的作用，并令人信服地论证了一种"具体事物的认识论"的必要性；[12]哈索克·张把18世纪和19世纪关于温度和化学键的性质的争论描述为不同实践系统之间的交叉，这些实践系统"由一套连贯的具有目的性的认知活动组成"。其中的重点是，从命题转向活动是知识生产的核心组成部分。[13]这些观点给我有力的启发，尤其对我在第四章中构建命题知识和具身知识之间的关系时提供了很大帮助。然而即使是这些学者，也没有像关注知识生产的物质特征和表现特征那样关注社会和制度动力在知识生产中的作用。[14]这在很大程度上是由于强调重点的不同导致的，因为莱茵伯格和张都认识到社会认识论对理解科学探究的重要性；[15]而劳斯则一直是物质、概念和社会实践——尤其是政治实践——对知识生产至关重要这一观点的坚定拥护者。[16]除了这些例子之外，与科学探究的其他方面相比，社会和制度环境得到的哲学关注通常少得多。

从这个意义上说，尽管在解释科学研究进行时的实际条件上取得了进展，但社会科学家有理由抱怨科学哲学在很大程度上仍然与世界脱节。很少有研究将推理形式和概念选择与它们所处的社会、政治和经济环境的具体特征联系起来。[17]虽然越来越多的哲学家诉诸科学探究的"背景依赖"，但很少有人思考过内容和背景之间的区分是否可能，以及这种区分在时间与空间上有多大的偶然性。背景的概念足够稳定，可以作为对知识主张的性质没有直接影响的因素，永久地将环境的某些方面降级为一种底色。与此同时，它也足够模糊，足以应对可能存在的遗漏——也就是说背景可以吸收任何环境，无论其对研究的意义是否被明确考虑过。当以这种方式解释时，使用"背景"这一术语能扫除人们对研究环境复杂和不断变化的性质的担忧，从而将对科学主张与方法的分析同这些主张是由谁，在空间和时间的哪一点上，出于什么原因，受到什么限制而生产和处理的思考区分开来。[18]

　　海伦·朗吉诺详细反驳了这种倾向，她要求科学哲学家们果断地挑战他们心中根深蒂固的"理性—社会的二分法"，并发展"一种对科学知识的解释，能够对'知识'一词的规范性使用和科学知识产生的社会条件做出回应"。[19]在她之后，我提出了一种解释，能够合理对待以数据为中心的生物学发展中的社会经济条件和制度框架所发挥的关键作用，从而将对研究实践的分析与关于什么能构成科学探究的"认知核心"的先验判断分离开来。正如我对数据旅行的研究所表明的那样，如果不思考数据包装、传播和分析的条件，就不可能理解数据处理实践的认识论含义。这些条件包括物质的和概念的框架，例如用于给数据打标签的理论、关于其证据价值的假设、用于传播数据的实体的和虚拟的基础设施，以及所涉及的各种研究地点和工具。它们还包括社会方面的因素，例如出现了针对数据迁旅的监管指南，授权特定的专家分别负责数据迁旅的各个阶段，以及研究机构开始在一定程度上重视和激励数据捐赠和再次使用；同时还有经济因素，例如一些数据是否具有作为商品的市场价值，而谁又将如何从其传播和分析中获益；以及政治和法律因素，包括利用公开性来提高透明度，并且激发更多有关数据所有权以及收集和挖掘个人数据利弊的辩论。这些方面的因素是高度动态变化的，也是持续不断的社会变革过程的一部分，如果不人为地将其静态表述，就很难体会这些因素。[20]将所有这些环境都归入背景的范畴不仅过于简单又毫无帮助，且会遭遇认识论上的质疑，因为将某些研究对象认定为数据，正取决于这些因素，而数据也如这些因素一般易变。因此，我建议摆脱背景的概念，也放弃将背景刻画为可以根据具体的研究产物清楚地识别出来的稳定的实体。

二　从背景到情境

　　有趣的是，赖欣巴哈自己也认同科学探究具有动态性质。[21]他特别感兴趣的是科学家如何研究一个问题与他们如何向他人传达他们的研究结果之间的关系，用他的话来说，就是"一个思想家发现定理的方式和他向公众展示定理的方式之间的众所周知的区别"。[22]因此，赖欣巴哈认识到，将什么算作科学主张取决于它所面向的公众，以及这些公众接受并相信其合理性的方式，如经过期刊和学术团体背书，而这种认同又涉及一定的社会规范与制度。在接下来的论述中，我将延续这一直觉，并利用它来突出科学交流的环境和程序在决定何物于何时被何人当作数据时的重要性。为了实现这一目标，我以约翰·杜威的著作为基础，在他的《逻辑：探究的理论》（Logic：Theory of Inquiry）出版的同一年，赖欣巴哈发表了他关于背景的论点，但对科学研究提出了一种截然不同的概念框架。杜威的出发点是将探究视为一个过程，其内容和方法随着探究者的兴趣、目标、技能和社会角色的变化而不断变化。[23]他的前提是，人类的"生活和行动是与现存的环境相联系的，而不是与孤立的对象相联系的，即便在决定怎样回应整体环境时，某个单一事物可能非常重要"。因此，就像在任何其他类型的研究中一样，在科学中，"总有一个领域可以观察到这个或那个对象和事件"。杜威关注的是人们如何概念化这样一个"领域"，同时还认同科学研究需要对其发生环境不断重估的基本直觉，因此，构成这种"领域"的东西可能会在科学探索的发展过程中发生相当大的变化。在杜威看来，背景并不是固定的，科学主张的辩护和发现之间也没有稳定的区别，因为支持这种区别的制度和规范也是易变的。

　　与其讨论背景概念，杜威更倾向于把在任何时间点进行研究的环境称为"情境"或"整体背景"，而人类的经验和判断都位于其中。杜威明确指出，一个情境"由于其直接的普遍性而是一个整体"，换句话说，它包括科学探究的主体和在任何给定时刻被该主体感知到的环境的所有方面，而这些方面也因此与主体在彼时进行科学探究的实践和活动有关。[24]主体通过识别环境中的问题进入探究过程，并着手解决该问题。这些问题可能是概念性的，例如当一个矛盾或悖论出现时；也可能是实际的，例如在试图与世界交互或试图获得预期结果但遇到阻碍时所发生的问题。问题引发了探究的过程，而探究的过程反过来激发了探究者的创造力以及追求创新的解决方法——这就构成了对世界认知的进步。杜威认识到，在科学探究的过程中，探究者感知并构建他们的问题和目标的方式会发生变化。但这并不妨碍它仍旧引导探究主体的行动，并决定主体所关注的特征。再次用他的话来说："在现实经验中，从来没有任何孤立的单一对象或事件；一个对象或事件总是环绕的经验世界的——也即情境的——一个特殊的部分、阶段或方面。单一的对象之所以被凸显出来，是因为它在特定的时间处于特别焦点而且占据关键位置，能够决定某些由**总体**复杂环境所呈现的使用与享有的问题。"[25]因此，"总体"环境并不是全部存在的要素，而是与研究过程的每个阶段息息相关的特定要素。此外，随着被研究问题的本质对探究

182

者越来越清晰，情境也从不确定转变为确定，探究者会搜寻并开发一些方法来解决问题："探究是对于一种不确定情境的受控制的或有方向的转变，使其中作为构件的诸区分和关系变得如此确定，以使原有情境中的各要素转变为统一的整体。"[26]

因此，情境是限定的且有明确定义的历史轨迹，同时在本质上具有变革性和方向性。这一描述有三个特征使其特别适合我对数据迁旅的分析。首先，它包含了环境的概念特性、物质特性、社会特性和制度特性。杜威没有先验地决定世界的哪些方面应该与探究中的推理和活动关联性最强。他的叙述严格地集中在探究者的感知、目标和经验上，他们对世界特征的选择和追踪决定了他们所处环境的哪些元素与他们的探究有关。许多因素可能会吸引他们的注意力，并决定他们将什么视为与自己研究相关的情境——包括他们处理和解释数据的方式。其中一些因素包括背后的概念假设、现有的技术支持以及探究者可以获得的数据类型；其他因素则包括探究者工作的机构和共同体所支持的规范（例如，他们是否愿意、是否被允许或鼓励来公布数据——以及何时、向谁、以何种形式公布数据），而这些又取决于所涉及群体的社会构成、所处位置、责任，以及他们对知识生产过程和结果的评估和概念化方式。

其次，杜威的描述与我的关系框架相似，强调了所有数据集的价值，甚至其作为"数据"的身份本身，都取决于它的呈现方式以及与其他数据和具体情况的关系。[27]我们已经看到，如何对数据进行排序、组织和检索，是生物学家如何在数据旅程的不同阶段解释其证据价值的关键。许多数据库管护人向我强调，他们工作的一个基础部分就是开发几种不同的组织方法来处理存储在基础设施中的数据，从而让用户能够获得个性化的搜索结果，并比较不同的可视化呈现。所有模式生物数据库都包含多种检索和获取其内容的方法，其管护人将大部分精力放在多样化搜索参数，并将其链接到可能提供额外数据操作机会的其他资源上（这是一种通常被称为"互操作性"的策略，因为它允许整合存储在不同数据库中的数据和/或使用在一个资源中完善后的搜索来分析存储在另一个资源中的数据集）。根据我所采访的数据库管护人和用户所说，对数据进行排序和比较不同的数据安排这两种能力对数据库的运行至关重要，并且是通过推理进一步理解和探索数据意义的基础。许多数据基础设施难以维系的原因正是因为它们难以提供这两种功能，要么是因为技术还不成熟，要么是因为在数据管护方面没有进行充分的战略思考以及投入充足的战略资源。[28]一旦某个数据存储被废弃，一旦存储在其中的对象就不能被有效地检索并进入科学探究过程中，它们实际上就结束了其作为数据的生命，对它们而言，最好的情况是有人能够对其产生好奇，最坏的情况则是变成注定被遗忘的废弃物。[29]

第三，杜威的观点调和了所有研究背景都可能有灵活的、动态的边界这一想法。因为一个情境的内容会随着探查者不断变化的目标以及不断发展的物质和社会世界的状态而不断变化，因此它不会永远在时间或空间上固定。同时，对杜威而言，仍然有可能准确地指出一个情境在任何时间点上的边界。情境是足够稳定的，它可以作为唯一的、可识别的实体被挑选并研究。这是杜威框架的一个重要特征，因为它使情境不再模糊地指称开展研究的模糊环境。情境指的是一组不能被抽象地规定，但可以根据特定的历史轨迹清楚地识别并描述的环境。这同我对数据认识论的观点再次产生了共鸣，我认为，不能基于先验的抽象标准来定义什么是数据，而可以根据数据迁旅的特定阶段，以及通过评估哪些研究人员参与其中，哪些是他们认为的潜在的证据，以及其所处条件来定义数据。借用希拉·亚桑诺夫（Sheila Jasanoff）的说法，可以认为，什么被视为数据与什么被当作背景是同时被决定的：研究者感知他们所处的环境，以及何物与他们的研究相关的方式塑造了他们如何选择和使用证据，而后者也塑造了前者。[30]

杜威的论述并不是暗示任意事物都能被视为同某一特定的探究情境相关（伯特兰·罗素曾经驳斥过这一观点[31]）。相反，每一个情境都由一个历史轨迹组成，在这一历史轨迹中，已经培养和建立了特定的推理和认知方式，因此，它"将包括那些与实践密切相关的东西，它们是实践的组成部分，并以一种有意义的方式影响着实践"。[32]在一个专业化且资金充足的研究领域，如模式生物学中，许多科研要素已经高度社会化。换句话说，它们不一定体现了每个研究人员个人的偏好，而是已经成了从事相似类型研究的整个研究人员共同体根深蒂固的实践习惯，也成为实践的基础组成部分。标准生物样品等材料、微阵列分析等技术和通过在线数据库共享数据等规范的科学实用性早已得到检验，它们作为科学研究的组成部分，在机构和社会中都受到高度信任。[33]由于被科学界广泛接受，这些组成部分往往被研究团队和机构视为是可以保证正在进行的科学研究的有效性的特征，所以也成为模式生物研究中所有可预见情境的特征。因此，选择哪些要素归属于某一情境不是随意而为的：它通常依赖于各种利益相关群体（科学家自身、产业界、政府机构、出版商和资助人）长期以来对哪些专业技能、训练、地点、仪器和材料能形成科学研究的"最佳可能条件"做出的判断。数据传播要遵循严格的标准，包括可接受的数据类型、生产技术、通信渠道和不同生物学分支中的数据再次使用的情况——如同我在第四章中讨论过的那样，拥有正确类型的具身知识以在模式生物研究中解释元数据的重要性显示了这一点。

184

同样重要的是，要注意到这种观点并不假定科学和其他形式的知识生产之间有任何严格的分界，而是将科学研究定位为人类探究的一般过程的一个子集。对杜威来说，科学训练和业内认可的专业知识并没有什么神圣的或者内在的价值。毫无疑问，科学家们开发出的研究方法高度复杂，并在各种情境下可靠；然而，它们之于具体研究方向的相关性和价值取决于研究环境、当前的问题和涉及的研究人员。这与赖欣巴哈对公众在科学中的重要性的认识，以及我对数据迁旅中广泛存在的各种各样的专业知识、兴趣和经验的观察能够很好地结合在一起——特别是我在前一章中讨论的转化整合等例子中，数据的贡献者和评估者既有学术界之内，也有学术界之外的个人，其中包括那些不一定受过科学训练，但对当前的研究感兴趣并与研究结果有利害关系的人。

三　数字时代的数据定位

任何一种情境的特征都以其在时空中的显现为基础，但这并不意味着没有可能去识别情境的类型，将它们相互比较和/或对它们在科学探究中的作用进行抽象分析。例如，人们可以将数据**生产**视为一种特殊的情境，研究人员在其中收集和/或生成与探索、开发、验证现象的一个或多个假设、模型、理论、主张的数据。在数据生产的情境中，我们的注意力通常集中在同行接受且信赖的数据获取方式上，因此核心是要选择适当的材料、仪器和技术来生产数据，而研究人员更感兴趣的是数据获取的条件和动机，而不是数据移动和解释的条件。[34]

如果数据是被同一个研究团队获取并分析的，那么数据生产的情境与数据**解释**的情境就是相同的，但正如我们所看到的，在以数

185

据为中心的研究中，情况并非总是如此。如果数据是由一个与数据生产无关的团队检索到并发掘的，那么数据解释的情境增殖且区分于数据生产的情境。如我们在第四章和第五章中看到的，参与数据解释的研究人员需要决定应该对数据生产的情境采取何种态度——是试图再现它；还是评估它，或是完全忽略它，相信这种态度与他们当前的目标和承诺在某种程度上相容。

对另一种情境的讨论已经见诸本书全篇，这就是数据**调动**，其主要关注数据的去背景化——将数据存储、分类、排序并可视化，以促进它们未来的重新背景化，从而使它们有可能离开数据生产的情境，迁旅到新的解释情境当中。我们已经看到数据的调动可以覆盖种类繁多的情境，包括在各个领域和行业中建立并维护数据基础设施，但这些情境中仍存在一些共同的关切和需求。例如，所有数据库管护人都需要考虑怎样识别出潜在的用户，并对于这些用户会希望在数据库中见到什么和做什么有清楚的判断。管护人还面临着一系列有关物质资源、标准、使数据实现迁旅的法律和技术规章等技术层面问题；数据的来源和供给问题；以及跟踪和确认数据来源的策略问题。这些问题将数据调动的情境与数据生产和数据解释的情境区别开来。

这三种情境各自聚焦于数据旅行中一个具体的时空阶段，也各自有一系列特定的材料工具、实践、规范、制度和激励措施，还有各自评估和概念化科学成果当中蕴含的社会、文化和经济价值的独特方式。因此，每一种情境都可能对什么是数据，以及它们有怎样的证据价值提供各自的定义方式。我在前一章中讨论过的数据层间整合、跨物种整合和转化整合之间的区别就是一个很好的例子：在每一种情况中，整合的参与者和机构对最有价值的数据类型有截然不同的看法，所以这些数据也相应地被包装并转移至不同的研究情境当中。人类患者的临床数据迁旅是另一个明显的例子，其中一些数据是通过患者与医生的互动产生的，因此这些数据记录了一些私密交流和紧急医疗需求的情境，其中产生的数据能为诊断和后续的治疗提供证据。一旦这些数据离开获得它们的情境（医生的办公室）并开始迁旅到国家数据库，它们就进入了一个调动情境。在这一情境中，它们的潜在价值会被根据不同的标准进行评估，例如它们是否符合对某些人群的现有统计研究。此外，负责调动数据的团队会面对一些医生在数据生产情境中未必会面对的责任与担忧，[35]例如涉及隐私方面的伦理问题，因潜在的非法再利用数据而歧视病人的法律问题，以及围绕其可靠性和与同一疾病的其他类型数据（如来自模式生物）的兼容性的认知问题。

　　这一分析希望能够清楚地表明，强调情境的独特性和本地性能够兼容，甚至有助于强调情境作为哲学分析单元的价值——就像强调数据的关系本质能够兼容，而且确实有助于理解它们在科学探究中的关键作用。情境可以被描述、比较、抽象和再现，而所有这些都要考虑到它们偶然的性质及其历史和地理位置。这种思路可以类比于研究概念如何被抽象、概括和传播的哲学文本和史学文本，后者从描述具体情境出发。[36]譬如瑞秋·安科尼展示了"关于一个特定病人的疾病、诊断和治疗过程的叙述"——即生物医学研究人员所称的"病例"——是如何在一个领域内被确立为参考点的：要么是因为它们的特征被认为是其他情境的典型特征，要么是因为它们特别地非典型，因而可以用作对照。[37]因此，对情境的描述可以发挥正向的认识论作用，首先它可以作为其他情境的参照物，帮助人们发现情境之间的共同特征或显著差异，其次可以举例说明现实中的某些具体方面，例如研究人员可以在别处找到的因果结构或特征集（如特定的生物机制或病理）。值得注意的是，一些研究基

187

于案例推理的学术文献强调，情境的识别和比较在各种科学探究中都发挥着作用，尤其是对聚焦于在异质及不稳定条件下理解可变及不稳定现象的研究来说非常重要，在生活中或社会科学中经常如此。[38]数据迁旅显然体现了这些特征，因为它们来自于数据处理、传播和解释的情境的集合，每一种情境都需要根据其自身的优点进行研究，以便追踪并理解数据在整个迁旅过程中被赋予的、有时高度多样化的证据价值。识别并比较数据旅行不同阶段的情境，就可以凸显它们之间的连续性和不连续性，进而能够追溯产生知识主张的数据解释背后的承诺谱系。[39]

在本书中，我一直在捍卫这样一个观点：数据中心主义为科学实践的各个方面带来了新的突破，其中每个方面长久以来都是成功的实证研究所不可或缺的，但经常被政策制定者、资助人、出版商、科学哲学家，甚至科学家自己所忽视，他们在评价科学时主要是根据其结果（例如，关于世界上的某些现象或干预技术的新主张），而不是根据最终实现这些结果的过程。这些过程包括将数据作为一种关键的科学资源以及一种社会的和经济的商品来进行评估的过程；建设科研机构的奖励机制，从而以有利于科学发展和社会发展的方式来支持和规范数据传播；以及我当前讨论中最重要的，使研究人员能够将数据置于多种背景中，并用对他人而言可靠而负责的方式分析和解释数据的过程。杜威的概念帮助我阐明究竟是什么构成了数据迁旅与数据解释的背景，从而摆脱了科学探究的核心和外围之间先验的哲学区分。哲学家们可以通过识别并分析共同体评估数据意义的各种情境，来阐明数据密集型科学的认识论，而不必在规范性的框架中确定哪些要素应当在塑造数据迁旅中扮演重要角色。

因此，我将经验推理定义为将数据置于具体解释行为的相关的情境要素中的过程，这些要素可能包括材料、工具、兴趣、社交网络和将何物视为证据的规范。研究对象在这种探究过程之间的运动定义了它们的数据身份，同时也构成/改变了情境本身。在这种观点看来，推理过程只是部分地处于科学家个人的控制之下。以数据为中心的推理虽然时常分布于大型研究网络当中，但它也包含没有受过正式科学培训的人所做出的贡献，例如参与资助科学数据库决议的公务员，评估公司是否应该向公众发布研究成果的董事会成员，以及为公众科学计划贡献个人或环境数据的任何人。事实上，生物学中一些最复杂的数据库是为了利用——而不是压制——这类研究中普遍存在的场所、假设和物质条件的多元化。对于管护人和用户来说，数据的收集与传播成为一种手段，使规范与目标均不相同的研究传统之间能够进行富有成效的接触。

　　在模式生物学中，最好的数据库能够支持用户将数据置于多样的背景和关系中，这通常涉及帮助用户（1）识别哪些现有数据可能与他们的研究兴趣相关（例如通过生物本体论来识别）和（2）检索并评估这些数据来源的相关信息（例如通过元数据来评估）。这两个步骤，及其背后所需的管护工作，使生物学家能够批判性地比较并整合他们目前的研究情境与数据生产和传播情境，进而帮助他们对数据形成"环绕认知"，以解释其生物学意义。[40]识别那些被认为具有生物学意义的数据模式是高度依赖于情境的，这使得每一例数据解释行为都在时空中有自己的独特位置。与此同时，所有情境的各个方面都可以被描述，并与其他情境进行比较，从而使人们可以对几种情境进行归纳，并确定哪种解释最适合当前的目标和知识。[41]这种观点的一个后果是需要放弃这样一种观念：对于数据总是能够找到一种"最佳"的解释，而不管其背景如何，无论是在创造使数据迁旅的技术和基础设施时，还是在评估某些以数

189

据为中心的项目的价值和质量时，都是如此。数据管护人开发最有趣的技术、标签和基础设施的目标不是促进数据的某种解读方式，而是在数据迁旅的过程中，增加从数据中提取的模式，这反过来又需要增加将数据用作证据的情境。事实上，一些英美的资助机构倾向于通过衡量将数据传输到不同研究情境中的成功程度，而不是通过确定它们的存在是否促进了一个（而且只有一个）关键发现来评估数据库和标签系统。

　　数据能够成功旅行离不开一些个体的抉择，其中的制度、财务、文化和物质因素在数据进入具体情境时起着关键作用。在这个意义上，杜威的术语可以有效地与科学技术研究中的情境性相关联，特别是唐娜·哈拉维（Donna Haraway）认为，人们需要通过详细理解生产科学知识的制度和物质条件来评估针对科学知识的内容和社会意义的观点。哈拉维将"情境性"定义为一种在她所谓的"差分定位网"中定位知识主张、实践，以及能展现这些知识主张和实践的人的能力，人们从自身的特定视角出发，以多种方式感知他们所居住的世界，这些方式被哈拉维称为差分定位网。[42] 因此，情境性反映了科学家将他们的研究环境进行本地化配置，从而对不同数据集进行概括和比较的方式——这一过程可能会因涉及利益相关者的不同，以及在任何具体研究环境中追求知识类型的不同而有很大差异。[43] 对数据迁旅的研究有效地说明了这些动态变化，因为它使我们能够区分官方认可的科学活动（即相关机构承认并合法化的活动）和不属于专业科学的活动，同时强调这些领域之间持续交流的重要性——就像第六章中讨论的数据转化整合的案例一样，科学地分析非科学家收集的数据对知识生产非常重要，因此它也是进行研究的情境不可分割的组成部分。特别是在数据旅行的范围既广又远、已经跨越了学科和地理边界的情况下，参与数据解释的研究人员越来越多地被推动去更积极地识别、更具批判性地讨论其研究所处的情境，以及这种情境所产生的各种责任和偏差（例如讨论用于数据传播的标签的适当性）。[44]

如果数据中心主义作为一种特殊的研究方法有某种特征，这种特征是什么呢？在本章中，我认为这个问题的答案不是由某种具体的认识论或推理模式构成的，而是由关于科学研究是什么以及应当如何进行的宏大图景构成的。数据整合发生在本地以解决具体的问题，而数据的综合不是基于一系列既有的原则或推理方法，而是基于由不同兴趣、动机和专业知识的个人执行的程序家族。因此，数据中心主义的特点在于，它将数据作为一种核心科学资源和商品看待，并因此重视动态数据处理以及使用技术、基础设施和制度以提高数据的证据价值。在这种研究模式中，数据传播实践获得了历史上和认识论上前所未有的关注，即便在数据迁旅中使用的工具、概念和规范并不新颖。

这一结论是否适用于生命科学以外的科学领域——甚至是否能够适用于生命科学的所有领域，包括我在这本书中没有分析的领域——仍有待确定。在我所考虑的案例中，数据是在无数个地点和高度多样化的条件下产生的，数据解释是通过识别和比较数据的生产和调动时的独特情境特征来建立的。而对于数据来源稀少、大多数科学工作都致力于数据解释的领域来说，情况可能并非如此。高能物理学中粒子加速器制造的数据的生产与处理可以看作这种情况的一个例子，因为数据生产是完全集中的，数据调动似乎不涉及决定这些数据以后再次使用时的兼容性和相关性。然而，即使简单地看一下迄今为止资金最雄厚、最集中的物理实验之一——由欧洲核子研究组织进行的 ATLAS 实验——所涉及的数据处理实践，也会对简单的归纳提出挑战。[45]在这一案例中，要分析的数据都是在相同的环境下产生的；对进一步分析的相关实验数据的选择在理论假设和数学模型的严格指导下执行，并与模拟结果不断迭代；数据发布通过一个中心化的系统——全球大型强子对撞机计算网格（Worldwide LHC Computing Grid）——实现。乍看上去，这与模式生物学的情况非常不同。在模式生物学中，尽管研究人员试图将材料、标签和方法标准化，来促进数据交换、整合和比较，但数据生产、传播和使用的环境仍然非常不同。然而，有数百名物理学家和计算机科学家参与决定哪些 ATLAS 生产的数据作为潜在证据予以保留，怎样将其格式化和可视化以供进一步分析，如何在各种意外偏差下检验这种选择；这些过程是在不同的地点——包括欧洲核子研究中心和全球范围内的几十所通过网格接收 ATLAS 数据的实验室——通过许多劳动密集步骤来完成的。因此，人们很容易认为，"大"粒子物理学中的数据调动和管护也涉及重要的工作、决策和解释行动，而这些工作、决策和解释行动并不是完全由一个总体的理论框架或中心化的实验设置决定的。仔细审查 ATLAS 的数据选择和传播的程序与我所分析的程序，是否会发现根本差异？差异在哪些方面？——这是令人着迷的问题。事实上，对于任何涉及从数据中做推论的研究工作，都应提出数据调动所涉及的程序和假设的问题，以此更好地理解知识主张在何种条件下产生和获得验证，由谁产生，又为谁服务，以及产生和验证知识主张的原因。专注于数据有助于引导哲学家摆脱对科学文本的传统痴迷，并将注意力转向知识生产的其他方面，包括研究人员开发并阐明具身知识的方式，还有将通过各种情境获得并管理的科学洞见进行组织和系统化的方式。

结　论

　　本书旨在讨论以数据为中心的生物学的认识论，进而思考这是不是一种独特的科学推理与实践模式，以及它与其他形式的知识生产有何关系。我通过研究数据在各种研究情境中的迁旅，以及数据成为证据的条件来追问这些问题，并聚焦于过去三十年中模式生物学里的数据处理实践，以其作为我的主要经验素材。正如我在第一章解释过的，在生命科学领域中，存储与调动科学数据的最突出且最发达的技术和制度都被应用于模式生物研究上，因此，它被视为接近数据迁旅的"理想条件"——包括材料、仪器和数据格式的相对高度标准化；有汇集和讨论不同研究传统的各种场所和交流平台；以及数十年来政府的相对良好支持。通过关注模式生物学的案例，我得以审视以数据为中心的研究实践在其最复杂的表现形式中获得的直接与潜在成果，同时也凸显了即使在如此理想的情况下，为数据迁旅及解释创造充分的条件要面对怎样严峻的挑战与张力。正如我希望表明的那样，许多这样的挑战还没有被克服，甚至可能永远无法以令所有利益相关者满意的方式得到解决，可能长时间地普遍存在。

　　我不想为数据中心主义制造障碍，也不想提出摆脱以数据为中心的研究文化的理由，我只是展示出了数据处理策略的临时性和争议性，而这是数据中心主义最不令人惊讶，且获得最多科学成果的特征之一。在本书中，我一直坚持认为，数据能够迁旅并被当作科学证据来使用的条件是非常多变的，并且取决于许多种类的因素，从语言、概念框架、材料和研究人员使用的工具，到可用的物理基础设施、与数据相关的政治和经济价值，以及科学及其他制度支持和规范数据转移工作的程度。我将这些条件描述为数据旅行的一部分，其中，在线数据库等通信技术的出现，以及生物学管护人和标签中心等相关职业和机构的出现，决定了数据可以被包装并传播以及最终被再次解释的方式。我也强调了，使数据迁旅涉及实施去背景化（确保数据从其原始生产地被提取）和重新背景化（使不熟悉这些数据的研究人员有可能评估其证据价值并将其用于自己的研究目的）这两个步骤高度适顺应研究者当下的具体环境，并且实际上卷入到关于应当如何刻画研究背景，以及在不同的科学家群体看来哪些因素与数据迁旅最相关的长期辩论当中。我还讨论了新兴的职业和机构的作用，如数据库管护人和标签中心在实现这些形式的包装中所扮演的角色；数据旅行被规范及商品化的各种环境；最后还有由此产生的生物数据在专业科学领域内外多样的价值评估方式。这些因素帮助我凸显出了数据旅程在数据中心主义中的关键地位，它们的目标是——而且有时已经成功了——通过扩大解释数据的背景范围增加数据的**证据**价值。此外，我还强调了数据作为证据的价值是如何与它们的经济、情感、政治和文化价值深深交织在一起的，这些价值是由牵涉数据迁旅的广泛的利益相关者网络所赋予的。有鉴于此，我反对为数据迁旅中出现的挑战寻求一般的、普遍适用的解决方案。相反，对这些挑战的认知，以及一线研究人员和政治经济领域相关人士对这些挑战的激烈辩论，构成了数据中心主义的丰硕成果。当代数据处理实践的透明性成功地使人们注意到了科学研究的过程性、动态性和争议性；也注意到了科学家们自身对方法论承诺和概念承诺的分歧程度；还注意到了技术决策与政治、

194

经济和文化角度对什么是证据、什么是研究，甚至什么是知识的解读之间的强烈依赖性。正如我在第二章中指出的，目前，数据作为一种科学产物在当下流行的原因至少部分地在于其发挥了政治和经济流通物的作用，并通过对其价值解释的不断冲突来维持这种流行性。这种冲突不仅是不可避免的，而且是无法解决的，因为它们抓住了科学数据中看似不相容但又共存的特征。数据既是技术和社会对象，又是本地产品和全球商品；既是可以自由分享的普通货品，又是需要捍卫的战略投资；既是需要探索的潜在证据，又是需要消除的无意义的杂乱现象——这些相互矛盾但又完全适当的解释之间的张力，是围绕数据及其在科学中作用的辩论的活力之源，并且彰显了科学技术专业知识的多面性。

根据对数据中心主义现象的这种广泛解释，本书提出并捍卫了一种数据的关系理论——数据是什么，数据如何作为证据发挥作用，以及在何种研究环境下发挥作用——以适应当代生物学中数据迁旅及使用的科学与社会图景。在第三章中，我将科学数据定义为研究活动的物质产物，它被视为关于现象的主张的潜在证据，并可以在个体组成的共同体中流通。在这种关系理论的路径中，不可能抽象地指出数据的特征。唯一相关的属性是由特定的个人或团体在特定条件下**赋予**数据的属性，其中包括数据本身的物质特征、生产环境、与现有数据集和其他科研组成部分的关系、相关个人的兴趣和价值观，以及他们的工作所处的更广泛的制度和经济规则与期望。这种对数据的概念化支持了这样一个假设，即它们的证据价值不是预先确定的；相反，它们可以被以各种方式解释——这就是它们值得被广泛传播的基本原因，同时也使得我们不可能不顾及数据迁旅的具体情况而制定一种有效的传播策略。在这个意义上，我认为不完全确定性是以数据为中心的研究的认识论动力，也是当代强

195 调"大"和"开放"数据的基础。数据中心主义有潜力使生物学中各种各样的实践机制相互对话，其方式不一定是敌对的，也不会导致一种研究传统取代其他研究传统。事实上，我在本书中分析的许多包装程序都是为了利用生命科学的多元化特征，从而明确地将基础建立在不同生物学文化的背景、动机、方法和目标的差异上。

在生物学中，一个常见的情况是，通过研究活动产生的大多数数据仍未被使用，无论它们被包装得多好，传播得多远。这并不影响我的讨论，我的讨论集中在这样一个事实上：由于数据的物质性以及赋予其移动性的研究者的聪明才智，数据可以而且有时确实成功地在不同的研究背景中迁旅。科学家们可以而且确实分享、交换和捐赠数据集，以及使用在专业研究领域之外产生并收集的数据；许多这样的数据可以被公布在网上，并被任何希望访问它们的人检索。这一事实并没有挑战众所周知的哲学论点，即不存在"原始的"或"无关理论的"数据。正如我在第四章中所强调的，数据的可视化及随后的使用肯定会受到其生产过程中的选择的影响——关于如何设置实验或观察、使用何种仪器以及如何校准它们、采用何种数据格式和标签以及使用何种工具进行收集、存储和传播等决策——因此，一旦数据离开其原始背景，就必须以各种方式记录这些选择。然而，数据的证据价值不仅取决于它们是如何产生的，而且取决于它们随后是如何被打上标签，如何告知用户它们的出处，以及在做出这些决定时涉及的各种专业知识。事实上，我已经强调了数据旅程中**分布式推理**的重要性，以及它们在多大程度上促进了生命科学领域新形式的合作和分工，并提出了信任、控制和责任的问题。在第四章和第五章中，我强调了具身知识和理论知识在使数据可以跨研究背景重复使用时发挥的关键作用，以及在试图使科学发现过程自动化时招致的困难。

为了支持这一分析，第六章中提供了一些实证案例，通过比较植物科学中数据整合的三种不同情况，说明数据旅程如何影响了生物学研究的实践和成果：层间整合，这与整本书中讨论的模式生物工作密切相关；跨物种整合，在这种工作和由此产生的数据流动性的基础上，产生关于其他物种的新知识；以及转化整合，根据具体的社会议题，而不是关于生物本体论的基本问题来收集、调动和解释数据。希望通过这些案例让读者感受到迁旅数据的可能目的地，以及前几章中讨论的包装策略可以怎样产生关于现象的新主张。观察数据迁旅的具体案例也有助于我说明数据和研究情境是如何相互交织依存的，我在第七章中分析了这一思想的哲学含义。一方面，该将什么视为数据是根据当前情境中研究人员的期望、专业知识和目标形成的，这也决定了使用数据作为证据可以获得哪一种类的知识。另一方面，被调动数据的具体特征以及它们的包装，极大地影响着应当采取何种研究策略、由谁来制定策略、要达成何种效果，进而有效地促进了研究情境的形成。

在汇集上述论点的过程中，本书提出了生物学中数据中心主义的一般特征，它建立在具体数据旅程的特征之上，但又提供了一个抽象的框架，可以作为分析其他以数据为中心的研究领域的起点。我认为，数据中心主义并不是建立在一种具体的甚至是独特的数据推理方式上，而是建立在把数据视为科学研究的一个关键组成部分，把数据的生产和传播视为科学共同体首要任务的制度性和科学性的认可上。由于过去二十年中技术和文化的转变，这种认识已经达到科学史上前所未有的水平。在许多科学领域中，数据现在被视为研究的一个重要组成部分，其处理方式应当透明且被关注。在过去的二十年中，围绕着如何处理数据以及谁应对这些活动负责的规范性和实践性问题，有着大量的科学讨论，使得对数据生产和传播

196

程序的关注成为当代科学中最热门的话题之一。

　　因此，数据中心主义对于"应该如何生产科学知识，才能使研究过程有效率且值得信赖"形成了一个规范性的愿景。根据这一愿景，研究的许多技术、制度和政治经济特征都应着眼于使数据迁旅，以提高其证据价值。这些特征包括可靠数据和有效数据的规范，生产数据并使其在不同背景下可迁移的技术，强调共享和传播数据重要性的政策指南，以及负责支持和管理数据旅行的机构。这

197 一愿景及其在当代生物学中的表现，并不要求一种新的、统摄全局的科学认识论。聚焦于数据处理实践，并将其视为研究的一个关键组成部分的项目在过去经常出现，在生物学和其他领域中都是如此，它们的情境性本质使得它们不可能与一种特定的推理形式或进行研究的方式联系起来。当前情境的独特和新颖之处在于讨论、规范、系统化数据传播程序和目标的工作所达到的规模和可见度，以及这种工作与政治机构在面对全球化时承认和处理多样性与不平等的当前方式之间的契合。

　　从哲学的角度来看，研究这些工作鼓励了一种将科学研究视为高度情境化的、动态的和实践的努力的过程观，并且鼓励了对数据在研究中的地位和它们作为科学证据的作用的重新概念化。后一个主题是哲学家和科学家都没有深入调查过的，这在科学研究文献中留下了一个关于如何理解和研究数据在科学和技术中作用的空白。对此，我希望能够证明数据中心主义对当代生物学的强大影响力如何构成了对哲学家、历史学家和科学家的吸引，让他们认真对待作为研究产物的数据，并且不是将其看作具有内在表达能力的静止对象，而是看作通过调动获得证据价值并且可以在迁旅中经历重大变化的实体。数据的哲学理论需要关注数据如何被置于具体的研究背景下，通过哪些条件，以及作为哪些包装的结果。对数据的思考，

尤其是在以数据为中心的生物学中对数据旅程的重要性、发展和结果的思考，促进了对科学研究的理解。科学研究是一系列在概念上、物质上和社会上有基础的活动，不可避免地与广泛的政治的、经济的和文化的趋势与态度交织在一起。同时，它强调了科学技术研究中哲学分析和历史分析的重要性，因为在以数据为中心的研究中对知识生产的功能、性质和根源进行审视，有助于评估与大数据和开放科学等术语相关的期望和炒作之间的复杂关系。

198

致　谢

　　如果没有我丈夫米歇尔·杜林克斯（Michel Durinx）的帮助，这本书不可能见到曙光。与他和我们的孩子莱昂纳多和卢娜分享生活的快乐是我思想最重要的灵感来源，特别是考虑到研究工作不可避免地要对一个年轻家庭做出牺牲，我对他们的耐心和理解感激不尽。所以我将这本书献给他们。我也深深感谢我的父母，卢卡（Luca）和法尼（Fany），他们对艺术、自然、历史和分类奥秘的热爱激发了我的求知欲；感谢我的兄弟安德烈亚（Andrea），感谢齐娅·海伦（Zia Helen），感谢我最亲密的朋友们，感谢我在意大利、希腊和比利时的家人们坚定的支持。

　　我在这本书里汇集了 2004～2015 年的研究成果。在这段频繁的旅行和活跃的智力活动期间，我有幸与许多杰出的哲学家、历史学家、社会科学家和自然科学家交流过。我无法奢求对所有帮助过我的人一一表达感谢，就像我无法奢求对多年来大家给我的所有深刻意见与建议逐一进行客观评价。不过，我还是要感谢一些对本书稿的写作有着直接和重大影响的人。我最感恩的是与我讨论他们工作的数百名生物学家、生物信息学家和数据管护人。苏·李（Sue Rhee）和她的团队于 2004 年 8 月在斯坦福慷慨地接待了我，是他们第一次向我介绍了数据旅程的复杂性；我后续的工作都建立在苏对于计算和生物数据分析的潜力的理解上。我很幸运地与米多里·哈里斯（Midori Harris）、简·洛玛克斯（Jane Lomax）、肖恩·梅

（Sean May）、安德鲁·米拉尔（Andrew Millar）、大卫·斯塔德霍姆（David Studholme）、尼克·斯米尔诺夫（Nick Smirnoff）、克劳斯·迈耶（Klaus Mayer）、法比奥·菲奥兰尼（Fabio Fiorani）和迈克尔·阿什伯纳（Michael Ashburner）等人延续了这些讨论，并与露斯·巴斯托夫（Ruth Bastow）开展了合作，她对植物科学世界及其不断变化的性质有着非凡的理解。其次，我要感恩的是瑞秋·安科尼（Rachel Ankeny），我们在实验生物的历史和认识论方面的合作给这本书的想法以无数的滋养，正如过去十年中她给我的友谊和建议滋养了我的思想那样。考希克·孙达尔·拉詹（Kaushik Sunder Rajan）、布莱恩·拉波特（Brian Rappert）、斯塔凡·穆勒－维勒（Staffan Müller-Wille）和盖尔·戴维斯（Gail Davies）在写作的几个阶段对书稿提出了意见，在提醒我分析的多个层面和意义方面发挥了关键作用；与他们交流思想的乐趣是我写这本书的关键动力之一，也对本书的结果产生了重要影响。詹姆斯·格里斯默（James Griesemer）、莫林·奥马利（Maureen O'Malley）和肯·沃特斯（Ken Waters）在计划和写作的关键时刻提供了宝贵的建议，并帮助阐明了我的分析所提出的哲学问题。汉斯·拉德（Hans Radder）和亨克·德·雷格（Henk de Regt）使阿姆斯特丹成为我在这本书里最终追求的想法的绝佳孵化器。玛丽·摩根（Mary Morgan）、约翰·杜普雷（John Dupré）和哈索克·张（Hasok Chang）是本书写作旅程中的智慧灯塔，在许多方面指引了这部书的发展方向。这整本书是对玛丽邀请我调查生物学的"小事实"的一个迟来的回应。哈索克从我的本科时代起就培养了我对整合科学史和科学哲学的兴趣，很难想象还有比约翰在埃克塞特创建的环境更适合这种方法的知识环境了，它致力于多元化、跨学科、社会参与和健康的幽默感。维尔纳·卡勒博（Werner

Callebaut）在我读博士的时候就支持着我对模式生物和数据密集型生物学的兴趣，多次在康拉德·洛伦茨进化和认知研究所接待我，并启发了本书的理论工作。他没能活着看到这项工作成果的出版，我们深切地怀念他的洞见、仁慈、智慧和友谊。最后但并非最不重要的是，我的编辑凯伦·达林（Karen Darling）从一开始就支持这个项目，在每一步都给了我坚持下去的信心；三位匿名审稿人提供了周到和建设性的反馈，我对此表示感谢。

在埃克塞特，我从与埃克塞特生命科学研究中心的同事和学生的讨论中获益匪浅〔特别是参加我们生物兴趣小组的人，包括亚当·图恩（Adam Toon），保罗·布拉斯利（Paul Brassley），贝里斯·查恩利（Berris Charnley），詹尼佛·卡夫（Jennifer Cuffe），乔·多纳吉（Jo Donaghy），安·索菲·巴维奇（Ann Sophie Barwich），纳迪恩·莱文（Nadine Levin），露易丝·博泽伊登霍特（Louise Bezuidenhout），尼克·宾尼（Nick Binney），塔尔昆·福尔摩斯（Tarquin Holmes），格雷戈·哈夫曼（Gregor Halfmann），尼科洛·坦皮尼（Niccolo Tempini），苏珊·凯莉（Susan Kelly），和史蒂夫·辛克利夫（Steve Hinchliffe）〕，也从吉姆·洛维（Jim Lowe）和米歇尔·杜林克斯处获得了对稿件编辑的无私协助。在其他地方，我有幸与乔恩·亚当斯（Jon Adams），凯伦·贝克尔（Karen Baker），布莱恩·巴尔默（Brian Balmer），苏珊娜·鲍尔（Susanne Bauer），马塞尔·布曼斯（Marcel Boumans），比尔·贝克特（Bill Bechtel），安妮·比利尤（Anne Beaulieu），吉奥瓦尼·波尼奥洛（Giovanni Boniolo），理查德·布里安（Richard Burian），因戈·布里根特（Ingo Brigandt），简·卡尔弗特（Jane Calvert），阿尔贝托·坎布罗西奥（Alberto Cambrosio），安娜玛丽亚·卡鲁丝（Annamaria Carusi），索拉雅·德·查德维安（Soraya de

Chadarevian），卢西亚诺·弗洛里迪（Luciano Floridi），罗曼·弗里格（Roman Frigg），艾玛·弗劳（Emma Frow），让·伽永（Jean Gayon），米格尔·加西亚-桑乔（Miguel García-Sancho），让-保罗·高迪耶尔（Jean-Paul Gaudillere），伊莱休·格尔森（Elihu Gerson），莎拉·格林（Sara Green），保罗·格里菲斯（Paul Grifths），拉腊·休伯（Lara Hueber），菲利丝·伊拉里（Phyllis Illari），彼得·基廷（Peter Keating），拉腊·科依克（Lara Keuk），乌利希·克洛斯（Ulrich Krohs），玛丽亚·克朗费德纳（Maria Kronfeldner），哈维尔·勒萨恩（Javier Leuzan），艾伦·洛夫（Alan Love），伊拉娜·洛伊（Ilana Loewy），埃里卡·马斯纳鲁斯（Erika Masnerus），詹姆斯·奥弗顿（James Overton），泰德·波特（Ted Porter），巴巴拉·普雷因萨克（Barbara Prainsack），爱德蒙·拉姆斯登（Edmund Ramsden），汉斯约格·莱茵伯格（Hans-Jörg Rheinberger），托马斯·雷登（Thomas Reydon），费德里卡·鲁索（Federica Russo），埃德娜·苏亚雷斯·迪亚斯（Edna Suarez Diaz），卡罗拉·施托茨（Karola Stotz），贝克特·斯特纳（Beckett Sterner），布鲁诺·斯特拉瑟（Bruno Strasser），莎朗·特拉威克（Sharon Traweek），奥林·瓦卡雷洛夫（Orlin Vakarelov），西蒙娜·瓦莱里亚尼（Simona Valeriani），尼基·费尔穆伦（Niki Vermeulen），埃里克·韦伯（Erik Weber），比尔·威姆萨特（Bill Wimsatt），莎莉·怀亚特（Sally Wyatt）和艾莉森·怀利·乔恩（Alison Wylie Jon）讨论并从中学习。另一个真正的荣幸是参加了全球青年学院、实践中的科学哲学协会、"事实如何旅行"项目和知识/价值系列研讨会——人们肯定很难想到在这四个地方的讨论以及他们提供给我扩大文化和地理视野的机会对我的思维有多么深刻的影响。我还收到了来自埃克塞特、柏林、明尼阿波利斯、维也

纳、布里斯托尔、伦敦、悉尼、北京、班加罗尔、约翰内斯堡、蒙
特利尔、温哥华、匹兹堡、加州大学戴维斯分校、芝加哥、阿姆斯
特丹、明斯特、慕尼黑、比勒菲尔德、杜塞尔多夫、布鲁塞尔、哥
本哈根、奥胡斯、爱丁堡、马德里、鹿特丹、米兰、牛津、剑桥、
根特、洛桑、日内瓦、伯尔尼、曼彻斯特、杜伦、多伦多、巴黎、
马里兰大学、哥本哈根、博洛尼亚、米兰、莱顿、费城、斯特林、
英国学院和皇家学会的听众的宝贵反馈意见。

　　从我在撰写本书期间的生活与研究的角度上讲，我非常感谢在
工作中提供支持的资助机构和组织：资助了"事实如何旅行"项
目（2006-2008，grant award F/07004/Z）以及"超越数字鸿沟"
项目（2014-2015，grant award RPG-2013-153）的莱弗休姆信托
（the Leverhulme Trust）；经济与社会研究理事会（the Economic and
Social Research Council/ESRC）中的基因组学和社会研究中心（the
ESRC Centre for Genomics and Society，2008-2012）以及交叉-连接
资助项目（Cross-Linking Grant）（number ES/F028180/1，2013-
2014）；英国学术院的小额资助项目（the British Academy through
Small Grant）SG 54237（2009-2010）；2011 年在埃克塞特举办了
"数据的意义"会议的康拉德·洛伦兹进化与认知研究所（the
Konrad Lorenz Institute for Evolution and Cognition Research）；欧洲研
究理事会（the European Research Council）（ERC）提供的资助
（agreement number 335925〈2014-2019〉）。我还要感谢柏林马克
斯·普朗克科学史研究所的"档案科学"项目，它资助了我的学
术休假，使我能够起草本书的前几章。"第二部门"① 的工作人员

---

① 马克斯·普朗克科学史研究所的部门之一，主要研究知识系统与集体生活之间
的关系。——译注

和来访者，特别是洛林·达斯顿（Lorraine Daston）、埃琳娜·阿罗诺娃（Elena Aronova）、大卫·塞普科斯基（David Sepkoski）和克里斯蒂娜·范·奥尔岑（Christine van Oertzen）慷慨且亲切地款待了我，并提出了具有挑战性的问题和丰富的反例，这是我在那个密集写作阶段所需要的。

本书中一些材料的早期版本已经出版，具体内容如下，经出版商许可后收录：

第一章：Leonelli, Sabina. , "Packaging Data for Re-Use: Databases in Model Organism Biology," In *How Well Do Facts Travel? The Dissemination of Reliable Knowledge*, edited by P. Howlett and M. S. Morgan, Cambridge: Cambridge University Press, 2010, 325–348。

第二章：Leonelli, Sabina. , "Centralising Labels to Distribute Data: The Regulatory Role of Genomic Consortia," In *The Handbook for Genetics and Society: Mapping the New Genomic Era*, edited by P. Atkinson, P. Glasner, and M. Lock, London: Routledge, 2009, 469–485; Leonelli, Sabina. , "Why the Current Insistence on Open Access to Scientific Data? Big Data, Knowledge Production and the Political Economy of Contemporary Biology," *Bulletin of Science, Technology and Society* 33 (1/2) (2013): 6–11。

第三章：Leonelli, Sabina. , "On the Locality of Data and Claims About Phenomena," *Philosophy of Science* 76 (5) (2009): 737–749; Leonelli, Sabina, "What Counts as Scientific Data? A Relational Framework," *Philosophy of Science* 82 (2015): 1–12。

第四章：Leonelli, Sabina. , "Data Interpretation in the Digital Age," *Perspectives on Science* 22 (3) (2014): 397–417。

第五章：Leonelli, Sabina. , "Classificatory Theory in Data-Intensive

Science: The Case of Open Biomedical Ontologies," *International Studies in the Philosophy of Science* 26 (1) (2012): 47-65; Leonelli, Sabina, "Classificatory Theory in Biology," *Biological Theory* 7 (4) (2013): 338-345。

第六章: Leonelli, Sabina., "Integrating Data to Acquire New Knowledge: Three Modes of Integration in Plant Science," *Studies in the History and Philosophy of the Biological and Biomedical Sciences: Part C* 4 (4) (2013): 503-514。

202

注 释

序 言

1. 关于"大数据"或"数据洪流"见 Scudellari，"DataDeluge，" Mayer-Schönberger and Cukier，*Big Data*，Kitchin，*The Data Revolution*。

2. "如果只是收集所需的全部数据变得比遵循一百个连续的、合理的、但错误的假设成本更低，从假设开始就变成了一种经济上的徒劳。"（van Ommen，"Popper Revisited，"1）关于数据驱动的科学，见 Hey，Tansley，and Tolle，*The Fourth Paradigm*；以及 Stevens，*Life Out of Sequence* 关于"理论的终结"见 Anderson，"The End of Theory"。

3. Krohs，"Convenience Experimentation."

4. Bowker，*Memory Practices in the Sciences.*

5. Lawrence，"Data."

6. 见 *Nature* 关于"出版的未来"的特刊：495，no. 7442（2013）。

7. 关于清单的作用分析，见 Müller-Wille and Charmantier，"Lists as Research Technologies"；以及 Müller-Wille and Delbourgo，"LISTMANIA"。关于档案的作用，见 Blair，*Too Much to Know*；以及 Müller-Wille and Charmantier，"Natural History and Information Overload"。关于分类目录，见 Johnson，*Ordering Life*。关于博物馆展览与收藏，

见 Daston，"Type Specimens and Scientific Memory"；Endersby，*Imperial Nature*；Star and Griesemer，"InstitutionalEcology，'Translations' and Boundary Objects"；Strasser，"Laboratories，Museums，and the Comparative Perspective"。关于统计学和数学建模，见 Foucault，*The Birth of the Clinic*；Kingsland，*Modeling Nature*；Bauer，"Mining Data，Gathering Variables，and Recombining Information"。关于简报，见 Leonelli and Ankeny，"Re-Thinking organisms"以及 Kelty，"This Is Not an Article"。关于数据库，见 Hilgartner，"Biomolecular Databases"；Lenoir，"Shaping Biomedicine as an Information Science"；Hine，*Systematics as Cyberscience*；Strasser，"GenBank"；November，*Biomedical Computing*；Chow-Whiteand García-Sancho，"Bidirectional Shaping and Spaces of Convergence"；García-Sancho，*Biology，Computing，and the History of Molecular Sequencing*；Stevens，*Life Out of Sequence*。Elena Aronova 和 Christine van Oertzen 编辑的 *Osiris* 特刊"Historicizing Big Data"中概述了几个科学领域历史上数据收集和处理的实践。

8. 见 Hans Radder 对一般科学哲学前景的讨论：*The Material Realization of Science*，以及 Richard Burian 对于案例研究在哲学中作用的论证："More than a Marriage of Convenience"和"The Dilemma of Case Studies Resolved" Jutta Schickore，"Studying Justifcatory Practice"以及 Hasok Chang 对科学的具体研究和抽象研究之间认识的迭代性的论证（*Is Water H₂O?*）。

9. 这种方法的另一个标签是"实践中的科学哲学"，见 Ankeny et al.，"Introduction：Philosophy of Science in Practice"；以及 Boumans and Leonelli，"Introduction：On the Philosophy of Science

in Practice"。

10. 我对这些科学辩论的贡献体现在与数据库开发人员和相关专家在 *EMBO Reports*（Bastow and Leonelli，"Sustainable Digital Infrastructure"），*BMC Bioinformatics*（Leonelli et al.，"How the Gene Ontology Evolves"），*New Phytologist*（Leonelli et al.，"Under One Leaf"）以及 *Journal for Experimental Botany*（Leonelli et al.，"Making Open Data Work for Plant Scientists"）上所发表的共同撰写的论文。关于 2013 年以来活动的更多信息，可在埃克塞特数据研究网站 http：//www. datastudies. eu 上查询。

11. 其中一些互动，包括科学国际（Science International）、全球青年学院（the Global Young Academy）、欧洲研究理事会、CODATA、皇家学会、美国国家科学基金会、英国研究理事会、Elixir 和英国内阁办公室，都记录在埃克塞特数据研究小组的网站上，http：//www. datastudies. eu。

12. Dewey，"The Need for a Recovery in Philosophy,"138.

13. 见 Clifford Geertz 在 1973 年的阐述，它因指出了哲学家 Gilbert Ryle 是其灵感的重要来源而著名。

第一章

1. 该研讨会由拟南芥基因组资源网络（GARNet）举办，该组织由英国研究委员会资助，旨在统筹英国植物科学家获取所需的培训和资源，从而紧跟数据生产、传播和分析的最新技术发展。我将在第二章讨论 GARNet。另外请注意，2015 年 9 月，在本书英文版出版前不久，iPlant 合作组织宣布将其名称改为 CyVerse，

以反映其更广泛的职能范围，其范围包括为整个科学领域开发
数据基础设施。为了保持一致性和历史准确性，我将在下文中
继续把它称为 iPlant 或 iPlant 合作组织。

204

2. 见 Penders, Horstman, and Vos, "Walking the Line Between Lab and Computation"; 以及 Stevens, *Life Out of Sequence*。

3. Goff et al. , "The iPlant Collaborative."

4. 我对评估包装工作的质量和有效性不感兴趣，我的目标是强调在这个过程中遇到的困境，并评估理论承诺和物质限制如何塑造数据传播的目标、方法和结果。

5. 我特意很少关注对实施数据标签系统所涉及的软件（模型、编码和统计算法）和硬件（计算机、服务器和数字云服务）。这些元素同样是数据包装的核心，但对其认知作用的详细分析本身就需要一本书，而且其中一部分分析已经由 Mackenzie, "Bringing Sequences to Life"; Suárez-Díaz and Anaya-Muñoz, " History, Objectivity, and the Construction of Molecular Phylogenies"; Garcia-Sancho, *Biology*, *Computing*, *and the History of Molecular Sequencing*; *November*, *Biomedical Computing*; 以及 Stevens, *Life Out of Sequence* 等完成了。

6. 生物学家用许多不同的术语来指代在线数据基础设施，包括："数据库""储存库""平台"和"网格"。这些术语所暗示的复杂程度和组织结构存在着有趣的细微差别，一些评论家对此进行了讨论（例如 Hine, "Data bases as Scientifc Instruments and Their Role in the Ordering of Scientifc Work"; Borgman, *Scholarship in the Digital Age*; *Royal Society*, " *Science as an Open Enterprise*"; Stevens, *Life Out of Sequence*）。在这项研究中，我对标记这些术语之间的本质区别不感兴趣。我的观察重点是复杂的、不断发

展的数据基础设施，在这些基础设施中，大量的精力被用于收集、整合和显示来自不同来源的数据。用于承载模式生物数据的数字基础设施通常被从业者称为"在线数据库"，我将沿用这一术语。

7. 见 Keller, *The Century of the Gene*；Kay, *The Molecular Vision of Life and Who Wrote the Book of Life*?；de Chadarevian, *Designs for Life*；Suárez-Díaz, "The Rhetoric of Informational Molecules"；Moody, *Digital Code of Life*；以及 García-Sancho, *Biology, Computing, and the History of Molecular Sequencing*，等等。

8. 这些批评的例子，见 Tauber and Sarkar, "The Human Genome Project"；Dupré, *Processes of Life*；Grifths and Stotz, *Genetics and Philosophy*。

9. Stephen Hilgartner 在 "Constituting Large-Scale Biology" 以及 *Reordering Life* 中对这一过程进行了详尽的记录。

10. 见 Morange, *A History of Molecular Biology*；Oyama, *The Ontogeny of Information*；Barnes and Dupré, *Genomes and What to Make of Them*；Müller-Wille and Rheinberger, *A Cultural History of Heredity*。

11. 见 Cook-Deegan, *The Gene Wars*；Hilgartner "Biomolecular Databases" 和 "Constituting Large-Scale Biology"；Stevens, *Life Out of Sequence*。

12. 见 García-Sancho, *Biology, Computing, and the History of Molecular Sequencing*；Stevens, *Life Out of Sequence*；Hilgartner, "Constituting Large-Scale Biology"。我应该明确指出，我并不希望不加批判地支持将测序作为一门科学本身的想法。关于测序项目是否不仅仅是"单纯的"技术和组织工具，仍然存在激烈的争论，特 205

别是考虑到最近测序技术的进步。这些争论继续影响着目前围绕以数据为中心的研究的可行性和科学地位的讨论，我将在第六章中讨论它们。我也不想争辩说，数据在生物学中的突出地位完全由于测序项目的成功。在所有科学中，数据实践的能见度越来越高的原因还有很多，包括作为数据分析和交流平台的计算技术的可用性（November, *Biomedical Computing*；García-Sancho, *Biology, Computing, and the History of Molecular Sequencing*；Stevens, *Life Out of Sequence*），以及各国政府和市场结构对数据作为全球商品的占有（我将在第二章讨论）。我更想强调的是，关于这些问题的热烈讨论已经开始了。生物学家已经开始将数据收集和传播本身视为科学贡献来对其价值进行讨论。这本身就是一个值得注意的历史性发展，其至少应部分归功于为使测序项目成为可能而产生的技术和组织资源。

13. 关于测序的规模和机制，见 Hilgartner, "Constituting Large-Scale Biology"；以及 Davies, Frow, and Leonelli, "Bigger, Faster, Better?"。

14. 关于大数据的一般特征，见 Kitchin, *The Data Revolution*。

15. 对模式生物研究的开创性的哲学和历史研究包括 Burian, "How the Choice of Experimental Organism Matters"；de Cha darevian, "Of Worms and Programmes"；Clarke and Fujimura, *The Right Tools for the Job*；Kohler, *Lords of the Fly*；Ankeny, "The Natural History of *Caenorhabditis elegans* Research"；Todes, *Pavlov's Physiology Factory*；Logan, "Before There Were Standards" 和 "The Legacy of Adolf Meyer Comparative Approach"；Rader, *Making Mice*；Weber, *Philosophy of Experimental Biology*；Rheinberger, *An Epistemology of the Concrete*；Kirk, "A Brave New

Animal for a Brave New World" 以 及 "Standardization through Mechanization"; Ramsden, "Model Organisms and Model Environments"; Friese and Clarke, "Transposing Bodies of Knowledge and Technique"; Nelson, "Modeling Mouse, Human and Discipline"; Huber and Keuck, "Mutant Mice"。我在与 Rachel Ankeny 的合作中对模式生物研究进行了自己的描述，包括 Ankeny and Leonelli, "What's So Special about Model Organisms?"; Leonelli and Ankeny, "Re-Thinking organisms," "What Makes a Model Organism?" 以及 "Repertoires"。

16. Clarke and Fujimura, *The Right Tools for the Job*.

17. Kohler, *Lords of the Fly*; Ankeny, "The Natural History of *Caenorhabditis elegans* Research"; Leonelli, "Weed for Thought" and "Growing Weed, Producing Knowledge"; Rader, *Making Mice*; Endersby, *A Guinea Pig's History of Biology*.

18. Ankeny and Leonelli, "What's So Special about Model Organisms?", 以 及 "Valuing Data in Postgenomic Biology"; Leonelli and Ankeny, "What Makes a Model Organism?"

19. 例如，见 Bolker, "Model Systems in Developmental Biology" 和 "Model Organisms"。

20. 关于边界对象，见 StarandGriesemer, "Institutional Ecology, 'Translations' and Boundary Objects"。

206

21. Harvey and McMeekin, *Public or Private Economics of Knowledge?*; Cook Deegan, "The Science Commons in Health Research"; 以及 Strasser, "The Experimenter's Museum" 这些文章记录了围绕公开发布测序数据的百慕大规则的发展和实施的讨论。Maxson, Cook-Deegan, and Ankeny, *The Bermuda Triangle* 着重介绍了模

式生物学家在促进数据共享方面发挥的作用。

22. García-Sancho, *Biology, Computing, and the History of Molecular Sequencing*; Ankeny, "The Natural History of *Caenorhabditis elegans* Research"; Leonelli, "Growing Weed, Producing Knowledge"; Leonelli and Ankeny, "Re-Thinking organisms" 记录了这些早期的尝试，特别是拟南芥数据库（Arabidopsis thaliana Database，"AtDB"）和线虫基因组数据库（AceDB）的发展。

23. 参见美国国家人类基因组研究中心（National Human Genome Research Institute）的网站，其中列出了由国家卫生研究院资助的主要共同体数据库（"国家人类基因组研究中心支持的模式生物数据库"）。

24. 见 Leonelli and Ankeny, "Re-Thinking organisms"; Leonelli, "When Humans are the Exception"。

25. Rhee and Crosby, "Biological Databases for Plant Research"; Bult, "From Information to Understanding."

26. 正如我在第六章中所讨论的，模式生物数据库的范围在 21 世纪 10 年代有了很大的扩展，包括与一些基础设施的合作，例如 iPlant，它正试图重新引入并整合环境与基因组数据。很可能的是，模式生物学正逐渐被跨物种方法所取代，这一事件可进一步被视为其科学成功的证据。

27. Rhee, Dickerson and Xu, "Bioinformatics and Its Applications in Plant Biology," 352.

28. Rhee, "Carpe Diem."

29. Leonelli, "Weed for Thought" 和 "Growing Weed, Producing Knowledge"; Koornneef and Meinke, "The Development of

Arabidopsis as a Model Plant"；Somerville and Koornneef，"A
Fortunate Choice"；以及 Jonkers，"Models and Orphans"。

30. 关于 TAIR 及其组成部分的科学细节，例如，见 Huala et al.，
"The *Arabidopsis* Information Resource（TAIR）"；Garcia-
Hernandez et al.，"TAIR"；Rhee et al.，"The *Arabidopsis*
Information Resource（TAIR）"；Mueller，Zhangand Rhee，
"AraCyc"。

31. Rosenthal and Ashburner，"Taking Stock of Our Models."

32. Ledford，"Molecular Biology Gets Wikifed"；Bastow et al.，"An
International Bioinformatics Infrastructure to Underpin the *Arabidopsis*
Community."

33. TAIR 和 Araport 仍在继续共同运行，尽管 TAIR 在 2013 年转为
基于订阅的服务以确保自己的生存。由于 Araport 的发展在本
文写作时正处于起步阶段，其在拟南芥共同体中的作用尚未确
立，因此，我在本书中将只讨论 TAIR。

34. 我意识到，由于选择了重点关注模式生物数据库，我忽略了一
些进化和环境生命科学中同时进行的收集和传播数据的工作。 207
对这些举措的研究是极其重要的，特别是因为它们捕捉到了在
研究模式生物时通常被排除在外的生物推理的各个方面，例如
收集和解释环境变异性和长期的进化动力学数据所涉及的问
题。（Shavit and Griesemer，"Transforming Objects into Data"；
Sepkoski，*Rereading the Fossil Record*；Aronova，"Environmental
Monitoring in the Making"）我在第六章中讨论了这种选择的后
果，以及在模式生物学中所实施的数据包装实践在多大程度上
可以被视为对整个生物学的代表。

35. 在科学的社会和哲学研究中，已经广泛讨论了生物学事实上的

多元主义特征（例如 Mitchell, *Biological Complexity and Integrative Pluralism*; Knorr Cetina, *Epistemic Cultures*; Longino, *The Fate of Knowledge*）。

36. 管护人这个术语是当事人的选择，与我合作过的、参与开发数据库的大多数科学家都这样称呼自己。我不会在这里深入研究这一现象的历史根源，也不会深入研究管护人这一头衔与其他领域的数据科学家所使用的其他头衔之间的关系（比如"数据经理""数据档案员""数据工程师"和"数据管理员"——可以说，这些头衔指向与数据处理相关的不同的专业知识配置，例如管理技能或 IT 技能）。这些都是值得进一步研究的引人入胜的话题，而且它们值得拥有比本书有限的篇幅更多的讨论空间。García-Sancho 所著 *Biology, Computing, and the History of Molecular Sequencing* 的第四章对"信息工程师"带来的 IT 专业知识进行了出色的分析，该章重点讨论了欧洲分子生物学实验室核苷酸序列数据库的建立，而 November 在 *Biomedical Computing* 中讨论了二战后的运筹学在美国国家卫生研究院引入生物医学计算中的作用。同样，我不会详述数据库管护人和博物馆管护人之间的关系。虽然这两种职业都涉及对特定对象保存和传播的关心，但这些对象的不同性质——以及它们被储存、分类和流通的不同目的——可以决定这两种情况下所涉及的实践之间惊人的差异。某些情况下，这两种管护方式在某种程度上会融合在一起，正如 Shavit 和 Griesemer 关于生物多样性收藏品的标本保存的文章（"Transforming Objects into Data"）所记录的那样。

37. 针对数据格式标准化所涉及的问题的详细研究，见 Rogers and Cambrosio, "Making a New Technology Work" 中关于微阵列数

据的案例。

38. 在 21 世纪初发表的许多关于模式生物数据库特征的科学评论指出，用户群体的认识多样性是需要纳入数据库开发的一个关键因素。（例如 Ashburne et al. ，"Gene Ontology"；Huala et al. ，"The *Arabidopsis* Information Resource ＜ TAIR ＞"；The FlyBase Consortium，"The FlyBase Database of the *Drosophila* Genome Projects and Community Literature"；Harris et al. ，"WormBase"；Sprague et al. ，"The Zebrafish Information Network"；Chisholm et al. ，"DictyBase"） 208

39. Huang et al. ，"*Arabidopsis* VILLIN1 Generates Actin Filament Cables That Are Resistant to Depolymerization."

40. 我把目前的讨论限制在开放生物医学本体论联合体中列出的生物本体论（Smith et al. ，"The OBO Foundry"），我将在第五章更详细地分析这种类型的标签及其认识论作用。

41. Augen，*Bioinformatics in the Post-Genomic Era*，64.

42. 例如，细胞核被定义为"真核细胞的一个有膜的细胞器，染色体处于其中并进行复制。在大多数细胞中，细胞核包含了除细胞器染色体以外的所有细胞染色体，并且是 RNA 合成和处理的场所。在一些物种中，或在特殊的细胞类型中，可能不存在 RNA 代谢或 DNA 复制"［Gene Ontology Consortium，"Minutes of the Gene Ontology Content Meeting（2004）"］。

43. Maddox，*Rosalind Franklin*. 感谢一位匿名评论人促使我更努力地思考这个案例，该案例值得更长时间的处理。

44. Morgan，"Travelling Facts."

45. 见 Bowker，*Memory Practices in the Sciences*；Leonelli，"Global Data for Local Science"。

46. "基因本体论（GO）发展模式的优势之一是，GO 的发展一直是由生物学家管护人所执行的任务，他们是理解特定实验系统方面的专家，因此，GO 不断地根据新的信息进行更新。"（Hill et al., "Gene Ontology Annotations"）

47. Gobleand Wroe, "The Montagues and the Capulets"; García-Sancho, *Biology, Computing, and the History of Molecular Sequencing*; November, *Biomedical Computing*; Stevens, *Life Out of Sequence*; Lewis and Bartlett, "Inscribing a Discipline"。

48. Edwards et al., "Science Friction."

49. Howe et al., "Big Data"; Rhee et al., "Use and Misuse of the Gene Ontology（GO）Annotations."

50. 我参加的这次研讨会是在比利时根特大学植物系统生物学系举行的（根特，2007 年 5 月 21~23 日）。

51. 我在第三章中讨论了如何将数据概念化，以确认这种对转换的持续需求，以及面向潜在的用户培养数据的可信度和可靠性的持续需求。

52. 记录于 Müller-WilleandCharmantier, "Natural History and Information Overload"; 以及 Kristin Johnson, *Ordering Life*, 等等。

53. Kohler, *Lords of the Fly*; Kelty, "This Is Not an Article"; Leonelliand Ankeny, "Re-Thinking organisms."

54. Latour, "Circulating Reference"; 以及 Morgan, "Travelling Facts"。

55. 这再次构成了当前数据迁旅的工作与先前数据调动的科学尝试之间的有趣区别。例如，在 19 世纪的天文学中，对数据收集的长期保存的担忧是其发展的核心（Daston and Lunbeck, *Histories of Scientific Observation*），这并不是说当代数据传播实践的参与者和资助者就不关心他们工作的长期保存和影响；然而，鉴于技术变革的速度以及当前资助机制的短期性质，这种考虑很难转化为实际的战略。例如，在欧洲和北美，数据库的资助是以三年到五年为周期的，这意味着长期战略需要分期执行，以应对不断变化的金融、文化和科学环境。这些条件使得像 Elixir 这样的监督组织的工作既重要又困难，Elixir 由欧盟委员会资助，为欧洲的生物数据基础设施提供总体统筹和战略支持，它的任务包括为数据处理制定长期的愿景和计划，但其运作和职责又不可避免地与短期的资助周期相联系（Elixir，"Elixir"）。 209

56. Hallam Stevens 提出了一个关于序列数据生产中的"管道"概念的平行观点，他认为"'流动性'和'普遍性'的生物信息对象的生产取决于一个高度情境化的过程，这种'流动性'和'普遍性'是通过这个过程构建的；生物信息可以迁旅和流动，只是因为管道的运动有助于掩盖其稳固性和情境性"（*Life Out of Sequence*，117）。

57. Prainsack，*Personalization from Below*.

58. 例如 Livingstone，*Putting Science in Its Place*；Secord，"Knowledge in Transit"；以及 Subrahmanyam，*Explorations in Connected History*。

59. 例如，参见 Raj，*Relocating Modern Science*；Schaffer et al.，*The Brokered World*；以及 Sivasundaram，"Sciences and the Global"。这些研究试图理解"全球"这一范畴，不仅从权力、语言和资源差异的角度，还从对知识和政治的不同理解的角度，以及这些理解如何影响了对数据在认知中定位的角度。我感谢 Kaushik Sunder Rajan 和一位匿名审稿人，他们促使我更仔细地考虑这种方法的重要性。

第二章

1. 关于数据基础设施的开创性社会学工作包括：Hilgartner，"Biomolecular Databases"；Star and Ruhleder，"Steps Toward an Ecology of Infrastructure"；Bowker，"Biodiversity Data diversity"；Hine，"Databases as Scientific Instruments and Their Role in the Ordering of Scientific Work"；以及 Edwards，*A Vast Machine*。关于生物数据库的政治、文化和经济嵌入的详细研究，见 Martin，"Genetic Governance"；Bowker，*Memory Practices in the Sciences*；Harveyand McMeekin，*Public or Private Economics of Knowledge?*；Borgman，"The Conundrum of Sharing Research Data"；Hilgartner，"Constituting Large-Scale Biology"；以及 Bruno Strasser，Mike Fortun，Javier Leuzan，Barbara Prainsack，Chris Kelty，Jenny Reardon，Jean-Paul Gaudillière 等人正在从事的工作。

2. Fortun，*Promising Genomics* 和 "The Care of the Data"。

3. 关于塞莱拉争议（Celera dispute）和百慕大规则，见 Maxson，Cook-Deegan，and Ankeny，*The Bermuda Triangle*；Powledge，"Changing the Rules?"；Resnik，*Owning the Genome*；and Wellcome Trust，"Share Data from Large Scale Biological Research Projects"。

4. 2013 年和 2014 年，我与埃克塞特大学和爱丁堡大学的同事对英国的知名生物学家和生物信息学家进行了一系列采访，该采访清楚地表明了他们的担忧，特别是他们认为资助机构、大学和商业研究伙伴对谁拥有数据的知识产权以及数据传播的后果是什么有着不同的，可能存在冲突的看法（Levin et al.，"How Do

210

Scientists Understand Openness?"）。其他关于数据共享观念冲突的研究包括 Wouters and Reddy, "Big Science Data Policies"; Piwowar, "Who Shares? Who Doesn't?"; Borgman, "The Conundrum of Sharing Research Data"; 以及 Fecher, Frisieke, and Hebing, "What Drives Academic Data Sharing?"。

5. 事实上，数据抄袭被认为是个问题的主要原因之一在于，它使人们难以准确地重建数据出处，这反过来又可能阻碍未来解释数据并将其转化为知识的工作。我在 Leonelli, Spichtiger, and Prainsack, "Sticks AND Carrots" 一文中讨论了开放科学政策中激励机制的必要性。

6. Rachel Ankeny 和我在 Ankeny and Leonelli, "Valuing Data in Postgenomic Biology" 中详细讨论了这些问题。也可参见 McCain, "Mandating Sharing" 中对 90 年代情况的分析。

7. 关于技术在科学治理中作用的分析，见 Andrew Barry, *Political Machines*。

8. Lewis, "Gene Ontology"。我在 Leonelli, "Documenting the Emergence of Bio-Ontologies" 中更详细地分析了这一点。

9. Bada et al., "A Short Study on the Success of the Gene Ontology."

10. Gene Ontology Consortium, "The Gene Ontology Consortium: Going Forward."

11. Smith et al., "The OBO Foundry," 1252.

12. 同上，1253。

13. 这与 OBO Foundry 特别相关，OBO Foundry 是 OBO 本体论的一部分，其管护人正积极测试并开发面向本体论发展的进一步规则（Smith et al., "The OBO Foundry"）。

14. Lewis 将这种有效的合作描述为"不可预见的结果"，但指出它是"基因本体论联合体迄今为止最大的影响和成就"（"Gene Ontology"，103.3）。

15. 见国际生物数据管护协会网站，http：//www.biocurator.org。

16. Howe et al.，"Big Data."

17. 第一个这样的合作是在 2008 年以 TAIR 为中介，与植物科学领域最重要的杂志 *Plant Physiology* 合作开始的（Ort and Grennan，"*Plant Physiology* and TAIR Partnership"）。

18. 在"Scientific Organisations as Social Movements"中，我讨论了联合体成员为支持科学议程而采取的集体行动的策略。

19. 我在本章的第二部分评论了这些讨论背后的不平等和排斥性因素。

20. 见 Lee, Dourish and Mark，"The Human Infrastructure of Cyberinfra structure"；以及 Stein，"Towards a Cyberinfrastructure for the Biological Sciences"。这种转变也在关于"合作实验室"（"collaboratories"，意为"没有围墙的实验室"）的文献中获得讨论，例如 Bafoutsou and Mentzas，"Review and Functional Classification of Collaborative Systems"；以及 Finholt，"Collaboratories"。

21. Cambrosio et al.，"Regulatory Objectivity and the Generation and Management of Evidence in Medicine," 193.

22. Smith et al.，"The OBO Foundry," 1254.

23. Lewis，"Gene Ontology," 103.2.

24. 在撰写本书时，研究数据联盟正在成为这一方向的一个有前途的国际机构。在 Leonelli，"Scientifc Organisations as Social Movements"和"Epistemische Diversitätim Zeitalter von Big Data"中，我进一步探讨了用联合体来填补科学领域监管空白的想法。

25. 例如，见 Bowker and Star, *Sorting Things Out*。

26. 例如，见 Ledford, "Molecular Biology Gets Wikifed"。

27. PomBase 是一个罕见的数据库成功利用用户数据注释的例子，该数据库专门用于处理粟酒裂殖酵母（*Schizo saccharomyces pombe*）的数据（http：//www. pombase. org）。这种众包方法的成功主要得益于该数据库的长期负责人 Valerie Wood 和相对较小的研究群体之间的良好沟通，以及对生物本体论的严重依赖，包括基因本体论，GO 在 PomBase 中的使用是由 Midori Harris 所监督的，她之前作为 GO 的管护人工作了近十年，因此很好地衔接了 GO 标准和酵母生物学家的具体要求。在更大和更分散的研究群体中复制这样的用户—管护人的衔接是相当大的挑战。

28. Ure et al. , "Aligning Technical and Human Infrastructures in the Semantic Web," 9.

29. Jasanoff et al. , "Making Order."

30. Hilgartner, "Mapping Systems and Moral Order," 131.

31. National Cancer Institute, "An Assessment of the Impact of the NCI Cancer Biomedical Informatics Grid（caBIG ©）."

32. 关于这两种情况的更详细的分析，见 Leonelli, "Global Data for Local Science" 和 "What Difference Does Quantity Make?"。

33. 有一个关于数据基础设施的案例可以追溯到 20 世纪 50 年代，其成功伴随着许多失败的时刻，同时还有深度的变革，请参见"长期生态研究"（Long Term Ecological Research）网络：（Aronova, Baker, and Oreskes, "Big Science and Big Data in Biology"；Baker and Millerand, "Infrastructuring Ecology"）。

34. Organisation for Economic Co-Operation and Development,

"Guidelines for Human Biobanks and Genetic Research Databases (HBGRDs)"; Royal Society, "Science as an Open Enterprise."

35. Stemerding and Hilgartner, "Means of Coordination in Making Biological Science," 60.

36. 科学政策的这些转变体现在"扩大获取英国已发表研究成果国家工作组"的建议中，它也被称为芬奇报告（Finch Group, "Accessibility, Sustainability, Excellence"），以及英国研究理事会随后发表的声明"RCUK Policy on Open Access"中。

37. 例如，见 Martin, "Genetic Governance"; Gibbons, "From Principles to Practice"; Leonelli, Spichtiger, and Prainsack, "Sticks AND Carrots"。

38. Christine Borgman 和合作者早就记录了在美国发生的这种态度转变（例如 Borgman, "The Conundrum of Sharing Research Data"）；英国的开放数据政策得到了更大的支持，关于在英国的发展情况的分析，见 Levin et al., "How Do Scientists Understand Openness?"。

39. 我在英国、荷兰和印度参加了几次这样的会议和相关的"数据科学"培训课程，这让我意识到围绕这些关键问题的分歧和混乱的程度。

40. Mazzotti, "Lessons from the L'Aquila Earthquake."

41. Grundmann, "'Climategate' and the Scientifc Ethos."

42. Royal Society, "Science as an Open Enterprise."

43. Rappert and Balmer, *Absence in Science, Security and Policy*; Leonelli, Rappert, and Davies, "Data Shadows: Knowledge, Openness and Access."

44. Bezuidenhout et al., "Open Data and the Digital Divide in Life

212

Science Research."

45. 例如，葛兰素史克公司是设在剑桥大学欣克斯顿欧洲生物信息研究所的生物医学数据传播和分析目标验证中心的主要赞助商。

46. Fortun, *Promising Genomics*.

47. Tutton and Prainsack, "Enterprising or Altruistic Selves?"

48. Sunder Rajan, *Biocapital*; Kelty, *Two Bits*.

49. Bastow and Leonelli, "Sustainable Digital Infrastructure."

50. Elixir, "Elixir."

51. International Arabidopsis Informatics Consortium, "An International Bio-informatics Infrastructure to Underpin the *Arabidopsis* Community."

52. 这种价值概念尤其建立在 James Griesemer 的工作上，他在 2011 年第一次知识/价值研讨会上提交了一篇研究注意力模式的论文（记录于 Knowledge/Value，"Concept Note for the Workshop Series"），以及 Sunder Rajan 对马克思主义关于价值是一种"抽象化工具"的观点的当代解读（*Pharmocracy*, chapter 1）。更广泛地说，这种对价值的思考方式包含了来自关注科学价值的哲学文献的见解，以及关注价值在知识生产活动内外的创造、衡量和调动方式的科学技术研究。关于前一种方法，见 Longino, *Science as Social Knowledge*; Wylie, Kinkaid, and Dupré, *Value-Free Science?*; 以及 Douglas, *Science, Policy and the Value-Free Ideal*。关于后一种方法的例子，见 Dussauge, Helgesson, and Lee, *Value Practices in the Life Sciences and Medicine*。

53. 事实上，面对围绕大数据的伦理问题，以及数据与最初提取这些数据的人、材料或过程之间的日益分离产生的更普遍的伦理和认识论的困难，考虑数据的情感价值可能是一种有效的方式。

54. Hinterberger and Porter, "Genomic and Viral Sovereignty."

55. Leonelli et al., "Making Open Data Work for Plant Scientists"; Levin, "What's Being Translated in Translational Research?"

56. 我很感谢 Kaushik Sunder Rajan 对这个关键点的有益讨论，我们关于知识和价值之间的交叉的一些共同思考已经发表在 Sunder Rajan and Leonelli, "Introduction" 之中。

57. Glaxo Smith Kline, "Data Transparency."

58. Nisen and Rockhold, "Access to Patient-Level Data from Glaxo Smith Kline Clinical Trials."

59. 当然，我对数据的科学、政治、金融和情感价值的简要分析并非详尽无遗，关于文化、社会和许多其他形式的价值大有可说之处。

第三章

1. 这种方法受到了 Theodore Porter 的启发，他认为量化是一种"距离的技术"，其主要功能是促进有时候距离遥远的对话者之间的沟通（Porter, *Trust in Numbers*）。

2. 这就是 Hans-Jörg Rheinberger 所说的"知识制造的中间世界"（"Infra-Experimentality," 340）。

3. Giere, *Scientific Perspectivism.* 另见 Gooding, *Experiment and the Making of Meaning*；以及 Radder, *The Philosophy of Scientific Experimentation* 和 "The Philosophy of Scientific Experimentation"。

4. 在 20 世纪 80 年代，一些哲学家和具有哲学思想的历史学家和社会学家率先研究了观察和实验之间的关系（例如，见 Latour and Woolgar, *Laboratory Life*；Hacking, *Representing and Intervening*；Collins, *Changing Order*；Franklin, *The Neglect of Experiment*；Galison, *How Experiments End*；Bogen and Woodward, "Saving the Phenomena"）。在将观察和实验的结果置于同样的情境之下时，我遵循 Radder 在 *The World Observed / The World Conceived* 中所提出的观点，根据这一观点，观察和实验结果一样，都是依位置而定和有主体依赖性的。

5. Hanson, *Patterns of Discovery*, 19.

6. 关于对不同类型的理论负载性的讨论，见 Bogen, "Noise in the World," 10；以及 Schindler, "Theory-Laden Experimentation"。当然，跟我所做的简要介绍相比，这些观点具有更加漫长和辉煌的历史，其中最突出的是 Francis Bacon 和 William Whewell 的工作。

7. 科学技术研究学者一直在讨论把"原始数据"这个概念视作"坏的"甚至"矛盾的"这一观点（最近的例子包括 Bowker, *Memory Practices in the Sciences*；Gitelman, *"Raw Data" Is an Oxymoron*）。虽然我很欣赏他们在这些工作中对数据生产和维护的仔细研究，以及他们对炒作大数据的批评态度，但我想强调，至少有一些科学家（当然是在生物学领域）认为"原始"数据的想法是有价值的，这就提出了一个有趣的问题，即在如何理解和处理数据方面，学科和其他来源的差异性。Paul Edwards 在 *A Vast Machine* 中也强调了这一点，我将在本章后面讨论。

8. Hempel, "Fundamentals of Concept Formation in Empirical Science," 674.

9. 用 James Woodward 的话来说，这涉及将证据关系概念化为"一

214

个 纯 粹 形 式 的 、 逻 辑 的 或 先 验 的 事 物 "（Woodward，"Data，
Phenomena, and Reliability," S172）。

10. Reichenbach, *Experience and Prediction*.

11. Francis Bacon, *The Novum Organum*；William Whewell，"Novum
Organon Renovatum, Book II"；以及 John Stuart Mill, *A System of
Logic*。

12. 突出的贡献包括 Cartwright, *How the Laws of Physics Lie*；Bechtel
and Richardson, *Discovering Complexity*；Morgan and Morrison,
Models as Mediators；Giere, *Scientific Perspectivism*；Weisberg,
Simulation and Similarity；Bailer-Jones, *Scientific Models in
Philosophy of Science*；de Chadaverian and Hopwood, *Models*；
Creager, Lunbeck, and Wise, *Science without Laws*；以及 Morgan,
The World in the Model，等等。

13. 特别地，见 Kellert, Longino, and Waters, *Scientific Pluralism*；以
及 Chang, *Is Water H$_2$O*? 因此，一些哲学家相信，理解科学推
理意味着研究不同时期、不同地点和不同学科实际研究实践的
历史和特点（Ankeny et al., "Introduction: Philosophy of Science
in Practice"；Chang, *Inventing Temperature*）。

14. Hacking, "The Self-Vindication of the Laboratory Sciences,"
48. Peter Galison 针对通过粒子物理学实验获得的数据采取了类
似的立场，这使他能够研究该领域的研究团体之间交换数据的
方式，以及数据的科学用途如何被其迁旅所影响（*How
Experiments End* 以及 *Image and Logic*）。

15. Rheinberger, "Infra-Experimentality," 6-7. 因此，数据可以被
看作 "物质抽象" 过程的结果，例如，我在其他地方讨论的与
模式生物的生产和使用有关的过程（Leonelli, "Performing

Abstraction")。

16. Latour, "Circulating Reference."

17. 见牛津大学计算生物学研究小组提供的序列数据格式概述，The Computational Biology Research Group of the University of Oxford, "Examples of Common Sequence File Formats"。

18. 例如，见 Fry, *Visualizing Data*。我应该强调，Rheinberger 在 *Towards a History of Epistemic Things* 和 "Infra-Experimentality" 中，将他的观点建立在对 20 世纪 70 年代开发的测序技术的研究上，这解释了为什么他没有将数据生产和分析的后续发展考虑在内。

19. 关于迭代性，见 Chang, *Inventing Temperature*；O'Malley, "Exploration, Iterativity and Kludging in Synthetic Biology"；以及 Wylie, *Thinking from Things*。

20. 这是因为，尤其是作为众包项目和"公众科学"（citizenscience）的后果，那些没有受过正规科学训练和没有被正式雇用进行研究的个人可以——而且事实上——在以知识生产的目的去收集、处理和解释数据方面发挥重要作用。我在第六章第一节和第七章中会再次提到这一点。

21. 这个例子从 Richard Lenski 的实验进化研究项目中获得了灵感（Blount et al., "Genomic Analysis of a Key Innovation in an Experimental *Escherichia coli* Population"）。

215

22. 根据英国皇家学会的定义，数据被描绘成"指示某一现象属性的数字、字符或图像"（"Science as an Open Enterprise," 12），也可以从这个角度进行解释。

23. 这并不是说，一张胚胎的照片或一张微阵列切片有可能被当作任何生物现象的证据——任何具体的数据集所能给予的解释数量显然都是有限的，这两种形式的数据将不可避免地分别捕捉到关于一个胚胎和一个特定的基因表达模式的一些信息。同时，即使是最专门的数据类型也可能作为关于各种不同现象的主张的证据，这取决于它与哪些其他数据和背景假设相结合，以及由谁来进行评估。因此，即使微阵列切片将不可避免地提供关于基因表达的信息，这种信息也可以被解释为关于不同表型性状或基因组中不同标记的发展的证据。

24. 另一种说法是，数据没有固定的信息内容，因为这种内容本身就是关于数据的物质特征以及解释数据的人的专业知识和技能的函数。我不会详细讨论这个问题，因为对数据和信息之间关系的彻底讨论超出了本书的范围；在这里，我把重点放在被用来编码信息的工具——数据——以及这种归属的过程，而不是关注信息的概念本身。不过，将科学哲学的见解带入新兴的信息哲学领域将是富有成效的，这一领域对交流的语义方面表现出越来越多的关注（例如，见 Floridi and Illari, *The Philosophy of Information Quality*）。在这些文献中，一个突出的贡献者是 Luciano Floridi，他对数据的地位和作用的阐述与我在这里提出的观点有很大的相似之处。我们都强调，数据是一个关系范畴，它可以明确地与元数据和模型的范畴相区分。而且，我们都强调一个可信的哲学解释需要考虑到数据可能身处的各种情况，以及这种情况对于数据究竟是什么，有哪些影响（*The Philosophy of Information*, 85）。Floridi 还提出，"没有数据表征就没有信息"（"Is Information Meaningful Data?"），这一见解反映了我自己对数据和模型之间关系的立场（见第四节）。我们关于数据的真值有一个分歧，Floridi 认为，它们可以独立于数据的使用方式来评估：独立于它们的位置和处理方式，它们可以是不准确的、不精确的或不完整的——不真实的（*The Philosophy of Information*, 104）。相比之下，我坚持认为，数据本身并没有真值，唯有相对于具体的主张，相对于具体的理论、物质和社会等方面的条件才有真值。

25. Shapin Schaffer, *Leviathan and the Air-Pump*.

26. 例如，三位生物学家聚集在一个培养皿周围来观察黏菌的运动。正如 John Bonner 在其开创性实验中所做的那样。见 Princeton University, "John Bonner's Slime Mold Movies"。

27. 这一见解联系了我的方法与 Lorraine Daston 和 Peter Galison 所提出的方法，他们将数据描述为可移动的、可操作的与"公共的"，并观察到这些特征如何定义数据，以及它们如何在不同的研究背景下发挥作用（Daston and Galison, "The Image of Objectivity"）。该见解也联系了 Mary Morgan 的方法，她也强调，数据的转移对于评估其作为证据的价值至关重要（"Travelling Facts," *The World in the Model*）。这些作者所研究的数据迁旅案例，结合我自己对数据管护中所涉及的去背景化过程复杂性的研究，清楚地表明了数据能够以多种方式迁旅，以及那些为了使数据可移动而做的工作本身应当被视为一种科学成就。

28. 当然，数字格式的数据只能通过与电脑屏幕的互动才能被看到和操作。而虚拟环境中的物理限制和阻碍的类型与非虚拟环境中所遇到的是不同的。就我的目的而言，无论数据以数字形式还是以模拟形式出现，只要它决定了数据可以被传播的方式，就很重要。然而，这在多大程度上影响了数据的再利用，取决于具体的情况，特别是考虑到数据从模拟转换成数字或者反之的难易程度（例如，把在电脑屏幕上看到的数据打印出来，在

小数据样本的情况下是一个相对容易的任务，但在涉及大数据
集，如全基因组序列时就变得不可能了；扫描和注释一张照片
以插入数字数据库可能直接就能做到，也可能极其复杂，这取
决于数据库是如何设置的）。这与 Morgan 在研究"无物质干涉
的实验"（"Experiments without Material Intervention"）时所采
取的立场截然不同。我感兴趣的不是体内研究与计算机研究中
所涉及的干预种类之间的区别，而是通过体内实验获得的信息
被处理的方式（包括其在计算机中的建模和传播）。在这个意
义上，我的立场更接近 Wendy Parker 的想法，即"计算机实验
首先且首要地是真实物质系统中的实验"（"Does Matter Really
Matter?" 488）。

29. Orlin Vakarelov 提供了一个关于媒介的有用描述，即媒介是
"具体的东西，它是被世界其他的部分……以恰好能够支持构成
信息过程的互动模式的方式'推来拉去'的系统"（Vakarelov,
"The Information Medium," 49）。Vakarelov 关于信息媒介的一
般理论是对我在这里提供的叙述的补充，特别是当他强调信息
需要被理解为"信息媒介的大型网络的互动和协调中的一种现
象，它在世界的高度组织化的动态中实施，并在因果层面与世
界互动"（同上，65）。

30. 例如，见 Michael Ghiselin，"A Radical Solution to the Species
Problem" 和 David Hull，"Are Species Really Individuals?"。一
个更近的例子是 John Dupré 和 Maureen O'Malley 关于微生物学
哲学和"生命的过程性方法"的工作（Dupré and O'Malley,
"Metagenomics and Biological Ontology"；Dupré, *Processes of Life*；
O'Malley, *Philosophical Issues in Microbiology*）。

31. Guay and Pradeau, *Individuals Across the Sciences*.

32. 这个观点与 James Griesemer 关于数据生产和收集的讨论相类似，他把数据生产和收集视作追踪活动，其具体结果是产生了可以被视为被追踪现象的文档这一对象。这与对什么算作数据 217 的相关理解是相容的，特别是考虑到他强调了其对科学家在进行追踪活动和解释其成果时的承诺——无论是实践的（对仪器和材料）、社会的（对网络、同行和机构）还是理论的（对具体的概念化和背景知识）——的作用（Griesemer, "Reproduction and the Reduction of Genetics," "Theoretical Integration, Cooperation, and Theories as Tracking Devices," 以及 "Formalization and the Meaning of 'Theory' in the Inexact Biological Sciences"）。

33. 这个反对意见是 Chris Timpson 首先向我提出的，他在 *Quantum Information Theory and the Foundations of Quantum Mechanics* 的第二章中讨论了这个问题。

34. Biagioli, "Plagiarism, Kinship and Slavery."

35. 这是否意味着每次数据集被复制或翻译成新的格式，其科学意义就必然改变？我不这么认为，因为在我的框架中，决定数据科学意义变化的不是格式本身的变化，而是探究情况的变化。因此，对于一个生物学家群体来说，重视让"原始数据"可以在实验室之间以最小的改动进行传播这一想法是完全合理的。一个数据集被解释的方式既取决于它的位置，也取决于它的格式，而这些因素中哪一个影响了数据的再利用，是一个局部评估的问题。这一观察贯穿了个例和类型、非物质形式（理念）和有形物品（物体）之间的哲学区分。我们需要认识到数据迁旅所涉及的可变性和多态性的认识论意义，这就是为什么我坚持避免对数据进行定义，以免可能独立于特定的背景来识别和讨论它们。数据本身并不存在，因为什么算作数据总是相对于一个特定的探究而言的，在这个探究中，人们寻求证据来回答甚至拟定一个问题。数据不仅在原则上是可以修改的，而且事实上，在其迁旅过程中经常以各种方式被修改，从而深刻地影响其作为证据这一功能。

36. Woodward, "Phenomena, Signal, and Noise."

37. Bogen and Woodward, "Saving the Phenomena," 314.

38. 事实上，数据"不可能被生产出来，除非数据结果反映其影响的因果要素。但这些要素的数量太多，种类太多，行为太不规则，任何单一的理论都无法解释它们"（Bogen, "Noise in the World," 18）。

39. Bogen and Woodward, "Saving the Phenomena," 306.

40. 关于数据—现象的区分，并对数据的地位提出质疑的重要讨论包括 McAllister, "Phenomena and Patterns in Data Sets," "Model Selection and the Multiplicity of Patterns in Empirical Data," "The Ontology of Patterns in Empirical Data," 以及 "What Do Patterns in Empirical Data Tell Us About the Structure of the World?"; Schindler, "Bogen and Woodward's Data/Phenomena Distinction"; Massimi, "From Data to Phenomena"; 和 Teller, "Saving the Phenomena Today"。

41. Woodward, "Phenomena, Signal, and Noise," 792. 值得注意的是，在同一段中，Woodward 接着说："推而广之，这种结果的记录或报告也可以被视为数据。" 这似乎表明，Woodward 认识到将数据的概念限制在"测量或检测过程的结果中"所涉及的困难；然而，Woodward 和 Bogen 都没有对这个问题给予更多的关注。

42. Bogen and Woodward, "Saving the Phenomena," 317.

218

43. 因此，应该清楚的是，我的论述并不认为非本地性是指数据和它们的生产背景之间完全脱钩；相反，我认为，这个术语表示数据在它们所产生的背景之外被采用的能力——正如我所表明的，这需要对记录其来源的元数据进行批判性的评估。

44. 请注意，这种观点不一定涉及对现象的相对主义和/或建构主义观点，比如 James McAllister 在 "Model Selection and the Multiplicity of Patterns in Empirical Data," "The Ontology of Patterns in Empirical Data," 以及 "What Do Patterns in Empirical Data Tell Us About the Structure of the World?" 中所提出的。相反，我对现象的概念化遵循 Michela Massimi 的康德主义立场，根据这一立场，"现象是（部分地）由我们建构的，而不是自然界中现成的"（Massimi, "From Data to Phenomena," 102），"部分地"是一个关键的限定。虽然我同情 McAllister 把现象描绘成 "研究者使用的标签"，但我不支持他的结论，即这些标签可以应用于 "数据集中（研究者）想要指定的任何模式"（McAllister, "Phenomena and Patterns in Data Sets," 224）。这种建构主义否定了对标签和分类做出判断的物质条件的重要性。正如我在第五章中所说明的，数据的分类不是任意的，而是受到人类与世界互动的条件的强烈制约。因此，现象的识别既是探究者概念判断的结果，也是数据生产和传播的复杂的物质和社会组合的结果，它并不由任何一个关于哪些现象存在和可以被研究的具体概念决定。

45. Bogen and Woodward, "Saving the Phenomena," 326.

46. 我在第五章中详细讨论了这些特征，以及主张和数据之间的关系。

47. 我在 Leonelli, "What Difference Does Quantity Make?" 中讨论了

生物学中的大数据。

48. Fry, *Visualizing Data*; Hey, Tansley, and Tolle, *The Fourth Paradigm*.

49. Suppes, "Models of Data," 258. Suppes 首先结合心理学中学习理论的底层数据阐述了这一观点，后来又将他的观点应用于物理学和天文学的案例中（"From Theory to Experiment and Back Again," "Statistical Concepts in Philosophy of Science"）。

50. Suppes 提出了一种关于理论、模型和问题的层级结构，这种结构困扰着科学研究，他把"每一个不涉及正式统计的实验设计的直观考虑"放在这种层级结构的最底层（"Models of Data," 258；关于实验的实用性方面的一般性分析，见 Suppes, "Statistical Concepts in Philosophy of Science"）。

51. Suppes 实际上对大规模计算和信息的大规模普及很感兴趣，他认为数据检索速度的转变将"改变世界"（"Perception, Models and Data," 112；另见 Suppes, "The Future Role of Computation in Science and Society"）。然而，他并没有明确分析这一论点将如何影响数据本身的概念化；他对数据处理的仔细研究也没有延伸到实验室之外，从而把数据库这样的传播工具包含在内。

52. Frigg and Hartmann, "Models in Science"。

53. Edwards, *A Vast Machine*, 280.

54. 同上，272。

55. Edwards, *A Vast Machine*, 291.

56. 这种描述与现有的关于模型在生物学实践中的作用的论述大体一致，如 Michael Weisberg 认为模型是"目标系统的潜在表征"（*Simulation and Similarity*, 171），Miles MacLeod 和 Nancy Nersessian 将基于模型的推理描述为"通过抽象和整合来自许多不同背景的制约因素而产生新表征的过程”（“Building Simulations from the Ground Up,”534）。

57. 这里采用的表征概念并不要求模型和目标系统之间的同构性，甚至是直接的相似性——在这个意义上，我遵循 Morgan 对建模的描述，即“创造一些用另一种媒介所表达的小型世界的活动”（Morgan, *The World in the Model*, 30），其中，这些小型世界的范围与其创造者的想法（理论化）相关，相对地，世界的实际结构（描述）在每个具体情况下有所不同。

58. Morgan 在她对模型发展的哲学文献的评论中强调了这一点，她指出，无论我们遵循哪种说法，建模总是涉及“科学家的直觉、想象力和创造性品质”（同上，25）。令人吃惊的是，Morgan 在她的论述中一次也没有提到“数据”一词。当我们在考虑模型建构和数据包装活动之间的具体区别，而不是其可能的重叠时，这就非常合理了。

59. 我在“Performing Abstraction”中讨论了这种对抽象的履行式理解。Ulrich Krohs 和 Werner Callebaut 在讨论系统生物学中模型和数据之间的关系时，对这一过程进行了生动的说明，他们指出，建立数据模型的第一步通常是“挑选出一种代谢的或感觉的能力”——换句话说，挑出生物世界的一个特征——“对它进行分析并最终建立模型”（“Data without Models Merging with Models without Data”, 188）。

60. Borgman,“The Conundrum of Sharing Research Data,”1061.

第四章

1. 我在 Leonelli, *Weed for Thought*, 以及“The Impure Nature of

Biological Knowledge" 中更详细地讨论了这个概念。

2. Ryle 关于具身知识的观点源于他对"知道如何做"和"知道是什么"（*The Concept of Mind*）的区分。我对具身知识的描述也与 Hans Radder 在 *The Material Realization of Science* 中对实验的实施所涉及的内容的详细描述，以及 Ken Waters 在 "How Practical Know-How Contextualizes Theoretical Knowledge" 中对他所说的程序性知识的讨论，特别是他对经典遗传学中解释推理和调查实践的交织的分析密切相关。

3. Polanyi, *Personal Knowledge*, 54-55.

4. 同上，55。

5. Ryle, *The Concept of Mind*, 30.

6. 同上，42。

7. 同上，29。

8. 许多科学和技术研究领域的学者都记录了这些过程，例如：Latour and Woolgar, *Laboratory Life*；以及 Michael Lynch, "Protocols, Practices, and the Reproduction of Technique in Molecular Biology"。

9. JoVE, "About."

10. Taylo et al. , "Promoting Coherent Minimum Reporting Guidelines for Biological and Biomedical Investigations."

11. Avraham et al. , "The Plant Ontology Database."

12. BioSharing, "Homepage."

13. Keller, *A Feeling for the Organism*.

14. Edwards et al. , "Science Friction."

15. 私人信件，2009 年 11 月。

16. Rosenthal and Ashburner, "Taking Stock of Our Models";

Leonelli, "Growing Weed, Producing Knowledge."

17. 反之亦然。例如，我曾记录过 C24 的情况，实验者在把它当作拟南芥的一个生态型来处理时犯了错误，直到种质库存中心的技术人员发现了这个错误（Leonelli, "Growing Weed, Producing Knowledge," 214-215）。

18. 例如，见 Rader, *Making Mice*; Davies, "What Is a Humanized Mouse?" 以及 "Arguably Big Biology"。

19. Love and Travisano, "Microbes Modeling Ontogeny"; O'Malley, *Philosophical Issues in Microbiology*。

20. 见 CASIMIR 网站，http://casimir.org.uk。

21. Draghici et al., "Reliability and Reproducibility Issues in DNA Microarray Measurements."

22. Leonelli, "When Humans are the Exception."

23. Brazma et al., "Minimal Information About a Microarray Experiment (MIAME): Towards a Standard for Microarray Data."

24. Shields, "MIAME, We Have a Problem"; Rogers and Cambrosio, "Making a New Technology Work"。

25. McCarthy et al., "Genome-Wide Association Studies for Complex Traits."

26. 例如，见 McMullen, Morimoto, and Nunes Amaral, "Physically Grounded Approach for Estimating Gene Expression from Microarray Data"。

27. Leonelli et al., "Making Open Data Work for Plant Scientists."

28. 例如，见 Fernie et al., "Recommendations for Reporting Metabolite Data"。

29. 我在这里刻意回避了 Hans Radder 在其关于具体实现的论述中

221

对实验者和技术人员的严格区分。Radder 借助它有效地提醒读者实验室内部分工的重要性，他也假设技术人员是具身知识的主要储存者，并将实验者描述为主要对获得理论的（命题的）知识感兴趣。但这不是我在生物实验室观察到的情况，技术人员当然更熟悉特定机器（如光谱仪）的功能，但实验者也深深地投入到实验的具体实现中，包括新工具和技术的开发以及有机样品的处理。一些评论家强调了实验工作中具身知识的重要性，包括 Gooding, *Experiment and the Making of Meaning*；Franklin, *The Neglect of Experiment*；以及 Rheinberger, "Infra-Experimentality"。著名的两次诺贝尔奖得主 Fred Sanger 这样说，"在科学研究所涉及的三种主要活动，思考、交谈和行动中，我更喜欢最后一种，或许我也最擅长这一种"（Sanger, "Sequences, Sequences and Sequences," 1）。

30. Christine Hine 用"倡议之舞"这一表述抓住了其更广泛的意义，即几种类型的专家、网络和管理结构积极参与生物数据库的开发（Hine, "Databases as Scientific Instruments and Their Role in the Ordering of Scientific Work"）。

31. JoVE 和 BioSharing 在其网站的主页上都突出强调了这一点，它们在主页上自豪地宣布自己是"不断发展的可重复性研究运动的一部分"（2014 年 3 月 19 日访问）。

32. Parker, Vermeulen, and Penders, *Collaboration in the New Life Sciences*；Davies, Frow, and Leonelli, "Bigger, Faster, Better?".

33. Gobleand Wroe, "The Montagues and the Capulets"；Searls, "The Roots of Bioinformatics"；Stevens, *Life Out of Sequence*.

34. Callebaut, "Scientific Perspectivism"；Chang, *Is Water H2O?*；Giere, *Scientific Perspectivism*；Longino, *The Fate of Knowledge*；

Mitchell, *Biological Complexity and Integrative Pluralism.*

35. Chang, *Is Water H$_2$O?*, 272.

36. 同上，151。

37. Giere, *Scientific Perspectivism.*

38. 这一观点与分布式认知的观点有很强的关联（*Cognition in the Wild*），这是由 Edward Hutchins 在研究船舶导航中的集体主体性时提出的，Andy Clark 将这一想法扩展到所有"计算能力和专业知识分散在大脑、身体、人工制品和其他外部结构的异质组合中"的情况（*Being There*, 77）。我计划在未来的工作中扩展这些相似的想法。

39. 例如韩国干细胞研究员 Hwang Woo-suk 的案件（Hong，"The Hwang Scandal that 'Shook the World of Science'"）牵扯的这种对于欺诈行为的公开诉讼，或者重复性尝试的失败，如心理学实验中揭露的那样（Open Science Collaborative，"Estimating the Reproducibility of Psychological Science"）。

40. 例如，通过直接检测推断的数据通常比通过电子注释或计算机预测推断的数据排名更高。

41. 例如，评估拟南芥信息资源数据库（TAIR）中一个微阵列数据集的每一步迁旅都涉及植物微阵列实验的专业知识、特定软件的使用、生物本体和元数据的选择，以及微阵列可视化在数据库基础设施中的实例化方式。某一个人不太可能拥有全部这些知识——而这只是一个相对简单的数据迁旅案例而已！ 222

42. 关于理解的概念及其与具身知识的关系的研究，见 Leonelli，"The Impure Nature of Biological Knowledge;" 关于对科学知识的社会和认知维度之间的相互关系的有力的辩护，见 Longino，*The Fate of Knowledge*。

43. Helmreich, *Silicon Second Nature*; King et al., "The Automation of Science."

44. Evans and Rzhetsky, "Machine Science."

45. 例如，见 Anderson, "The End of Theory"。

46. 我在这里遵循 Radder（在 *The Material Realization of Science* 中）对实验可重复性和可复制性的区分的表述，前者表示通过各种不同手段输出相同结果的能力，而后者表示通过进行相同的实验程序达到同样效果的能力。

47. Casadevall and Fang, "Reproducible Science"; Mobley et al., "A Survey on Data Reproducibility in Cancer Research Provides Insights into Our Limited Ability to Translate Findings from the Laboratory to the Clinic." 关于这个问题的概念分析，见 Harry Collins 针对实验复制的稀有性和实验者的退步问题进行的开创性讨论（*Changing Order*）。

第五章

1. O'Malley and Soyer, "The Roles of Integration in Molecular Systems Biology."

2. Rasmus Winther, "The Structure of Scientific Theories" 对理论的实用主义观点进行了全面的讨论。

3. Giere, *Science without Laws* 以及 *Scientific Perspectivism*.

4. Suárez and Cartwright, "Theories: Tools versus Models."

5. Knorr Cetina, *Epistemic Cultures*.

6. Stotz, Grifths, and Knight, "How Biologists Conceptualize Genes."

7. 例如，见 Latour, "Circulating Reference"; Bowker and Star,

Sorting Things Out。

8. Brazma, Krestyaninova and Sarkans, "Standards for Systems Biology," 595.

9. Lewis, "Gene Ontology," 103.1.

10. 在第二章中，我说明了这种方法的成功既是由于其技术特点，也是由于其制度实施。这个系统的发展需要建立一套新的组织，将来自不同社区的研究人员聚集在一起，作为生物信息学家、使用数据的研究人员和监管机构（如资助机构和国际组织）之间的中介。

11. 在"Documenting the Emergence of Bio-Ontologies"中，我展示了"本体论"一词在计算机科学中如何被用来表示一套表征初始词（representational primitives）对知识或话语的领域进行建模，它最初是从哲学中获得的，但很快就获得了技术上的含义。它与"面向对象的"编程语言的结构有关，而与形而上学中的错综复杂没有什么关系（Gruber, "A Translation Approach to Portable Ontology Specifications"）。一些哲学家，其中最著名的是 Barry Smith，已经利用术语上的重叠来将形而上学定位为构建生物本体论的一个重要的灵感和指导来源（例如 Smith and Ceusters, "Ontological Realism"）。Smith 有效地将他自己的哲学观点引入了生物信息学家赋予这个术语的非哲学意义上，正是他的跨学科工作为"本体论"这个术语的"混合身份"提供了部分支撑。我不会在本书中详细研究 Smith 的观点。我们只需注意到，像 Smith 这样的贡献即使没有从认识论的角度对形而上学原则应用于未来生物学研究的影响进行分析，但也已经成功地、富有成效地塑造了生物本体论的发展。希望我对作为理论的生物本体论的分析能够有助于理解采用一

般的形而上学原则来组织数据迁旅是如何影响科学知识的发
展的。

12. Brazma, Krestyaninova, and Sarkans, "Standards for Systems
Biology," 601.

13. Bard and Rhee, "Ontologies in Biology," 213.

14. Ashburner et al., "Gene Ontology," 27.

15. 所有三个 GO 本体论的设计都是为了表示一般真核细胞的过程、
功能和组分；同时也可以纳入生物体的具体特征（在 2012 年，
GO 已经包括了 30 多个物种的数据）。见 See Ashburner et al.,
"Gene Ontology," 以及 the Gene Ontology 在 2004 年、2006 年和
2007 年的 "Minutes"。

16. 请注意，"调节" 没有被组织在父/子结构中。另外，在 2013
年，基因本体论正在纳入另外两种类型的关系，即 "有一部分
为"（has part）和 "发生在"（occurs in），并且有可能采用许
多其他类型的关系，正如 Smith 等人在 "Relations in Biomedical
Ontologies" 中所记录的。

17. 例如，见 Liang et al., "Gramene"。

18. Smith et al., "The OBO Foundry."

19. 重要的是从一开始就注意到我讨论的具体焦点，因为自从 GO
获得发展以来，其他几个生物本体论的形式化已经被引入，而
OBO 格式在其中的状态与位置是有激烈争议的（Egaña
Aranguren et al., "Understanding and Using the Meaning of
Statements in a Bio-Ontology"）。例如，使用网络本体论语言
（OWL）构建的本体论作为 OBO 格式的一个有用的替代方案而
倍受关注，并且研究者们正在努力使这两个系统兼容（例如
Hoehndorf et al., "Relations as Patterns"；Tirmizi et al.,

"Mapping between the OBO and OWL Ontology Languages")。这些差异和趋同对于生物本体论的未来发展以及它们在模式生物研究中的普及程度至关重要；然而，它们与我的哲学分析无关，我的分析集中在目前 OBO 联合体用来服务于使用它们的实验生物学家群体的那些功能。

20. Keet, "Dependencies between Ontology Design Parameters." 224

21. Ashburner et al., "Gene Ontology"; Lewis, "Gene Ontology"; Renear and Palmer, "Strategic Reading."

22. Bada et al., "A Short Study on the Success of the Gene Ontology."

23. Baclawski and Niu, *Ontologies for Bioinformatics*, 35.

24. Gene Ontology Consortium, "GO：0046031."

25. 当然，这并不意味着它们总是以这种方式被更新。正如我在第二章所讨论的，数据库的长期维护是一个劳动密集型的过程，没有足够的赞助是不可能的。不过，最近的研究表明，主要生物本体论更新活动的水平非常稳定（Malone and Stevens, "Measuring the Level of Activity in Community Built Bio-Ontologies"）。

26. Bada et al., "A Short Study on the Success of the Gene Ontology," 237. 我在 Leonelli et al., "How the Gene Ontology Evolves" 中评论了 GO 顺应生物知识变化而调整的实例。

27. Kuhn, *The Structure of Scientific Revolutions*.

28. Hesse, *Revolutions and Reconstructions in the Philosophy of Science*, 108.

29. 同上，97。

30. 私人信件，2004 年 8 月 27 日。

31. Hempel, *The Structure of Scientific Inference*, 4-26; 以及 Hesse,

Revolutions and Reconstructions in the Philosophy of Science，84。

32. Gene Ontology Consortium. "Minutes of the Gene Ontology Content Meeting（2004）."

33. Paracer and Ahmadjian，*Symbiosis*.

34. Bernard，*An Introduction to the Study of Experimental Medicine*，165.

35. 与此类似，Kenneth Schaffner 对"中层理论"（middle‑range theories）作为知识表征和发现的手段提出了复杂的看法。他甚至简要地探讨了面向对象的编程方法（生物本体论的祖先）作为表达理论承诺的方式的有用性（Schaffner，*Discovery and Explanation in Biology and Medicine*）。我认为他的方法与我的方法是一致的，但我在此不做详细分析，因为他的重点和目标（生物学中类似规律的陈述与物理学和化学中的那些陈述的关系）与我不同。

36. Dupré，*The Disorder of Things* 和 "In Defence of Classification"；以及 Dupré and O'Malley，"Metagenomics and Biological Ontology"。

37. Dupré，"In Defence of Classification."

38. Dupré and O'Malley，同上。

39. Müller-Wille，"Collection and Collation"；Müller-Wille and Charmantier，"Natural History and Information Overload."

40. Strasser，"The Experimenter's Museum."

41. Love，"Typology Reconfigured，"53.

42. Dupré，*The Disorder of Things* 和 "In Defence of Classification"；Brigandt，"Natural Kinds in Evolution and Systematics"；Reydon，"Natural Kind Theory as a Tool for Philosophers of Science"。

43. Minelli，*The Development of Animal Form*.

225　44. Love，"Typology Reconfigured，"63；另见 Griesemer，"Periodization and Models in Historical Biology"。

45. Klein and Lefèvre, *Materials in Eighteenth-Century Science.*

46. Daston, "Type Specimens and Scientific Memory," 158.

47. Crombie, *Styles of Scientific Thinking in the European Tradition*；以及 Hacking, *Historical Ontology*。

48. Pickstone, *Ways of Knowing*, 60.

49. 关于理论作为领域控制机制的作用的恰当解释（理论被形式化为一种在生物学中划定什么算作相关的对象、技术和工具的方法），见 Griesemer, "Formalization and the Meaning of 'Theory' in the Inexact Biological Sciences"。

50. Leonelli et al., "How the Gene Ontology Evolves."

51. Richardson et al., "There Is No Highly Conserved Embryonic Stage in the Vertebrates."

52. Wimsatt and Griesemer, "Reproducing Entrenchments to Scaffold Culture." 另见 Caporael, Griesemer, and Wimsatt, *Developing Scaffolds in Evolution, Culture, and Cognition*。

53. 模型对理解理论的重要性已被广泛讨论，例如 Griesemer（"Theoretical Integration, Cooperation, and Theories as Tracking Devices"），以及 de Regt, Leonelli 和 Eigner 所编的 *Scientific Understanding* 中收录作者的文章。

54. Krakauer et al., "The Challenges and Scope of Theoretical Biology," 272.

55. 在分类理论中使用的标签可以被看作 Hans Radder（在 *The World Observed / The World Conceived* 中）所概述的概念，它们具有可以应用于各种情况的非本地的意义，但它们又是从具体研究情况中抽象出来的。

56. Nancy Cartwright 关于适用于观察实体的低层规律的工作（*How the Laws of Physics Lie* and *The Dappled World*）以及 Griesemer 对形式化的分析（"Formalization and the Meaning of 'Theory' in the Inexact Biological Sciences"）都强调了这种情况。

57. 人们可能质疑这种归纳在多大程度上已经成功实现。不过我认为这对我的论点并不重要，因为我的论点关注的是这个系统对归纳的基本愿望，而不是它的成功。我在 Leonelli et al.，"How the Gene Ontology Evolves"；以及 Leonelli，"When Humans Are the Exception" 中讨论了这项事业的成功与困难。

58. Mitchell, *Unsimple Truths*, 50–51.

59. 还是用 Mitchell 的话来说。"我们对科学知识特性的哲学思考应当建立在究竟是哪种类型的主张在科学解释和预测当中起着更可靠作用的基础上。有些归纳更像严格的规律模型，有些则不是。两者都应该被称为规律。更宽泛的一类规律性，我称之为实用性规律，它在生物学中广泛存在，可以说，在生物学之外也是如此"（Mitchell, *Unsimple Truths*, 51）。

60. Cartwright, *How the Laws of Physics Lie.*

61. Scriven, "Explanation in the Biological Sciences."

62. Callebaut, "Scientific Perspectivism."

63. Aderson, "The End of Theory"；另见 Callebaut 的讨论，Scientific Perspectivism"；以及 Wouters et al.，*Virtual Knowledge*。

64. 例如，Allen, "Bioinformatics and Discovery"；Kell and Oliver, "Here Is the Evidence, Now What Is the Hypothesis?"；O'Malley et al.，"Philosophies of Funding"。

65. Waters, "The Nature and Context of Exploratory Experimentation."

66. Hill et al.，"Gene Ontology Annotations."

67. 这一观点与 Callebaut 在"Scientific Perspectivism"中分析数据密集型科学时对科学视角主义的认可相类似，在这里，我不会纠缠于科学实在论的棘手问题，而是引用 Chang 在 *Is Water H_2O?* 中的观点，该观点恰如其分地被称为"积极的"，我认为它可以解释分类理论中表达的命题知识的易错性和信息性的本质。

68. Star, "The Ethnography of Infrastructure."

第六章

1. O'Malley and Soyer, "The Roles of Integration in Molecular Systems Biology."

2. 历史上的著作如 Harwood, *Europe's Green Revolution and Others Since*; Müller-Wille, "Collection and Collation"; Smocovitis, "Keeping up with Dobzhansky"; 以及 Kingsbury, *Hybrid*, 清楚地表明了植物科学家在生物学包括进化理论和遗传学的几个分支的发展中发挥的关键作用。

3. Leonelli, "Growing Weed, Producing Knowledge."

4. Browne, "History of Plant Sciences"; Botanical Society of America, "Botany for the Next Millennium."

5. Rhee, "Carpe Diem"; Koornneef and Meinke, "The Development of *Arabidopsis* as a Model Plant."

6. 当然，这并不意味着植物科学是一个同质化的领域，也不意味着在它的运行中没有张力、没有非重叠的项目。一个主要的问题是植物科学的农业方法和分子方法之间的历史性分离，这在 20 世纪下半叶开始出现（Leonelli et al., "Under One Leaf"）。我也无意断言在其他领域没有类似合作的例子；关于围绕模式生物的这种合作的分析，见 Kohler, *Lords of the Fly*；或 Leonelli and Ankeny, "Re-Thinking organisms"。

7. International Arabidopsis Informatics Consortium, "Taking the Next Step."

8. 例如，见 Kourany, *Philosophy of Science after Feminism*。

9. 因此，这一分析与其他扩大科学研究、合作和知识的概念的尝试相一致，这些概念传统上是在科学哲学范围内得到支持的。例如，Longino, *The Fate of Knowledge*；Douglas, *Science, Policy, and the Value-Free Ideal*；Mitchell, *Unsimple Truths*；Elliott, *Is a Little Pollution Good for You?*；Nordmann, Radder, and Schiemann, *Science Transformed?*；以及 Chang, *Is Water H$_2$O*。

10. Maher, "Evolution"；Behringer, Johnson, and Krumlauf, *Emerging Model Organisms* (vols. 1 and 2)。

11. Spradling et al., "New Roles for Model Genetic Organisms in Understandingand Treating Human Disease."

12. Sommer, "The Future of Evo-Devo."

13. Bevan and Walsh, "Positioning Arabidopsis in Plant Biology."

14. 我在这里采用了"组织层次"的宽泛定义，其目的是反映一种组织和细分研究课题的方式，这种方式在生物学中仍然非常流行——关注生物组织的特定组分和"尺度"，每一种都需要一套特定的调查方法和工具，以适应研究对象的尺寸和性质。

15. Leonelli et al., "Under One Leaf."

16. 例如，见 Stitt, Lunn and Usadel, "*Arabidopsis* and Primary Photosynthetic Metabolism"；另见 Bechtel, "From Molecules to Behavior and the Clinic"；以及 Brigandt, "Systems Biology and the Integration of Mechanistic Explanation and Mathematical Explanation"。

17. 我在这里所说的层间整合已经被机械论解释的支持者们详细讨论过（Craver, "Beyond Reduction"; Darden, "Relations Among Fields"; Bechtel, "From Molecules to Behavior and the Clinic"）。

18. Bult, "From Information to Understanding"; Leonelli and Ankeny, "Re Thinking organisms."

19. Leonelli et al., "Under One Leaf."

20. 这种观点与强调实验干预（"从做中学"）和作为实现生物学新发现手段的探索性研究是一致的。（例如，Steinle, "Entering New Fields"; Burian, "Exploratory Experimentation and the Role of Histochemical Techniques in the Work of Jean Brachet, 1938 - 1952"; O'Malley, "Exploratory Experimentation and Scientific Practice"; 以及 Waters, "The Nature and Context of Exploratory Experimentation"）。

21. 这些工作包括 Lindley Darden and Nancy Maull 的经典论文 "Interfield Theories"，还有更近的 Bechtel and Richardson, *Discovering Complexity*; Mitchell, *Biological Complexity and Integrative Pluralism* 和 *Unsimple Truths*; 以及 Brigandt, "Beyond Reduction and Pluralism" 和 "Integration in Biology"。

22. 正如我在第四章中所讨论的，被视为属于同一物种的品系和品种之间的比较，往往可以和物种之间的比较一样有趣。因此，我在这里的分析并不是赞同严格的分类学区分，而是要抓住比较生物群体之间差异的重要性。从这个宽泛意义上理解，"跨物种整合"也可以包括跨品种和跨品系的分析。

23. Babcock, *The Impact of US Biofuel Policies on Agricultural Price Levels and Volatility*.

24. Jensen, "Flowering Time Diversity in *Miscanthus*."

25. Jensen et al. , "Characterization of Flowering Time Diversity in *Miscanthus Species.*"

26. International Arabidopsis Informatics Consortium, "Taking the Next Step."

27. Gene Ontology Consortium, "AmiGO 2."

28. Leonelli et al. , "How the Gene Ontology Evolves."

29. Quirin et al. , "Evolutionary Meta-Analysis of Solanaceous Resistance Gene and *Solanum* Resistance Gene Analog Sequences and a Practical Framework for Cross-Species Comparisons."

228　30. Potte et al. , "Learning From History, Predicting the Future."

31. 有趣的是，PlantPatho 的发展本身就涉及相当多的整合工作，包括层间整合（通过整合来自宿主植物和病原体的不同特征的数据）和跨物种整合（通过整合来自各种不同物种的数据，必须指出，拟南芥研究提供了很多用于启动这一计划的数据；Bülow, Schindler, and Hehl, "PathoPlant"）。

32. 在此必须强调的是，人类健康很难与支持人类生存和福祉的环境健康分开理解，特别是那些作为空气、燃料和养料的关键来源的植物。因此，我赞成绿色生物技术和植物科学的想法，它们在保护和改善人类健康方面发挥了关键作用。也许一些认为红色生物技术（尤其是医学科学）是关注人类健康唯一知识形式的学者对此会感到反直觉；我希望这一分析有助于纠正这种常见的误解。

33. O'Malley and Stotz, "Intervention, Integration and Translation in Obesity Research."

34. 这种对优先事项的选择往往以牺牲用于探索性研究的时间为代价，然而这并不一定损害研究的质量和成果。相反，发展相关的研究策略以追求对生物体的社会理解，尤其是关联着意识到这一目标的实现可能需要长期和复杂的努力，是科学哲学家应该重视和支持的一种探索形式。在这个意义上，我的方法与 Helen Longino（*The Fate of Knowledge*），Janet Kourany（*Philosophy of Science after Feminism*）提出的社会性相关的科学哲学，以及对女性主义方法和科学的社会研究感兴趣，并把它们当作科学哲学发展的关键见解来源的其他领军人物提出的科学哲学密切相关。例如，见 Fehr 和 Plaisance 编辑的 *Synthese* 特刊，"Making Philosophy of Science More Socially Relevant"，以及 Kourany 的 *Philosophy of Science after Feminism* in *Perspectives on Science* 的评论研讨会（"Perspectives on Science After Feminism"）。

35. De Luca et al.，"Mining the Biodiversity of Plants，" 1660.

36. "水—食物—能源"纽带关系，由世界经济论坛（World Economic Forum）在 "Global Risks 2011：Sixth Edition" 中定义。

37. 这是许多资助机构，特别是那些在英国和其他地方签署了"影响力议程"的机构不愿意承认的事情。

38. Bastow and Leonelli，"Sustainable Digital Infrastructure"；以及 Leonell et al.，"Making Open Data Work for Plant Scientists"。

39. Pollock et al.，*The Hidden Digital Divide*.

40. Bezuidenhout et al.，"Open Data and the Digital Divide in Life Science Research."

41. Krohs，"Convenience Experimentation."

42. 见 Prainsack and Leonelli，"To What Are We Opening Science?"。

43. 见 November，*Biomedical Computing*；García Sancho，*Biology, Computing, and the History of Molecular Sequencing*；以及 Stevens，

229   *Life Out of Sequence* 的历史研究。

44. Agar，"What Difference Did Computers Make？" 872.

45. Kohler，*Lords of the Fly*.

46. 在 *Life Out of Sequence* 中，Stevens 将序列分析与现有计算机设备之间的独特契合解释为并非计算机适应生物研究，而是生物学家越来越多地根据计算机技术所提供的机会来调整他们工作的一个信号。虽然我同意他关于分子研究在促成生物学与计算机联姻方面的重要性，但我认为，生物学的见解和需求在塑造计算机技术方面已经发挥了——并将继续发挥——更积极的作用。这方面的例子有机器人科学中的联结主义范式，其中，我们对认知的理解的转变引发了硬件概念化的新方式；关于生物体进化和发展的研究，为软件和算法如何发展提供了宝贵的见解；在虚拟环境中模拟分子机制的合成生物学形式，并把有机组织本身用作计算的材料平台〔"湿件"（wetware）〕；以及，更广泛地说，生物学需要整合多种数据类型以满足各种用途，这推动了生物本体论和复杂数据库系统等创新成果的引入（例如 Sipper，*Machine Nature*；Forbes，*Imitation of Life*；Amos，*Genesis Machines*）。

47. 例如，见 McNally 等人对测序和环境数据流的比较分析，"Understanding the 'Intensive' in 'Data Intensive Research'"。

48. Leonelli，"When Humans are the Exception."

49. Mayer-Schönberger 和 Cukier 在 *Big Data* 中对这些论点做了清晰的总结。William Wimsatt 在 *Re-Engineering Philosophy for Limited Beings* 中对如何解决数据资源的潜在的不可靠提出了不同的看法，他以生物体应对功能失常的方式类比计算工具愈发能够应对故障的方式，认为计算基础设施的鲁棒性可以通过模仿进化和发展的鲁棒性机制来加强。

50. Royal Society, "Science as an Open Enterprise."

51. 见 Wylie, *Thinking from Things*。其中之一是以更高水平的分辨率和准确度检测现象的机会。"为了检测出更小的影响，我们需要更大的数据"。对于复杂的现象，我们需要更多的数据；有些类型的研究仅仅需要大的数据集（例如，在植物中寻找药物化合物，在癌症研究中寻找易感基因）。

52. 在实验生物学中，对于为什么会获得某种行为的解释能力仍然非常受重视——可以说重视程度超过了对将两个性状相互联系的解释能力的重视。生命科学中因果解释的价值是许多哲学家关注的一个重要问题，特别是那些对作为一种生物学理解形式的机械解释感兴趣的哲学家（例如 Bechtel, *Discovering Cell Mechanisms*；Craver and Darden, *In Search of Biological Mechanisms*）。

53. 例如，见 *Nature* 特刊，"Challenges in Irreproducible Research"。

54. Synaptic Leap, "Homepage."另见 Guerra et al., "Assembling a Global Database of Malaria Parasite Prevalence for the Malaria Atlas Project"。

230

55. MacLean et al., "Crowdsourcing Genomic Analyses of Ash and Ash Die back."

56. Kelty, "Outlaws, Hackers, Victorian Amateurs"; Delfanti, *Biohackers*; Wouters et al., *Virtual Knowledge*.

57. Stevens and Richardson, *Postgenomics.*

58. 在引起人们关注生物学研究传统的多样性和不断变化的性质时，以数据为中心的方法很可能有助于利用这种多样性来捕捉生命的过程性维度，特别是如在表观遗传学和进化—发育生物学中所显示的那样。类似地，从长远看，接受和鼓励跨大型研究网络进行生物学推理的意愿，很可能促进对生物体的综合理解。

第七章

1. Azberger et al. , "An International Framework to Promote Access to Data"; Organisation for Economic Co-Operation and Development, "OECD Principles and Guidelines for Access to Research Data from Public Funding"; Royal Society, "Science as an Open Enterprise."

2. 这些引文是 Crombie 对科学思维风格的最初表述，Hacking 称之为"推理风格"（Crombie, *Styles of Scientific Thinking in the European Tradition*; Hacking, *Historical Ontology*）。关于这些概念的详细讨论，另见 Kusch, "Hacking's Historical Epistemology"。

3. 参照 John Pickstone 的"认识方式"也可以做出类似的论证，因为数据中心主义涉及他所指出的每一个传统（自然史、分析、实验主义和技术科学）中的元素（Pickstone, *Ways of Knowing*）。

4. Lipton, *Inference to the Best Explanation*; Douven, "Abduction."

5. 我同意 Woodward 的观点，即"从事（数据）可靠性评估的科学家本身并不完全依赖关于证实的传统解释在评估证据支持时所强调的，逻辑的或形式的结构，或独立于主题的关系"（"Data, Phenomena, and Reliability," S171）。

6. 回到我在第二章对价值的讨论，可以说，在以数据为中心的生物学中，对数据的关注比对理论的关注更有价值。

7. 在数据迁旅的情况中，试图做出这样的区分是没有意义的，即使确有可能做到。数据在迁旅中所经历的每一次操作都可以被概念化为发现的背景，在这种背景下，研究者塑造了数据最终被解释和用作证据的方式；也可以被概念化为证明的背景，因为对数据被解释的步骤的合理重建涉及追踪和证明其旅程的每个阶段，这构成了一项困难的任务，特别是考虑到在数据迁旅中所涉及的专业和动机的多样性。这两种功能在同一组行动中的融合，以及管护人和用户在进行那些可被妥善记录和讨论的数据迁旅时所遇到的挑战，是数据迁旅在认识论上变得有趣的原因。发现和证明都是我讨论的数据迁旅所有阶段的主要组成部分，对它们进行区分无助于理解数据在移动时经历的环境和意义的转变。

231

8. 例如，见 Schickore and Steinle, *Revisiting Discovery and Justification*。

9. 例如，Carl Hempel 和 Ernest Nagel 等逻辑经验主义者将发现的背景称为主观的和非理性的，因此超出了科学认识论的范畴。这些观点的流行，是至今困扰英美科学研究的哲学方法和社会学方法之间思想裂缝的一个突出原因（例如，见 Longino, *The Fate of Knowledge*）。

10. 例如，见 Ernan McMullin 对认识价值的讨论（"Values in Science"）以及 Rooney 的相关评论（"On Values in Science"）。

11. Rouse, *Knowledge and Power*, 125. 另见 Gooding, *Experiment and the Making of Meaning*；Franklin, *The Neglect of Experiment*；Collins, *Changing Order*；Latour and Woolgar, *Laboratory Life*；Hacking, *Historical Ontology*；以及 Radder, *The Material Realization of Science*。

12. Rheinberger, *Towards a History of Epistemic Things* 以及 *An Epistemology of the Concrete*.

13. Chang, *Is Water H₂O?*, 16.

14. Martin Kusch 批评 Chang 的工作缺乏对化学革命的社会和政治环境的具体接触，认为这导致 Chang 不知不觉地将"社会的"与"非理性"等同起来（Kusch, "Scientific Pluralism and the Chemical Revolution"）。

15. 这一点在 Rheinberger 最近与 Staffan Müller-Wille 合著的 *Cultural History of Heredity* 中尤其明显，该书明确地尝试将广泛的社会和文化分析与遗传学的起源和发展的技术研究交织在一起。

16. "科学知识必须在其使用中得到理解。这种使用涉及一种本地的、存在性的知识，它位于人们对制度、社会角色、设备和实践的精细把握之中，从而使得科学在我们的世界中成为一种可理解的活动"（Rouse, *Knowledge and Power*, 126）。

17. 沿着这些思路进行的开创性哲学工作，见 Douglas, *Science, Policy, and the Value-Free Ideal*；Elliott, *Is a Little Pollution Good for You?*；以及 Biddle, "Can Patents Prohibit Research?"。建立这种联系是 Kaushik Sunder Rajan 组织的"知识/价值"系列研讨会的学者们的明确目标，我有幸在 2009~2014 年间参加了这些研讨会（Knowledge/Value 网站）。

18. 即使是在那些关注背景的意义的哲学家中，我们也发现存在很大的解释分歧。例如，Sandra Mitchell 将背景依赖性解释为适用于生物现象，从而适用于"世界的构造"（*Unsimple Truths*, 65）。Peter Vickers 则用它来指称论证实践，即"相同的论证可能在一个背景中是可靠的，而在另一个背景中则不是"——这种对背景依赖性的解释"意味着相对性和丧失客观性"（Vickers, "The Problem of Induction"）。在另一种更接近我自己方法的解释中，Paul Hoyningen-Huene 用它来描述科学知识中系统性的局部表现，这些表现总是基于特定的环境，包括所追求知识的领域的框架和目标（*Systematicity*，26）。

19. Longino，*The Fate of Knowledge*，1. 另见她所著的 *Science as Social Knowledge*。

20. Longino 将数据实践中的例子作为自己的出发点来探究科学研究的社会维度并非偶然。和我一样，她把不完全决定看作科学探究的一个起点，而不是逻辑推理的一个障碍。"证据和假设之间的空缺的结果"（*The Fate of Knowledge*，127），只有通过"将知识的代理人或主体视为位于特定的、复杂的相互关系中，并承认纯粹的逻辑约束不能迫使他们接受特定的理论，才能填补这一空缺"（*The Fate of Knowledge*，127–128）。

21. 我对 Reichenbach 的解读参考了 Don Howard 的 "Lost Wanderers in the Forest of Knowledge"，该文研究了 Reichenbach 写作 *Experience and Prediction* 的动机，也参考了 Ken Waters 在 "What Concept Analysis in Philosophy Should Be" 中对 Reichenbach 关于概念分析及其目标的观点的讨论。正如 Waters 所强调的，Reichenbach 在他书的开头就承认，"因此，知识是一个非常具体的东西；而对其性质的考察意味着研究社会学现象的特征"（Reichenbach，*Experience and Prediction*，3）。

22. Reichenbach，*Experience and Prediction*，3.

23. Dewey 将这种研究的概念化建立在"持续探究的原则"（*Logic*，2）之上，我对 Dewey 的逻辑的解读，特别是对他的情境概念的解读参考了 Matthew J. Brown 在 "John Dewey's Logic of Science" 中对其与科学哲学关系的详细讨论。

24. Dewey，*Logic*，68.

25. 同上。

26. 同上，104。我感谢埃里克-韦伯劝说我强调这一关键方面。

27. "只要它们能够彼此组织在一起，事实就是证据性的，可以检验一种观念"（Dewey, *Logic*, 113）。

28. 我已经讨论了 iPlant 的发展所依据的广泛协商，以及 ca BIG 在数据传播策略上遇到的困难。见 Waters, "How Practical Know-How Contextualizes Theoretical Knowledge"，其中讨论了 20 世纪初基因数据排序和可视化技术的缺乏在概念上的影响。

29. 在这种情况下，一度被视为数据的对象就成了垃圾，因为不可能给它们赋予证据价值（见第三章）。鉴于科学家生产了大量数据，这是研究周期中不可避免的一部分。事实上，绝大多数科学数据最终都会被丢失或遗忘（Bowker, *Memory Practices in the Sciences*）。在以数据为中心的研究中的关键问题是，是否有任何系统的、合理的方法来决定哪些数据应被保存，哪些应被丢弃，以及为什么做出这样的决定——基于这些方法，研究人员将能够决定并合理化哪些数据被保存及其保存形式。

30. Sheila Jasanoff 最初在更广泛的背景下引入共同生产的概念来讨论科学和社会秩序之间的关系（*States of Knowledge*）；Stephen Hilgartner 将其有效地应用于生物实验室内财产制度的构成（Hilgartner, "Mapping Systems and Moral Order"）。

31. Russell, *The Basic Writings of Bertrand Russell*, 180.

32. Brown, "John Dewey's Logic of Science."

33. 这与 Wimsatt 和 Griesemer 在 "Reproducing Entrenchments to Scaffold Culture" 中说的 "entrenchment（牢固基础）" 相当。另见 Leonelli and Ankeny, "Repertoires"。

34. 请注意，我并不认为数据的生产背景对于思考数据传播和解释不重要，这在绝大多数情况下都是明显错误的（至少在生物学领域）；相反，我认为，在这个问题上，数据生产的条件是研究人员的主要关注点。

35. 这里值得注意的是，越来越多地将医生咨询作为借助集中式数据库收集数据的手段，很可能改变医生在病人和一般资料库之间所扮演的信息中介角色。为了让医生忠实于他们对病人保密的誓言，他们不仅需要注意自己的数据生产情况，还需要注意数据的后续迁旅，以及数据在多大程度上可能以咨询时没有预期到的方式被调动。

36. 例如，见 Popper 的 "Models, Instruments, and Truth" 中关于 "情境分析" 的内容；Forrester, "If p, Then What?"；Radder, *The World Observed/The World Conceived*；以及 Morgan, *The World in the Model*（第九章关于 "典型情境" 的内容）。

37. Ankeny, "The Overlooked Role of Cases in Causal Attribution in Medicine"；另见 Ankeny, "Detecting Themes and Variations"。

38. 在对跨学科的案例推理进行广泛研究的基础上，Morgan 提供了一种策略分类，通过这种分类，能够对知识重新定位（Morgan, "Resituating Knowledge: Generic Strategies and Case Studies"）。

39. 这个建议可以扩大到把数据认识论主要当作一种案例的认识论，而非包罗万象的库恩范式或具有广泛适用性的理论框架的认识论。每一种数据处理的情况既是独特的，又有可能与其他情况连续。当连续性很强时（通常是研究中的科学标准化和控制机制所造成的），它们会被误认为对所谓的不可通约的、融贯的范式的概括，但具体的情况对研究人员的想象力和行动方式的影响，取决于随时可能变化的物质和社会因素。因此，这一立场建立在库恩的基础上，承认知识生产的物质和社会条件的重要性，但拒斥了他将探究的情境安排成涵盖面广且自成一体的趋势这种意图，从而取代了库恩关于理论变化的观点。

40. Steve Hinchliffe 提出了对生物体进行"环绕认知"的想法，以此来挑战对于"为认识生命所牵涉的实践、材料和运动的范围"的线性理解（Hinchliffe and Lavau，"Differentiated Circuits，" 259）。在我所说的情况中，数据库能够使用户做到的是对"环绕"数据进行认识，也就是说，学会以有助于理解其潜在生物意义的方式将数据背景化。

41. Joseph Rouse 在 *Knowledge and Power* 中讨论知识在其生产的最初背景之外的迁旅时，也提出了类似的观点。"知识被扩展到实验室之外，不是通过将知识归纳成可在其他地方被实例化的普遍规律而实现的，而是通过把知识应用于本地的实践，使其能够适配于新的本地背景而实现的。"在我的框架中，我正在扩展这一分析，以包括对背景化过程的一般性思考，以及它们在数据迁旅方面的重要性。

42. Haraway，"Situated Knowledges，"590.

43. 关于如何将情境性概念应用于实验设置的扩展论证，见 Leonelli et al.，"Making Organisms Model Humans"。

44. Christine Hine 强调了数据处理的决策所涉及的职责之间的不协调，这常常导致相关研究人员在各种不重叠的（有时是相互矛盾的）承诺之间周旋——这一过程被 Hine 称之为"倡议之舞"（Hine，"Databases as Scientific Instruments and Their Role in the Ordering of Scientific Work"）。

45. 关于 ATLAS 数据传播的细节，见 CERN 网站，http：// www. cern. ch；关于 ATLAS 数据选择程序的细节，见 Karaca，"A Study in the Philosophy of Experimental Exploration"。

参考文献

Agar, Jon. "What Difference Did Computers Make?" *Social Studies of Science* 36 (6) (2006): 869 – 907.

Allen, John F. "Bioinformatics and Discovery: Induction Beckons Again." *BioEssays* 23 (1) (2001): 104-7.

Amos, Martyn. *Genesis Machines: The New Science of Biocomputation*. London: Atlantic Books, 2014.

Anderson, Chris. "The End of Theory: The Data Deluge Makes the Scientific Method Obsolete." *Wired Magazine*, June 23, 2008. Accessed October 17, 2015. http://www. wired. com/ science /discoveries/ magazine/ 16-07/ pb_ theory.

Ankeny, Rachel A. "Detecting Themes and Variations: The Use of Cases in Developmental Biology." *Philosophy of Science* 79 (5) (2012): 644-54.

———. "The Natural History of *Caenorhabditis elegans* Research." *Nature Reviews Genetics* 2 (2001): 474-79.

———. "The Overlooked Role of Cases in Causal Attribution in Medicine." *Philosophy of Science* 81 (2014): 999-1011.

Ankeny, Rachel A., Hasok Chang, Marcel Boumans, and Mieke Boon. "Introduction: Philosophy of Science in Practice." *European Journal for Philosophy of Science* 1 (3) (2011): 303-7.

Ankeny, Rachel A., and Sabina Leonelli. "Valuing Data in Postgenomic Biology: How Data Donation and Curation Practices Challenge the Scientific Publication System." In *Postgenomics*, edited by Sarah Richardson and Hallam Stevens, 126–49. Durham, NC: Duke University Press, 2015.

———. "What's So Special about Model Organisms?" *Studies in History and Philosophy of Science* 42 (2) (2011): 313–23.

Aronova, Elena. "Environmental Monitoring in the Making: From Surveying Nature's Resources to Monitoring Nature's Change." *Historical Social Research* 40 (2) (2015): 222–45.

Aronova, Elena, Karen Baker, and Naomi Oreskes. "Big Science and Big Data in Biology: From the International Geophysical Year through the International Biological Program to the Long Term Ecological Research (LTER) Network, 1957-Present." *Historical Studies in the Natural Sciences* 40 (2) (2010): 183–224.

Ashburner, Michael, Catherine A. Ball, Judith A. Blake, David Botstein, Heather Butler, J. Michael Cherry, Allan P. Davis et al. "Gene Ontology: Tool for the Unification of Biology." *Nature Genetics* 25 (2000): 25–29.

Augen, Jeff. *Bioinformatics in the Post-Genomic Era: Genome, Transcriptome, Proteome, and Information-Based Medicine.* Boston: Addison-Wesley, 2005.

Avraham, Shulamit, Chih-Wei Tung, Katica Ilic, Pankaj Jaiswal, Elizabeth A. Kellogg, Susan McCouch, Anuradha Pujar et al. "The Plant Ontology Database: A Community Resource for Plant Structure and Developmental Stages Controlled Vocabulary and Annotations."

Nucleic Acids Research 36（S1）（2008）：D449-D454.

Azberger, Peter, Peter Schroeder, Anne Beaulieu, Geoffrey Bowker, Kathleen Casey, Leif Laaksonen, David Moorman et al. "An International Framework to Promote Access to Data." *Science* 303（5665）（2004）：1777-78.

Babcock, Bruce A. *The Impact of US Biofuel Policies on Agricultural Price Levels and Volatility.* International Centre for Trade and Sustainable Development Issue Paper No. 35. Geneva, Switzerland：ICTSD, 2011. Accessed October 17, 2015. http：//www. ictsd. org/downloads/2011/12/the-impact-of-us-biofuel-policies-on-agricultural-price-levels-and-volatility. pdf. Republished in *China Agricultural Economic Review* 4（4）（2012）：407-26.

Baclawski, Kenneth, and Tianhua Niu. *Ontologies for Bioinformatics.* Cambridge, MA：MIT Press, 2006.

Bacon, Francis. *The Novum Organum：With Other Parts of the Great Instauration.* Edited and translated by Peter Urbach and John Gibson. La Salle, IL：Open Court, 1994.

Bada, Michael, Robert Stevens, Carole Goble, Yolanda Gil, Michael Ashburner, Judith A. Blake, J. Michael Cherry et al. "A Short Study on the Success of the Gene Ontology." *Journal of Web Semantics* 1（2）（2004）：38.

Bafoutsou, Georgia, and Gregoris Mentzas. "Review and Functional Classification of Collaborative Systems." *International Journal of Information Management* 22（4）（2002）：281-305.

Bailer-Jones, Daniela M. *Scientific Models in Philosophy of Science.* Pittsburgh, PA：University of Pittsburgh, 2009.

Baker, Karen S., and Florence Millerand. "Infrastructuring Ecology: Challenges in Achieving Data Sharing." In *Collaboration in the New Life Sciences*, edited by John N. Parker, Niki Vermeulen, and Bart Penders, 111-38. Farnham, UK: Ashgate, 2010.

Bard, Jonathan B. L., and Seung Y. Rhee. "Ontologies in Biology: Design, Applications and Future Challenges." *Nature Reviews Genetics* 5 (2004): 213-22.

Barnes, Barry, and John Dupré. *Genomes and What to Make of Them*. Chicago: University of Chicago Press, 2008.

Barry, Andrew. *Political Machines: Governing a Technological Society*. London: Athlone Press, 2001.

Bastow, Ruth, Jim Beynon, Mark Estelle, Joanna Friesner, Erich Grotewold, Irene Lavagi, Keith Lindsey et al. "An International Bioinformatics Infrastructure to Underpin the *Arabidopsis* Community." *The Plant Cell* 22 (2010): 2530-36.

Bastow, Ruth, and Sabina Leonelli. "Sustainable Digital Infrastructure." *EMBO Reports* 11 (10) (2010): 730-35.

Bauer, Susanne. "Mining Data, Gathering Variables, and Recombining Information: The Flexible Architecture of Epidemiological Studies." *Studies in History and Philosophy of Biological and Biomedical Sciences* 39 (2008): 415-26.

Bechtel, William. *Discovering Cell Mechanisms: The Creation of Modern Cell Biology*. Cambridge: Cambridge University Press, 2006.

———. "From Molecules to Behavior and the Clinic: Integration in Chronobiology." *Studies in History and Philosophy of Biological and Biomedical Sciences* 44 (4) (2013): 493-502.

Bechtel, William, and Robert C. Richardson. *Discovering Complexity: Decomposition and Localization as Strategies in Scientific Research*. Princeton, NJ: Princeton University Press, 1993.

Behringer, Richard R., Alexander D. Johnson, and Robert E. Krumlauf, eds. *Emerging Model Organisms: A Laboratory Manual, Volume 1*. Cold Spring Harbor, NY: Cold Spring Harbor Press, 2008.

————, eds. *Emerging Model Organisms: A Laboratory Manual, Volume 2*. Cold Spring Harbor, NY: Cold Spring Harbor Press, 2008.

Bernard, Claude. *An Introduction to the Study of Experimental Medicine*. Mineola, NY: Dover, [1855] 1957.

Bevan, Michael, and Sean Walsh. "Positioning Arabidopsis in Plant Biology. A Key Step Toward Unification of Plant Research." *Plant Physiology* 135 (2004): 602-6.

Bezuidenhout, Louise, Brian Rappert, Ann Kelly, and Sabina Leonelli. "Open Data and the Digital Divide in Life Science Research." Forthcoming.

Biagioli, Mario. "Plagiarism, Kinship and Slavery." *Theory, Culture and Society* 31 (2 - 3) (2014): 65 - 91. doi: 10.1177/0263276413516372.

Biddle, Justin. "Can Patents Prohibit Research? On the Social Epistemology of Patenting and Licensing in Science." *Studies in History and Philosophy of Science* 45 (2014): 14-23.

BioSharing. "Homepage." Accessed April 30, 2014. https://biosharing.org.

Blair, Ann. *Too Much to Know: Managing Scholarly Information before the Modern Age*. New Haven, CT: Yale University Press, 2010.

Blount, Zachary D., Jeffrey E. Barrick, Carla J. Davidson, and Richard E. Lenski. "Genomic Analysis of a Key Innovation in an Experimental Escherichia coli Population." *Nature* 489 (2012): 513-18.

Bogen, James. "Noise in the World." *Philosophy of Science* 77 (2010): 778-91.

———. "Theory and Observation in Science." In *The Stanford Encyclopedia of Philosophy*, edited by Edward N. Zalta et al. Accessed October 17, 2015. http://plato.stanford.edu/entries/science-theory-observation.

Bogen, James, and James Woodward. "Saving the Phenomena." *The Philosophical Review* 97 (3) (1988): 303-52.

Bolker, Jessica A. "Model Organisms: There's More to Life than Rats and Flies." *Nature* 491 (2012): 31-33.

———. "Model Systems in Developmental Biology." *BioEssays* 17 (1995): 451-55.

Borgman, Christine L. "The Conundrum of Sharing Research Data." *Journal of the American Society for Information Science and Technology* 63 (6) (2012): 1059-78.

———. *Scholarship in the Digital Age: Information, Infrastructure, and the Internet*. Cambridge, MA: MIT Press, 2007.

Botanical Society of America. "Botany for the Next Millennium: I. The Intellectual: Evolution, Development, Ecosystems." 1994. Accessed October 17, 2015. http://www.botany.org/bsa/millen/mil-chp1.html#Evolution.

Boumans, Marcel, and Sabina Leonelli. "Introduction: On the

Philosophy of Science in Practice." *Journal for General Philosophy of Science / Zeitschrift für Allgemeine Wissenschaftstheorie* 44（2）（2013）: 259–61.

Bowker, Geoffrey C. "Biodiversity Datadiversity." *Social Studies of Science* 30（5）（2000）: 643–83.

————. *Memory Practices in the Sciences.* Cambridge, MA: MIT Press, 2006.

Bowker, Geoffrey C., and Susan Leigh Star. *Sorting Things Out: Classification and Its Consequences.* Cambridge, MA: MIT Press, 1999.

Brazma, Alvis, et al. "Minimal Information Around a Microarray Experiment（MIAME）: Towards Standards for Microarray Data." Nature Genetics 29（4）（2001）: 365–71.

Brazma, Alvis, Maria Krestyaninova, and Ugis Sarkans. "Standards for Systems Biology." *Nature Reviews Genetics* 7（2006）: 593–605.

Brazma, Alvis, Alan Robinson, and Jaak Vilo. "Gene Expression Data Mining and Analysis." In *DNA Microarrays: Gene Expression Applications*, edited by Bertrand Jordan, 106–32. Berlin: Springer, 2001.

Brigandt, Ingo. "Beyond Reduction and Pluralism: Toward an Epistemology of Explanatory Integration in Biology." *Erkenntnis* 73（3）（2010）: 295–311.

————. "Natural Kinds in Evolution and Systematics: Metaphysical and Epistemological Considerations." *Acta Biotheoretica* 57（2009）: 77–97.

————, ed. "Special Section— Integration in Biology: Philosophical Perspectives on the Dynamics of Interdisciplinarity." *Studies*

in History and Philosophy of Biological and Biomedical Sciences 4 (A)
(2013): 461-571.

———. "Systems Biology and the Integration of Mechanistic
Explanation and Mathematical Explanation." Studies in History and
Philosophy of Biological and Biomedical Sciences 44 (4) (2013): 477-92.

Brown, Matthew J. "John Dewey's Logic of Science." HOPOS:
The Journal of the International Society for the History of Philosophy of Science 2
(2) (2012): 258-306.

Browne, Janet. "History of Plant Sciences." eLS. March 16,
2015. Accessed October 17, 2015. http://onlinelibrary. wiley. com/
doi/10. 1002/9780470015902. a0003081. pub2/abstract. doi: 10.
1002/9780470015902. a0003081. pub2.

Bülow, Lorenz, Martin Schindler, and Reinhard Hehl.
"PathoPlant ®: A Platform for Microarray Expression Data to Analyze
Co-Regulated Genes Involved in Plant Defense Responses." Nucleic Acids
Research 35 (2007): 841-45.

Bult, Carol J. "From Information to Understanding: the Role of
Model Organism Databases in Comparative and Functional Genomics."
Animal Genetics 37 (S1) (2006): 28-40.

Burian, Richard M. "The Dilemma of Case Studies Resolved:
The Virtues of Using Case Studies in the History and Philosophy of
Science." Perspectives on Science 9 (2001): 383-404.

———. "Exploratory Experimentation and the Role of
Histochemical Techniques in the Work of Jean Brachet, 1938-1952."
History and Philosophy of the Life Sciences 19 (1997): 27-45.

———. "How the Choice of Experimental Organism Matters:

Epistemological Reflections on an Aspect of Biological Practice." *Journal of the History of Biology* 26（2）（1993）: 351-67.

———. "More than a Marriage of Convenience: On the Inextricability of History and Philosophy of Science." *Philosophy of Science* 44（1977）: 1-42.

———. "On microRNA and the Need for Exploratory Experimentation in PostGenomic Molecular Biology." *History and Philosophy of the Life Sciences* 29（3）（2007）: 285-312.

Callebaut, Werner. "Scientific Perspectivism: A Philosopher of Science's Response to the Challenge of Big Data Biology." *Studies in History and Philosophy of Biological and Biomedical Sciences* 43（1）（2012）: 69-80.

Cambrosio, Alberto, Peter Keating, Thomas Schlich, and George Weisz. "Regulatory Objectivity and the Generation and Management of Evidence in Medicine." *Social Science and Medicine* 63（1）（2006）: 189-99.

Caporael, Linnda R., James R. Griesemer, and William C. Wimsatt, eds. *Developing Scaffolds in Evolution, Culture, and Cognition.* Cambridge, MA: MIT Press, 2013.

Cartwright, Nancy. *The Dappled World: A Study of the Boundaries of Science.* Cambridge: Cambridge University Press, 2002.

———. *How the Laws of Physics Lie.* Oxford: Oxford University Press, 1983.

Casadevall, Arturo, and Ferric C. Fang. "Reproducible Science." *Infection and Immunity* 78（12）（2010）: 4972-75.

Chang, Hasok. *Inventing Temperature: Measurement and Scientific*

Progress. New York: Oxford University Press, 2004.

———. *Is Water H$_2$O?: Evidence, Realism and Pluralism.* Dordrecht, Netherlands: Springer, 2012.

Chisholm, Rex L., Pascale Gaudet, Eric M. Just, Karen E. Pilcher, Petra Fey, Sohel N. Merchant, and Warren A. Kibbe. "dictyBase, the Model Organism Database for *Dictyostelium discoideum.*" *Nucleic Acids Research* 34 (2006): D423–D427.

Chow-White, Peter A., and Miguel García-Sancho. "Bidirectional Shaping and Spaces of Convergence: Interactions between Biology and Computing from the First DNA Sequencers to Global Genome Databases." *Science, Technology, and Human Values* 37 (1) (2012): 124–64.

Clark, Andy. *Being There: Putting Brain, Body, and World Together Again.* Cambridge, MA: MIT Press, 1997.

Clarke, Adele E., and Joan H. Fujimura, eds. *The Right Tools for the Job: At Work in Twentieth-Century Life Sciences.* Princeton, NJ: Princeton University Press, 1992.

Collins, Harry M. *Changing Order: Replication and Induction in Scientific Practice.* Chicago: University of Chicago Press, 1985.

Computational Biology Research Group of the University of Oxford. "Examples of Common Sequence File Formats." Accessed February 2014. http://www. comp bio. ox. ac. uk/bioinformatics_faq/format_ examples. shtml.

Cook-Deegan, Robert. *The Gene Wars: Science, Politics and the Human Genome.* New York: W. W. Norton, 1994.

———. "The Science Commons in Health Research: Structure,

Function, and Value." *Journal of Technology Transfer* 32 (2007): 133–56.

Craver, Carl F. "Beyond Reduction: Mechanisms, Multifield Integration and the Unity of Neuroscience." *Studies in History and Philosophy of Biological and Biomedical Sciences* 36 (2) (2005): 373–95.

Craver, Carl F., and Lindley Darden. *In Search of Biological Mechanisms: Discoveries Across the Life Sciences.* Chicago: University of Chicago Press, 2013.

Creager, Angela N. H., Elizabeth Lunbeck, and M. Norton Wise. *Science without Laws: Model Systems, Cases, Exemplary Narratives.* Durham, NC: Duke University Press, 2007.

Crombie, Alistair C. *Styles of Scientific Thinking in the European Tradition: The History of Argument and Explanation Especially in the Mathematical and Biomedical Sciences and Arts.* London: Gerald Duckworth, 1994.

Cukier, Kenneth. "Data, Data Everywhere." *The Economist*, February 25, 2010. Accessed October 17, 2015. http://www.economist.com/node/15557443.

Darden, Lindley. "Relations Among Fields: Mendelian, Cytological and Molecular Mechanisms." *Studies in History and Philosophy of Biological and Biomedical Sciences* 36 (2) (2005): 349–71.

Darden, Lindley, and Nancy Maull. "Interfield Theories." *Philosophy of Science* 44 (1) (1977): 43–64.

Daston, Lorraine. "Type Specimens and Scientific Memory." *Critical Inquiry* 31 (1) (2004): 153–82.

Daston, Lorraine, and Peter Galison. "The Image of Objectivity."

Representations 40（1992）：81–128.

Daston, Lorraine, and Elisabeth Lunbeck. *Histories of Scientific Observation.* Chicago：University of Chicago Press, 2010.

Davies, Gail. "Arguably Big Biology：Sociology, Spatiality and the Knockout Mouse Project." *BioSocieties* 4（8）（2013）：417–31.

———. "What Is a Humanized Mouse? Remaking the Species and Spaces of Translational Medicine." *Body and Society* 18（2012）：126–55.

Davies, Gail, Emma Frow, and Sabina Leonelli. "Bigger, Faster, Better? Rhetorics and Practices of Large-Scale Research in Contemporary Bioscience." *BioSocieties* 8（4）（2013）：386–96.

de Chadarevian, Soraya. *Designs for Life：Molecular Biology after World War II*. Cambridge：Cambridge University Press, 2002.

———. "Of Worms and Programmes：Caenorhabditis elegans and the Study of Development." *Studies in History and Philosophy of Biology and Biomedical Sciences* 1（1998）：81–105.

de Chadarevian, Soraya, and Nick Hopwood, eds. *Models：The Third Dimension of Science.* Stanford, CA：Stanford University Press, 2004.

De Luca, Vincenzo, Vonny Salim, Sayaka Masada Atsumi, and Fang Yu. "Mining the Biodiversity of Plants：A Revolution in the Making." *Science* 336（6089）（2012）：1658–61.

Delfanti, Alessandro. *Biohackers：The Politics of Open Science.* London：Pluto Press, 2013.

de Regt, Henk W., Sabina Leonelli, and Kai Eigner, eds. *Scientific Understanding：Philosophical Perspectives.* Pittsburgh, PA：University of

Pittsburgh Press, 2009.

Dewey, John. Logic: *The Theory of Inquiry.* New York: Holt, Rinehart, and Winston, 1938.

———. "The Need for a Recovery in Philosophy." *In The Pragmatism Reader: From Peirce Through the Present*, edited by Robert B. Talisse and Scott F. Aikin. Princeton, NJ: Princeton University Press, 2011.

Douglas, Heather E. *Science, Policy, and the Value-Free Ideal.* Pittsburgh, PA: University of Pittsburgh Press, 2009.

Douven, Igor. "Abduction." In *The Stanford Encyclopedia of Philosophy*, edited by Edward N. Zalta et al. Accessed October 17, 2015. http://plato.stanford.edu/entries/abduction.

Draghici, Sorin, Puvesh Khatri, Aron C. Eklund, and Zoltan Szallasi. "Reliability and Reproducibility Issues in DNA Microarray Measurements." *Trends in Genetics* 22 (2) (2006): 101–19.

Dupré, John. *The Disorder of Things.* Cambridge: Cambridge University Press, 1993.

———. "In Defence of Classification." *Studies in History and Philosophy of Biological and Biomedical Sciences* 32 (2001): 203–19.

———. *Processes of Life.* Oxford: Oxford University Press, 2012.

Dupré, John, and Maureen A. O'Malley. "Metagenomics and Biological Ontology." *Studies in History and Philosophy of Biological and Biomedical Sciences* 38 (2007): 834–46.

Dussauge, Isabelle, Claes-Fredrik Helgesson, and Francis Lee. *Value Practices in the Life Sciences and Medicine.* Oxford: Oxford University Press, 2015.

Edwards, Paul N. *A Vast Machine: Computer Models, Climate Data, and the Politics of Global Warming*. Cambridge, MA: MIT Press, 2010.

Edwards, Paul N., Matthew S. Mayernik, Archer L. Batcheller, Geoffrey C. Bowker, and Christine L. Borgman. "Science Friction: Data, Metadata, and Collaboration." *Social Studies of Science* 41 (5) (2011): 667-90.

Egaña Aranguren, Mikel, Sean Bechhofer, Phillip Lord, Ulrike Sattler, and Robert Stevens. "Understanding and Using the Meaning of Statements in a Bio-Ontology: Recasting the Gene Ontology in OWL." *BMC Bioinformatics* 8 (2007): 57.

Elixir. "Elixir: A Distributed Infrastructure for Life Sciences Information." Accessed October 17, 2015. http://www. elixir-europe. org.

Elliott, Kevin C. *Is a Little Pollution Good for You? Incorporating Societal Values in Environmental Research*. New York: Oxford University Press, 2011.

Endersby, Jim. *A Guinea Pig's History of Biology*. Cambridge, MA: Harvard University Press, 2007.

———. *Imperial Nature: Joseph Hooker and the Practices of Victorian Science*. Chicago: University of Chicago Press, 2008.

European Bioinformatics Institute. "Malaria Data." Accessed October 17, 2015. https://www. ebi. ac. uk/chembl/malaria.

Evans, James, and Andrey Rzhetsky. "Machine Science." *Science* 329 (5990) (2010): 399-400.

Fecher, Benedikt, Sascha Frisieke, and Marcel Hebing. "What Drives Academic Data Sharing?" *PLOS ONE* 10 (2) (2015):

e0118053. doi: 10. 1371/journal. pone. 0118053.

Fehr, Carla, and Katherine Plaisance, eds. "Making Philosophy of Science More Socially Relevant." Special issue, *Synthese* 177 （3） （2010）.

Fernie, Alisdair R., Asaph Aharoni, Lothar Wilmitzer, Mark Stitt, Takayuki Tohge, Joachim Kopta, Adam J. Carroll et al. "Recommendations for Reporting Metabolite Data." *Plant Cell* 23 （2011）: 2477–82.

Finch Group. "Accessibility, Sustainability, Excellence: How to Expand Access to Research Publications." 2012 Report of the Working Group on Expanding Access to Published Research Findings. Accessed October 17, 2015. http://www. researchinfonet. org/wp-content/ uploads/2012/06/Finch-Group-report-FINAL-VERSION. pdf.

Finholt, Thomas A. "Collaboratories." *Annual Review of Information Science and Technology* 36 （2002）: 73–107.

Floridi, Luciano. "Is Information Meaningful Data?" *Philosophy and Phenomenological Research* 70 （2）（2005）: 351–70.

———. *The Philosophy of Information.* Oxford: Oxford University Press, 2011.

———. "Semantic Conceptions of Information." In *The Stanford Encyclopedia of Philosophy*, edited by Edward N. Zalta et al. Accessed October 17, 2015. http:// plato. stanford. edu/entries/information-semantic.

Floridi, Luciano, and Phyllis Illari. *The Philosophy of Information Quality.* Synthese Library 358. Cham, Switzerland: Springer, 2014.

The FlyBase Consortium. "The FlyBase Database of the

Drosophila Genome Projects and Community Literature." *Nucleic Acids Research* 30 (2002): 106-8.

Forbes, Nancy. *Imitation of Life: How Biology Is Inspiring Computing.* Cambridge, MA: MIT Press, 2005.

Forrester, John. "If *p*, Then What? Thinking in Cases." *History of the Human Sciences* 9 (3) (1996): 1-25.

Fortun, Michael. "The Care of the Data." Accessed October 17, 2015. http://mfortun . org/? page_id=72.

————. *Promising Genomics: Iceland and deCODE Genetics in a World of Speculation.* Berkeley, CA: University of California Press, 2008.

Foucault, Michel. *The Birth of the Clinic.* London: Routledge, 1973.

Franklin, Allan. *The Neglect of Experiment.* Cambridge: Cambridge University Press, 1986.

Friese, Carrie, and Adele E. Clarke. "Transposing Bodies of Knowledge and Technique: Animal Models at Work in Reproductive Sciences." *Social Studies of Science* 42 (2011): 31-52.

Frigg, Roman, and Stephen Hartmann. "Models in Science." In *The Stanford Encyclopedia of Philosophy*, edited by Edward N. Zalta et al. Accessed October 17, 2015. http://plato. stanford. edu/entries/models-science.

Fry, Ben. *Visualizing Data: Exploring and Explaining Data with the Processing Environment.* Sebastopol, CA: O'Reilly Media, 2007.

Galison, Peter. *How Experiments End.* Chicago: University of Chicago Press, 1987.

————. *Image and Logic: A Material Culture of Microphysics.* Chicago: University of Chicago Press, 1997.

Garcia-Hernandez, Margarita, Tanya Z. Berardini, Guanghong Chen, Debbie Crist, Aisling Doyle, Eva Huala, Emma Knee et al. "TAIR: A Resource for Integrated *Arabidopsis* Data." *Functional and Integrative Genomics* 2 (2002): 239–53.

García-Sancho, Miguel. *Biology, Computing, and the History of Molecular Sequencing: From Proteins to DNA, 1945 – 2000.* New York: Palgrave Macmillan, 2012.

Gene Ontology Consortium. "AmiGO 2," set of tools for searching and browsing the Gene Ontology database. Accessed October 17, 2015. http://geneontology.org.

————. "The Gene Ontology Consortium: Going Forward." *Nucleic Acids Research* 43 (2015): D1049–D1056.

————. "GO: 0046031." Accessed October 17, 2015. http://amigo.geneontology.org/amigo/term/GO: 0046031.

————. "Minutes of the Gene Ontology Consortium Meeting. (2006)." Taken at St. Croix, US Virgin Islands, March 31-April 2, 2006. Accessed March 12, 2014. http://www.geneontology.org/minutes/20060331_StCroix.pdf.

————. "Minutes of the Gene Ontology Consortium Meeting. (2007)." Taken at Jesus College, Cambridge, UK, January 8 – 10, 2007. Accessed October 17, 2015. http://www.geneontology.org/meeting/minutes/20070108_Cambridge.doc.

————. "Minutes of the Gene Ontology Content Meeting. (2004)." Taken at Stanford University, California, August 22 – 23, 2004. Accessed March 12, 2014. http://www.geneontology.org/GO.meetings.shtml#cont.

Ghiselin, Michael T. "A Radical Solution to the Species Problem" *Systematic Zoology* 23 (1974): 534-46.

Gibbons, Susan M. "From Principles to Practice: Implementing Genetic Database Governance." *Medical Law International* 9 (2) (2008): 101-9.

Giere, Ronald N. *Scientific Perspectivism.* Chicago: University of Chicago Press, 2006.

———. *Science without Laws.* Chicago: University of Chicago Press, 1999.

Gitelman, Lisa. "*Raw Data*" *Is an Oxymoron.* Cambridge, MA: MIT Press, 2013.

GlaxoSmithKline. "Data Transparency." Accessed October 17, 2015. http://www . gsk. com/en-gb/our-stories/how-we-do-randd/data-transparency.

Goble, Carole, and Chris Wroe. "The Montagues and the Capulets." *Comparative and Functional Genomics* 8 (2004): 623-32.

Goff, Stephen A., Matthew Vaughn, Sheldon McKay, Eric Lyons, Ann E. Stapleton, Damian Gessler, Naim Matasci et al. "The iPlant Collaborative: Cyberinfrastructure for Plant Biology." *Frontiers in Plant Science* 2 (2011): 34.

Gooding, David C. *Experiment and the Making of Meaning.* Dordrecht, Netherlands: Kluwer, 1990.

Griesemer, James R. "Formalization and the Meaning of 'Theory' in the Inexact Biological Sciences." *Biological Theory* 7 (4) (2013): 298-310.

———. "Periodization and Models in Historical Biology." In *New*

Perspectives on the History of Life: Essays on Systematic Biology as Historical Narrative, edited by Michael T. Ghiselin and Giovanni Pinna, 19 – 30. San Francisco, CA: California Academy of Sciences, 1996.

————. "Reproduction and the Reduction of Genetics." In *The Concept of the Gene in Development and Evolution: Historical and Epistemological Perspectives*, edited by Peter J. Beurton, Raphael Falk, and Hans-Jörg Rheinberger, 240 – 85. Cambridge: Cambridge University Press, 2000.

————. "Theoretical Integration, Cooperation, and Theories as Tracking Devices." *Biological Theory* 1 (1) (2006): 4–7.

Griffiths, Paul E., and Karola Stotz. *Genetics and Philosophy: An Introduction*. Cambridge: Cambridge University Press, 2013.

Gruber, Thomas R. "A Translation Approach to Portable Ontology Specifications." *Knowledge Acquisition* 5 (2) (1993): 199–220.

Grundmann, Reiner. " 'Climategate' and the Scientific Ethos." *Science, Technology, and Human Values* 38 (1) (2012): 67–93.

Guay, Alexandre, and Thomas Pradeau. *Individuals Across the Sciences*. New York: Oxford University Press, 2015.

Guerra, Carlos A., Simon I. Hay, Lorena S. Lucioparedes, Priscilla W. Gikandi, Andrew J. Tatem, Abdisalan M. Noor, and Robert W. Snow. "Assembling a Global Database of Malaria Parasite Prevalence for the Malaria Atlas Project." *Malaria Journal* 6 (2007): 17.

Hacking, Ian. Historical Ontology. Cambridge, MA: Harvard University Press, 2002.

————. *Representing and Intervening: Introductory Topics in the*

Philosophy of Natural Science. Cambridge： Cambridge University Press，1983.

———. "The Self-Vindication of the Laboratory Sciences." In *Science as Practice and Culture*, edited by Andrew Pickering, 29 – 64. Chicago： University of Chicago Press, 1992.

Hanson, Norwood R. *Patterns of Discovery.* Cambridge： Cambridge University Press，1958.

Haraway, Donna. "Situated Knowledges： The Science Question in Feminism and the Privilege of Partial Perspective." *Feminist Studies* 14 (3) (1988)：575–99.

Harris, Todd W., Raymond Lee, Erich Schwarz, Keith Bradnam, Daniel Lawson, Wen Chen, Darin Blasier et al. "WormBase： A Cross-Species Database for Comparative Genomics." *Nucleic Acids Research* 31 (1) (2003)：133–37.

Harvey, Mark, and Andrew McMeekin. *Public or Private Economics of Knowledge? Turbulence in the Biological Sciences.* Cheltenham, UK： Edward Elgar, 2007.

Harwood, Jonathan. *Europe's Green Revolution and Others Since： The Rise and Fall of Peasant-Friendly Plant Breeding.* London： Routledge, 2012.

Helmreich, Stephen. *Silicon Second Nature： Culturing Artificial Life in a Digital World.* Berkeley, CA： University of California Press, 1998.

Hempel, Carl G. "Fundamentals of Concept Formation in Empirical Science." In *Foundations of the Unity of Science, Volume 2*, edited by Otto Neurath, Rudolf

Carnap, and C. Morris, 651–746. Chicago： University of Chicago Press, 1970. Originally published as Carl G. Hempel, *Fundamentals of*

Concept Formation in Empirical Science (Chicago: University of Chicago Press, 1952).

————. *Revolutions and Reconstructions in the Philosophy of Science*. Brighton, UK: Harvester, 1980.

Hesse, Mary. *The Structure of Scientific Inference*. London: Macmillan, 1974.

Hey, Tony, Stewart Tansley, and Kristine Tolle, eds. *The Fourth Paradigm: Data-Intensive Scientific Discovery*. Redmond, WA: Microsoft Research, 2009.

Hilgartner, Stephen. " Biomolecular Databases: New Communication Regimes for Biology?" *Science Communication* 17 (1995): 240-63.

————. "Constituting Large-Scale Biology: Building a Regime of Governance in the Early Years of the Human Genome Project." *BioSocieties* 8 (2013): 397-416.

————. " Mapping Systems and Moral Order: Constituting Property in Genome Laboratories." In *States of Knowledge: The Co-Production of Science and Social Order*, edited by Sheila Jasanoff, 131-41. London: Routledge, 2004.

————. *Reordering Life: Knowledge and Control in the Genomic Revolution*. Cambridge, MA: MIT Press, 2016.

Hill, David P., Barry Smith, Monica S. McAndrews-Hill, and Judith A. Blake. "Gene Ontology Annotations: What They Mean and Where They Come From." *BMC Bioinformatics* 9 (S5) (2008): S2.

Hinchliffe, Steve, and Stephanie Lavau. "Differentiated Circuits: The Ecologies of Knowing and Securing Life." *Environment and Planning*

D： *Society and Space* 31（2）（2013）：259-74.

Hine, Christine. "Databases as Scientific Instruments and Their Role in the Ordering of Scientific Work." *Social Studies of Science* 36（2）（2006）：269-98.

———. *Systematics as Cyberscience： Computers, Change, and Continuity in Science.* Cambridge, MA： MIT Press, 2008.

Hinterberger, Amy, and Natalie Porter. "Genomic and Viral Sovereignty： Tethering the Materials of Global Biomedicine." *Public Culture* 27（2）（2015）：361-86.

Hoehndorf, Robert, Anika Oellrich, Michel Dumontier, Janet Kelso, Dietrich Rebholz-Schuhmann, and Heinrich Herre. "Relations as Patterns： Bridging the Gap between OBO and OWL." *BMC Bioinformatics* 11（2010）：441.

Hong, Sungook. "The Hwang Scandal That 'Shook the World of Science.'" *East Asian Science, Technology and Society： An International Journal* 2（2008）：1-7.

Howard, Don A. "Lost Wanderers in the Forest of Knowledge： Some Thoughts on the Discovery-Justification Distinction." In *Revisiting Discovery and Justification： Historical and Philosophical Perspectives on the Context Distinction*, edited by Jutta Schockore and Friedrich Steinle, 3-22. Dordrecht, Netherlands： Springer, 2006.

Howe, Doug, Maria Costanzo, Petra Fey, Takashi Gojobori, Linda Hannick, Winston Hide, David P. Hill et al. "Big Data： The Future of Biocuration." *Nature* 455（2008）：47-50.

Hoyningen-Huene, Paul. *Systematicity： The Nature of Science.* Oxford： Oxford University Press, 2013.

Huala, Eva, Allan Dickerman, Margarita Garcia-Hernandez, Danforth Weems, Leonore Reiser, Frank LaFond, David Hanley et al. "The *Arabidopsis* Information Resource (TAIR): A Comprehensive Database and Web-Based Information Retrieval, Analysis and Visualization System for a Model Plant." *Nucleic Acids Research* 29 (1) (2001): 102-5.

Huang, Shanjin, Robert C. Robinson, Lisa Y. Gao, Tracie Matsumoto, Arnaud Brunet, Laurent Blanchoin, and Christopher J. Staiger. "*Arabidopsis* VILLIN1 Generates Actin Filament Cables That Are Resistant to Depolymerization." *The Plant Cell* 17 (2005): 486-501.

Huber, Lara, and Lara K. Keuck. "Mutant Mice: Experimental Organisms as Materailised Models in Biomedicine." *Studies in History and Philosophy of Biological and Biomedical Sciences* 44 (3) (2013): 385-91.

Hull, David. "Are Species Really Individuals?" *Systematic Zoology* 25 (2) (1976): 173-91.

Hutchins, Edward. *Cognition in the Wild.* Cambridge, MA: MIT Press, 1995.

International Arabidopsis Informatics Consortium. "An International Bioinformatics Infrastructure to Underpin the *Arabidopsis* Community." *The Plant Cell* 22 (8) (2010): 2530-36.

———. "Taking the Next Step: Building an Arabidopsis Information Portal." *The Plant Cell* 24 (6) (2012): 2248-56.

Jasanoff, Sheila. "Making Order: Law and Science in Action." In *The Handbook of Science and Technology Studies*, 3rd. ed., edited by Edward J. Hackett, Olga Amsterdamska, Michael Lynch, and Judy

Wajcman, 761–86. Cambridge, MA: MIT Press, 2008.

————, ed. *States of Knowledge: The Co-Production of Science and the Social Order*. London: Routledge, 2004.

Jensen, Elaine Fiona. "Flowering Time Diversity in *Miscanthus*: A Tool for the Optimization of Biomass." *Comparative Biochemistry and Physiology, Part A: Molecular and Integrative Physiology* 153 (2) Supplement 1, S197 (2009). Supplement— Abstracts of the Annual Main Meeting of the Society of Experimental Biology, Glasgow, UK, June 28–July 1, 2009.

Jensen, Elaine Fiona, Kerrie Farrar, Sian Thomas Jones, Astley Hastings, Iain Simon Donnison, and John Cedric Clifton-Brown. "Characterization of Flowering Time Diversity in *Miscanthus Species*." *GCB Bioenergy* 3 (2011): 387–400.

Johnson, Kristin. *Ordering Life: Karl Jordan and the Naturalist Tradition*. Baltimore: Johns Hopkins University Press, 2012.

Jonkers, Koen. "Models and Orphans: Concentration of the Plant Molecular Life Science Research Agenda." *Scientometrics* 83 (1) (2010): 167–79.

JoVE. "About." Accessed October 17, 2015. http://www.jove.com/about.

Karaca, Koray. "A Study in the Philosophy of Experimental Exploration: The Case of the ATLAS Experiment at CERN's Large Hadron Collider." *Synthese* (2016).

Kay, Lily E. *The Molecular Vision of Life: Caltech, the Rockefeller Foundation, and the Rise of the New Biology*. Oxford: Oxford University Press, 1993.

————. *Who Wrote the Book of Life? A History of the Genetic Code.* Stanford, CA: Stanford University Press, 2000.

Keet, Maria C. "Dependencies between Ontology Design Parameters." *International Journal of Metadata, Semantics and Ontologies* 54 (2010): 265-84.

Kell, Douglas B., and Stephen G. Oliver. "Here Is the Evidence, Now What Is the Hypothesis? The Complementary Roles of Inductive and Hypothesis-Driven Science in the Post-Genomic Era." *BioEssays* 26 (1) (2004): 99-105.

Keller, Evelyn F. *The Century of the Gene.* Cambridge, MA: Harvard University Press, 2000.

————. *A Feeling for the Organism: The Life and Work of Barbara McClintock.* New York: W. H. Freeman, 1983.

Kellert, Stephen H., Helen E. Longino, and C. Kenneth Waters, eds. *Scientific Pluralism.* Minneapolis: University of Minnesota Press, 2006.

Kelty, Christopher M. "Outlaws, Hackers, Victorian Amateurs: Diagnosing Public Participation in the Life Sciences Today." *Jcom* 9 (01) (2010): C03.

————. "This Is Not an Article: Model Organism Newsletters and the Question of 'Open Science.'" *BioSocieties* 7 (2) (2012): 140-68.

————. *Two Bits: The Cultural Significance of Free Software.* Durham, NC: Duke University Press, 2008.

King, Ross D., Jem Rowland, Stephen G. Oliver, Michael Young, Wayne Aubrey, Emma Byrne, Maria Liakata et al. "The

Automation of Science." *Science* 324（2009）：85-89.

Kingsbury, Noel. *Hybrid: The History and Science of Plant Breeding*. Chicago：University of Chicago Press, 2009.

Kingsland, Sharon E. *Modeling Nature: Episodes in the History of Population Ecology*. Chicago：University of Chicago Press, 1995.

Kirk, Robert G. "A Brave New Animal for a Brave New World: The British Laboratory Animal Bureau and the Constitution of International Standards of Laboratory Animal Production and Use, Circa 1947-1968." *Isis* 101（2010）：62-94.

———. " 'Standardization through Mechanization': Germ-Free Life and the Engineering of the Ideal Laboratory Animal." *Technology and Culture* 53（2012）：61-93.

Kitchin, Rob. *The Data Revolution: Big Data, Open Data, Data Infrastructures and Their Consequences*. London：Sage, 2014.

Klein, Ursula, and Wolfgang Lefèvre. *Materials in Eighteenth-Century Science: A Historical Ontology*. Cambridge, MA：MIT Press, 2007.

Knorr Cetina, Karin D. *Epistemic Cultures: How the Sciences Make Knowledge*. Cambridge, MA：Harvard University Press, 1999.

Knowledge/Value. "Concept Note for the Workshop Series." Accessed October 17, 2015. http：//www. knowledge-value. org.

Kohler, Robert E. *Lords of the Fly: Drosophila Genetics and the Experimental Life*. Chicago：University of Chicago Press, 1994.

Koornneef, Maarten, and David Meinke. "The Development of *Arabidopsis* as a Model Plant." *The Plant Journal* 61（2010）：909-21.

Kourany, Janet A. *Philosophy of Science after Feminism*. Oxford：Oxford University Press, 2010.

Krakauer, David C., James P. Collins, Douglas Erwin, Jessica C. Flack, Walter Fontana, Manfred D. Laubichler, Sonja J. Prohaska et al. "The Challenges and Scope of Theoretical Biology." *Journal of Theoretical Biology* 276 (2011): 269–76.

Krohs, Ulrich. "Convenience Experimentation." *Studies in History and Philosophy of Biological and Biomedical Sciences* 43 (1) (2012): 52–57.

Krohs, Ulrich, and Werner Callebaut. "Data without Models Merging with Models without Data." In *Systems Biology: Philosophical Foundations*, edited by Fred C. Boogerd, Frank J. Bruggeman, Jan-Hendrik S. Hofmeyr, and Hans V. Westerhoff, 181–213. Amsterdam: Elsevier, 2007.

Kuhn, Thomas S. *The Structure of Scientific Revolutions*. Chicago: University of Chicago Press, 1962.

Kusch, Martin. "Hacking's Historical Epistemology: A Critique of Styles of Reasoning." *Studies in History and Philosophy of Science* 41 (2) (2010): 158–73.

———. "Scientific Pluralism and the Chemical Revolution." *Studies in the History and the Philosophy of Science: Part A* 49 (2015): 69–79.

Latour, Bruno. "Circulating Reference: Sampling the Soil in the Amazon Forest." In *Pandora's Hope: Essays on the Reality of Science Studies*, by Bruno Latour, 24–79. Cambridge, MA: Harvard University Press, 1999.

Latour, Bruno, and Steven Woolgar. *Laboratory Life: The Construction of Scientific Facts*. Princeton, NJ: Princeton University

Press，1979.

Lawrence，Rebecca.“Data：Why Openness and Sharing Are Important.”*F1000-Research Blog*，March 14，2013. Accessed October 17，2015. http：//blog. f1000research. com/2013/03/14/data-why-openness-and-sharing-are-important.

Ledford，Heidi.“Molecular Biology Gets Wikified.”*Nature Online*，July 23，2008. Accessed October 17，2015. doi：10. 1038/ news. 2008. 971.

Lee，Charlotte P.，Paul Dourish，and Gloria Mark.“The Human Infrastructure of Cyberinfrastructure.”Paper presented at the Computer Supported Cooperative Work Conference（CSCW），Banff，Canada，November 4 - 8，2006. Accessed October 17，2015. http：//www. dourish. com/publications/2006/cscw2006-cyberinfrastructure. pdf.

Lenoir，Timothy.“Shaping Biomedicine as an Information Science.”In *Proceedings of the* 1998 *Conference on the History and Heritage of Science Information Systems*，edited by Mary Ellen Bowden et al.，27 - 45. Medford，NJ：Information Today，1999.

Leonelli，Sabina.“Documenting the Emergence of Bio-Ontologies：Or，Why Researching Bioinformatics Requires HPSSB.”*History and Philosophy of the Life Sciences* 32（1）（2010）：105-26.

———.“Epistemische Diversität im Zeitalter von Big Data：Wie Dateninfrastrukturen der biomedizinischen Forschung dienen.”In *Diversität：Geschichte und Aktualität eines Konzepts*，edited by André Blum，Lina Zschocke，Hans-Jörg Rheinberger，and Vincent Barras，85 - 106. Würzburg：Königshausen and Neumann，2016.

———.“Global Data for Local Science：Assessing the Scale of

Data Infrastructures in Biological and Biomedical Research." *BioSocieties* 8 (2013): 449–65.

————. "Growing Weed, Producing Knowledge. An Epistemic History of *Arabidopsis thaliana*." *History and Philosophy of the Life Sciences* 29 (2) (2007): 55–87.

————. "The Impure Nature of Biological Knowledge." In *Scientific Understanding: Philosophical Perspectives*, edited by Henk de Regt, Sabina Leonelli, and Kai Eigner, 189–209. Pittsburgh, PA: University of Pittsburgh Press, 2009.

————. "Performing Abstraction. Two Ways of Modelling *Arabidopsis thaliana*." *Biology and Philosophy* 23 (4) (2008): 509–28.

————. "Scientific Organisations as Social Movements: Reflections on How Social Theory Can Inform the Philosophy of Science." In *Festschrift Hans Radder*, edited by Henk W. de Regt and Chunglin Kwa, 39 – 52. Amsterdam, Netherlands: VU University Press, 2014.

————. *Weed for Thought. Using* Arabidopsis thaliana *to Understand Plant Biology*. PhD diss., Vrije Universiteit Amsterdam, 2007. Open Access. Accessed March 30, 2014. dare. ubvu. vu. nl/bitstream/1871/10703/1/7623. pdf.

————. "What Difference Does Quantity Make? On the Epistemology of Big Data in Biology." *Big Data and Society* 1 (2014): 1–11.

————. "When Humans Are the Exception: Cross-Species Databases at the Interface of Clinical and Biological Research." *Social Studies of Science* 42 (2) (2012): 214–36.

Leonelli, Sabina, and Rachel A. Ankeny. "Repertoires: How To Transform a Project into a Research Community." *BioScience* 65 (7) (2015): 701-8.

———. "Re-Thinking Organisms: The Impact of Databases on Model Organism Biology." *Studies in History and Philosophy of Biological and Biomedical Sciences* 43 (1) (2012): 29-36.

———. "What Makes a Model Organism?" *Endeavour* 37 (4) (2013): 209 - 12. Leonelli, Sabina, Rachel A. Ankeny, Nicole Nelson, and Edmund Ramsden. "Making Organisms Model Humans: Situated Models in Alcohol Research." *Science in Context* 27 (3) (2014): 485-509.

Leonelli, Sabina, Alexander D. Diehl, Karen R. Christie, Midori A. Harris, and Jane Lomax. "How the Gene Ontology Evolves." *BMC Bioinformatics* 12 (2011): 325.

Leonelli, Sabina, Berris Charnley, Alex R. Webb, and Ruth Bastow. "Under One Leaf: An Historical Perspective on the UK Plant Science Federation." *New Phytologist* 195 (1) (2012): 10-13.

Leonelli, Sabina, Brian Rappert, and Gail Davies. "Data Shadows: Knowledge, Openness and Access." *Science, Technology and Human Values*. Forthcoming.

Leonelli, Sabina, Nicholas Smirnoff, Jonathan Moore, Charis Cook, and Ruth Bastow. "Making Open Data Work for Plant Scientists." *Journal of Experimental Botany* 64 (14) (2013): 4109-17.

Leonelli, Sabina, Daniel Spichtiger, and Barbara Prainsack. "Sticks AND Carrots: Incentives for a Meaningful Implementation of Open Science Guidelines." *Geo* 2 (2015): 12-16.

Levin, Nadine. "What's Being Translated in Translational Research? Making and Making Sense of Data Between the Laboratory and the Clinic." *Technoscienza* 5 (1) (2014): 91–114.

Levin, Nadine, Dagmara Weckoswka, David Castle, John Dupré, and Sabina Leonelli. "How Do Scientists Understand Openness?" Under review.

Lewis, James, and Andrew Bartlett. "Inscribing a Discipline: Tensions in the Field of Bioinformatics." *New Genetics and Society* 32 (3) (2013): 243–63.

Lewis, Suzanna E. "Gene Ontology: Looking Backwards and Forwards." *Genome Biology* 6 (1) (2004): 103.

Liang, Chengzhi, Pankaj Jaiswal, Claire Hebbard, Shuly Avraham, Edward S. Buckler, Terry Casstevens, Bonnie Hurwitz et al. "Gramene: A Growing Plant Comparative Genomics Resource." *Nucleic Acids Research* 36 (2008): D947–D953.

Lipton, Peter. *Inference to the Best Explanation*. London: Routledge, 1991.

Livingstone, David N. *Putting Science in Its Place: Geographies of Scientific Knowledge*. Chicago: University of Chicago Press, 2003.

Logan, Cheryl A. "Before There Were Standards: The Role of Test Animals in the Production of Scientific Generality in Physiology." *Journal of the History of Biology* 35 (2002): 329–63.

———. "The Legacy of Adolf Meyer's Comparative Approach: Worcester Rats and the Strange Birth of the Animal Model." *Integrative Physiological and Behavioral Science* 40 (2005): 169–81.

Longino, Helen E. *The Fate of Knowledge*. Princeton, NJ: Princeton

University Press, 2002.

———. *Science as Social Knowledge: Values and Objectivity in Scientific Inquiry*. Princeton, NJ: Princeton University Press, 1990.

Love, Alan C. "Typology Reconfigured: From the Metaphysics of Essentialism to the Epistemology of Representation." *Acta Biotheoretica* 57 (2009): 51–75.

Love, Alan C., and Michael Travisano. "Microbes Modeling Ontogeny." *Biology and Philosophy* 28 (2) (2013): 161–88.

Lynch, Michael. "Protocols, Practices, and the Reproduction of Technique in Molecular Biology." *British Journal of Sociology* 53 (2) (2002): 203–20.

Mackenzie, Adrian. "Bringing Sequences to Life: How Bioinformatics Corporealises Sequence Data." *New Genetics and Society* 22 (3) (2003): 315–32.

MacLean, Dan, Kentaro Yoshida, Anne Edwards, Lisa Crossman, Bernardo Clavijo, Matt Clark, David Swarbreck et al. "Crowdsourcing Genomic Analyses of Ash and Ash Dieback— Power to the People." *GigaScience* 2 (2013): 2. Accessed October 17, 2015. http://www.gigasciencejournal.com/content/2/1/2.

MacLeod, Miles, and Nancy Nersessian. "Building Simulations from the Ground Up: Modeling and Theory in Systems Biology." *Philosophy of Science* 80 (2013): 533–56.

Maddox, Brenda. *Rosalind Franklin: The Dark Lady of DNA*. New York: HarperCollins, 2002.

Maher, Brendan. "Evolution: Biology's Next Top Model?" *Nature* 458 (2009): 695–98.

Malone, James, and Robert Stevens. "Measuring the Level of Activity in Community Built Bio-Ontologies." *Journal of Biomedical Informatics* 46 (2013): 5–14.

Martin, Paul. "Genetic Governance: The Risks, Oversight and Regulation of Genetic Databases in the UK." *New Genetics and Society* 20 (2) (2001): 157–83.

Massimi, Michela. "From Data to Phenomena: A Kantian Stance." *Synthese* 182 (2009): 101–16.

Maxson, Kathryn M., Robert Cook-Deegan, and Rachel A. Ankeny. *The Bermuda Triangle: Principles, Practices, and Pragmatics in Genomic Data Sharing.* In preparation.

Mayer-Schönberger, Viktor, and Kenneth Cukier. *Big Data: A Revolution that Will Transform How We Live, Work and Think.* London: John Murray, 2013.

Mazzotti, Massimo. "Lessons from the L'Aquila Earthquake." *Times Higher Education*, October 3, 2013. Accessed January 22, 2014. http://www. timeshigher education. co. uk/features/lessons-from-the-laquila-earthquake/2007742. fullarticle.

McAllister, James W. "Model Selection and the Multiplicity of Patterns in Empirical Data." *Philosophy of Science* 74 (5) (2007): 884–94.

———. "The Ontology of Patterns in Empirical Data." *Philosophy of Science* 77 (5) (2010): 804–14.

———. "Phenomena and Patterns in Data Sets." *Erkenntniss* 47 (1997): 217–28.

———. "What Do Patterns in Empirical Data Tell Us About the

Structure of the World?" *Synthese* 182（2011）：73–87.

McCain, Katherine W. "Mandating Sharing: Journal Policies in the Natural Sciences." *Science Communication* 16（4）（1995）：403–31.

McCarthy, Mark I., Gonçalo R. Abecasis, Lon R. Cardon, David B. Goldstein, Julian Little, John P. A. Ioannidis, and Joel N. Hirschhorn. "Genome-Wide Association Studies for Complex Traits: Consensus, Uncertainty and Challenges." *Nature Reviews Genetics* 9（5）（2009）：356–69.

McMullen, Patrick D., Richard I. Morimoto, and Luís A. Nunes Amaral. "Physically Grounded Approach for Estimating Gene Expression from Microarray Data." *Proceedings of the National Academy of Sciences of the United States of America* 107（31）（2010）：13690–695.

McMullin, Ernan. "Values in Science." *Philosophy of Science* 4（1982）：3–28.

McNally, Ruth, Adrian Mackenzie, Allison Hui, and Jennifer Tomomitsu. "Understanding the 'Intensive' in 'Data Intensive Research': Data Flows in Next Generation Sequencing and Environmental Networked Sensors." *International Journal of Digital Curation* 7（1）（2012）：81–95.

Mill, John Stuart. *A System of Logic, Ratiocinative and Inductive: Being a Connected View of the Principles of Evidence, and the Methods of Scientific Investigation.* London: John W. Parker, 1843.

Minelli, Alessandro. *The Development of Animal Form.* Cambridge: Cambridge University Press, 2003.

Mitchell, Sandra D. *Biological Complexity and Integrative Pluralism.* Cambridge: Cambridge University Press, 2003.

————. *Unsimple Truths*: *Science*, *Complexity*, *and Policy*. Chicago: University of Chicago Press, 2009.

Mobley, Aaron, Suzanne K. Linder, Russell Braeuer, Lee M. Ellis, and Leonard Zwelling. "A Survey on Data Reproducibility in Cancer Research Provides Insights into Our Limited Ability to Translate Findings from the Laboratory to the Clinic." *PLOS ONE* 8 (5) (2013): e63221.

Moody, Glyn. *Digital Code of Life*: *How Bioinformatics is Revolutionizing Science*, *Medicine and Business*. Hoboken, NJ: Wiley, 2004.

Morange, Michel. *A History of Molecular Biology*. Cambridge, MA: Harvard University Press, 1998.

Morgan, Mary S. "Experiments without Material Intervention: Model Experiments, Virtual Experiments, and Virtually Experiments." In *The Philosophy of Scientific Experimentation*, edited by Hans Radder, 216-35. Pittsburgh, PA: University of Pittsburgh Press, 2003.

————. "Resituating Knowledge: Generic Strategies and Case Studies." *Philosophy of Science* 81 (2014): 1012-24.

————. "Travelling Facts." In *How Well Do Facts Travel?*: *The Dissemination of Reliable Knowledge*, edited by Peter Howlett and Mary S. Morgan, 3-42. Cambridge: Cambridge University Press, 2010.

————. *The World in the Model*: *How Economists Work and Think*. Cambridge: Cambridge University Press, 2012.

Morgan, Mary S., and Margaret Morrison. *Models as Mediators*: *Perspectives on Natural and Social Science*. Cambridge: Cambridge University Press, 1999.

Morrison, Margaret. *Unifying Scientific Theories*: *Physical Concepts and*

Mathematical Structures. Cambridge: Cambridge University Press, 2007.

Mueller, Lukas A., Peifen Zhang, and Seung Y. Rhee. "AraCyc: A Biochemical Pathway Database for Arabidopsis." *Plant Physiology* 132 (2003): 453-60.

Müller-Wille, Staffan. "Collection and Collation: Theory and Practice of Linnaean Botany." *Studies in History and Philosophy of Biological and Biomedical Sciences* 38 (2007): 541-62.

Müller-Wille, Staffan, and Isabelle Charmantier. "Lists as Research Technologies." *Isis* 103 (4) (2012): 743-52.

———. "Natural History and Information Overload: The Case of Linnaeus." *Studies in History and Philosophy of Biological and Biomedical Sciences* 43 (2012): 4-15.

Müller-Wille, Staffan, and James Delbourgo. "LISTMANIA: Introduction." *Isis* 103 (4) (2012): 710-15.

Müller-Wille, Staffan, and Hans-Jörg Rheinberger. *A Cultural History of Heredity.* Chicago: University of Chicago Press, 2012.

National Cancer Institute. "An Assessment of the Impact of the NCI Cancer Biomedical Informatics Grid (caBIG®)." Report published March 3, 2011. Accessed October 17, 2015. http://deainfo. nci. nih. gov/advisory/bsa/archive/bsa0311/caBIGfinalReport. pdf.

National Human Genome Research Institute. "Genome Informatics and Computational Biology Program." Accessed January 14, 2014. http://www. genome. gov/10001735.

———. "Model Organism Databases Supported by the National Human Genome Research Institute." Accessed October 17, 2015. http://www. genome. gov/10001837.

Nature. "Challenges in Irreproducible Research (Special)." 2013. Accessed October 17, 2015. http://go. nature. com/huhbyr.

Nature. "The Future of Publishing (Special)." 2013. Accessed October 17, 2015. http://www. nature. com/news/specials/scipublishing/index. html.

Nelson, Nicole C. "Modeling Mouse, Human and Discipline: Epistemic Scaffolds in Animal Behavior Genetics." *Social Studies of Science* 43 (1) (2013): 3-29.

Nisen, Perry, and Frank Rockhold. "Access to Patient-Level Data from Glaxo SmithKline Clinical Trials." *New England Journal of Medicine* 369 (5) (2013): 475-78.

Nordmann, Alfred, Hans Radder, and Gregor Schiemann, eds. *Science Transformed? Debating Claims of an Epochal Break.* Pittsburgh, PA: University of Pittsburgh Press, 2011.

November, Joseph A. *Biomedical Computing: Digitizing Life in the United States.* Baltimore: Johns Hopkins University Press, 2012.

O'Malley, Maureen A. "Exploration, Iterativity and Kludging in Synthetic Biology." *Comptes Rendus Chimie* 14 (4) (2011): 406-12.

———. "Exploratory Experimentation and Scientific Practice: Metagenomics and the Proteorhodopsin Case." *History and Philosophy of the Life Sciences* 29 (3) (2008): 337-58.

———. *Philosophical Issues in Microbiology.* Cambridge: Cambridge University Press, 2014.

O'Malley, Maureen A., Kevin C. Elliott, Chris Haufe, and Richard M. Burian. "Philosophies of Funding." *Cell* 138 (2009): 611-15.

O'Malley, Maureen A., and Orkun S. Soyer. "The Roles of Integration in Molecular Systems Biology." *Studies in the History and the Philosophy of the Biological and Biomedical Sciences* 43 (1) (2012): 58-68.

O'Malley, Maureen A., and Karola Stotz. "Intervention, Integration and Translation in Obesity Research: Genetic, Developmental and Metaorganismal Approaches." *Philosophy, Ethics, and Humanities in Medicine* 6 (2011): 2.

Open Science Collaborative. "Estimating the Reproducibility of Psychological Science." *Science* 349 (6251) (2015).

Organisation for Economic Co-Operation and Development. "Guidelines for Human Biobanks and Genetic Research Databases (HBGRDs)." 2009. Accessed October 17, 2015. http://www.oecd.org/sti/biotechnology/hbgrd.

———. "OECD Principles and Guidelines for Access to Research Data from Public Funding." 2007. Accessed October 17, 2015. http://www.oecd.org/science/sci-tech/38500813.pdf.

Ort, Donald R., and Aleel K. Grennan. "*Plant Physiology* and TAIR Partnership." *Plant Physiology* 146 (2008): 1022-23.

Oyama, Susan. *The Ontogeny of Information: Developmental Systems and Evolution.* Cambridge: Cambridge University Press, 2000.

Paracer, Surindar, and Vernon Ahmadjian. *Symbiosis: An Introduction to Biological Associations.* Oxford: Oxford University Press, 2000.

Parker, John N., Niki Vermeulen, and Bart Penders. *Collaboration in the New Life Sciences.* Farnham, UK: Ashgate, 2010.

Parker, Wendy. "Does Matter Really Matter? Computer

Simulations, Experiments, and Materiality." *Synthese* 169 (3) (2009):
483-96.

Penders, Bart, Klasien Horstman, and Rein Vos. "Walking the
Line Between Lab and Computation: The 'Moist' Zone." *BioScience* 58
(8) (2008): 747-55.

Perspectives on Science. "Philosophy of Science after Feminism
(Special Section)." *Perspectives on Science* 20 (3) (2012).

Pickstone, John V. *Ways of Knowing: A New History of Science,
Technology and Medicine*. Manchester: Manchester University Press, 2000.

Piwowar, Heather. "Who Shares? Who Doesn't? Factors
Associated with Openly Archiving Research Data." *PLOS ONE* 6 (7)
(2007): e18657.

Polanyi, Michael. *Personal Knowledge: Towards a Post-Critical
Philosophy*. Chicago: University of Chicago Press, 1958.

Pollock, Kevin, Adel Fakhir, Zoraida Portillo, Madhukara Putty,
and Paula Leighton. *The Hidden Digital Divide*. Accessed October 17,
2015. http://www. scidev. net/global/icts/data-visualisation/digital-
divide-data-interactive. html.

Popper, Karl R. "Models, Instruments, and Truth." In *The Myth
of the Framework: In Defence of Science and Rationality*, edited by
M. A. Notturno, 154-84. London: Routledge, 1994.

Porter, Theodore M. *Trust in Numbers: The Pursuit of Objectivity in
Science and Public Life*. Princeton, NJ: Princeton University Press, 1995.

Potter, Clive, Tom Harwood, Jon Knight, and Isobel Tomlinson.
"Learning from History, Predicting the Future: The UK Dutch Elm
Disease Outbreak in Relation to Contemporary Tree Disease Threats."

Philosophical Transactions of the Royal Society B 366 （1573）（2011）：
1966-74.

Powledge, Tabitha M. "Changing the Rules?" *EMBO Reports* 2
（3）（2001）：171-72.

Prainsack, Barbara. *Personalization from Below*：*Participatory Medicine in
the 21st Century*. New York：New York University Press, forthcoming.

Prainsack, Barbara, and Sabina Leonelli. "To What Are We
Opening Science?" *LSE Impact Blog*. Published online May
2015. http：//blogs. lse. ac. uk/impactofsocial sciences/2015/04/21/
to-what-are-we-opening-science.

Princeton University. "John Bonner's Slime Mold Movies."
Accessed April 9, 2014. http：//www. youtube. com/watch？v =
bkVhLJLG7ug.

Quirin, Edmund A., Harpartap Mann, Rachel S. Meyer,
Alessandra Traini, Maria Luisa Chiusano, Amy Litt, and James
M. Bradeen. "Evolutionary Meta-Analysis of Solanaceous Resistance
Gene and Solanum Resistance Gene Analog Sequences and a Practical
Framework for Cross-Species Comparisons." *Molecular Plant-Microbe
Interactions* 25 （5）（2012）：603-12.

Radder, Hans. *The Material Realization of Science*：*From Habermas to
Experimentation and Referential Realism*. Dordrecht, Netherlands：
Springer, 2012.

———. *The Philosophy of Scientific Experimentation*. Pittsburgh, PA：
University of Pittsburgh Press, 2003.

———. "The Philosophy of Scientific Experimentation：A
Review." *Automated Experimentation* 1 （2009）：2.

————. *The World Observed / The World Conceived*. Pittsburgh, PA: University of Pittsburgh Press, 2006.

Rader, Karen A. Making Mice: *Standardizing Animals for American Biomedical Research, 1900 – 1955*. Princeton, NJ: Princeton University Press, 2004.

Raj, Kapil. *Relocating Modern Science: Circulation and the Construction of Knowledge in South Asia and Europe*. Delhi: Palgrave Macmillan, 2006.

Ramsden, Edmund. " Model Organisms and Model Environments: A Rodent Laboratory in Science, Medicine and Society." *Medical History* 55 (2011): 365–68.

Rappert, Brian, and Brian Balmer, eds. *Absence in Science, Security and Policy: From Research Agendas to Global Strategies*. New York: Palgrave Macmillan, 2015.

Reichenbach, Hans. *Experience and Prediction: An Analysis of the Foundations and the Structure of Knowledge*. Chicago: University of Chicago Press, 1938.

Renear, Allen H., and Carole L. Palmer. " Strategic Reading, Ontologies, and the Future of Scientific Publishing." *Science* 325 (5942) (2009): 828–32.

Research Councils UK. " RCUK Policy on Open Access." 2012. Accessed October 17, 2015. http://www. rcuk. ac. uk/ research/openaccess/policy.

Resnik, David B. *Owning the Genome: A Moral Analysis of DNA Patenting*. Albany, NY: State University of New York Press, 2004.

Reydon, Thomas A. " Natural Kind Theory as a Tool for Philosophers of Science." In *EPSA Epistemology and Methodology of*

Science: Launch of the European Philosophy of Science Association, edited by Mauricio Suárez, Mauro Dorato, and Miklós Rédei, 245 – 54. Dordrecht, Netherlands: Springer, 2010.

Rhee, Seung Yon. "Carpe Diem. Retooling the 'Publish or Perish' Model into the 'Share and Survive' Model." Plant Physiology 134 (2) (2004): 543–47.

Rhee, Seung Yon, William Beavis, Tanya Z. Berardini, Guanghong Chen, David Dixon, Aisling Doyle, Margarita Garcia-Hernandez, Eva Huala, Gabriel Lander et al. "The Arabidopsis Information Resource (TAIR): A Model Organism Database Providing a Centralized, Curated Gateway to Arabidopsis Biology, Research Materials and Community." Nucleic Acids Research 31 (1) (2003): 224–28.

Rhee, Seung Yon, and Bill Crosby. "Biological Databases for Plant Research." Plant Physiology 138 (2005): 1–3.

Rhee, Seung Yon, Julie Dickerson, and Dong Xu. "Bioinformatics and Its Applications in Plant Biology." Annual Review of Plant Biology 57 (2006): 335–60.

Rhee, Seung Yon, Valerie Wood, Kara Dolinski, and Sorin Draghici. "Use and Misuse of the Gene Ontology (GO) Annotations." Nature Reviews Genetics 9 (7) (2008): 509–15.

Rheinberger, Hans-Jörg. An Epistemology of the Concrete. Durham, NC: Duke University Press, 2010.

———. "Infra-Experimentality: From Traces to Data, from Data to Patterning Facts." History of Science 49 (3) (2011): 337–48.

———. Towards a History of Epistemic Things: Synthesizing Proteins in *the Test Tube.* Redwood City, CA: Stanford University Press, 1997.

Richardson, Michael K., James Hanken, Mayoni L. Gooneratne, Claude Pieau, Albert Raynaud, Lynne Selwood, and Glenda M. Wright. "There Is No Highly Conserved Embryonic Stage in the Vertebrates: Implications for Current Theories of Evolution and Development." *Anatomy and Embryology* 196 (2) (1997): 91–106.

Rizzo, Dan M., et al. "*Phytophthora ramorum* and Sudden Oak Death in California 1: Host Relationships." In *Proceedings of the Fifth Symposium on Oak Woodlands: Oak Woodlands in California's Changing Landscape* (October 22–25, 2001, San Diego, CA). USDA Forest Service General Technical Report PSW-GTR-184 (February 2002). Albany, CA: Pacific Southwest Research Station, Forest Service, U. S. Department of Agriculture.

Rogers, Susan, and Alberto Cambrosio. "Making a New Technology Work: The Standardization and Regulation of Microarrays." *Yale Journal of Biology and Medicine* 80 (2007): 165–78.

Rooney, Phyllis. "On Values in Science: Is the Epistemic/Non-Epistemic Distinction Useful?" *Philosophy of Science* 1 (1992): 13–22.

Rosenthal, Nadia, and Michael Ashburner. "Taking Stock of Our Models: The Function and Future of Stock Centres." *Nature Reviews Genetics* 3 (2002): 711–17.

Rouse, Joseph. *Knowledge and Power: Toward a Political Philosophy of Science.* Ithaca, NY: Cornell University Press, 1987.

Royal Society. "Science as an Open Enterprise." Accessed October 17, 2015. http://royalsociety.org/policy/projects/science-public-enterprise/report.

Russell, Bertrand. *The Basic Writings of Bertrand Russell.* New York: Routledge, 2009.

Ryle, Gilbert. *The Concept of Mind.* Chicago: University of Chicago Press, 1949.

Sanger, Fred. "Sequences, Sequences and Sequences." *Annual Review of Biochemistry* 57 (1988): 1-29.

Schaeper, Nina D., Nikola-Michael Prpic, and Ernst A. Wimmer. "A Clustered Set of Three Sp-Family Genes Is Ancestral in the Metazoa." *BMC Evolutionary Biology* 10 (2010): 88.

Schaffer, Simon, Lissa Roberts, Kapil Raj, and James Delbourgo, eds. *The Brokered World: Go-Betweens and Global Intelligence, 1770 - 1820.* Sagamore Beach, MA: Watson Publishing International, 2009.

Schaffner, Kenneth F. *Discovery and Explanation in Biology and Medicine.* Chicago: University of Chicago Press, 1993.

Schickore, Jutta. "Studying Justificatory Practice: An Attempt to Integrate the History and Philosophy of Science." *International Studies in the Philosophy of Science* 23 (1) (2009): 85-107.

Schickore, Jutta, and Friedrich Steinle, eds. *Revisiting Discovery and Justification: Historical and Philosophical Perspectives on the Context Distinction.* Dordrecht, Netherlands: Springer, 2006.

Schindler, Samuel. "Bogen and Woodward's Data/Phenomena Distinction: Forms of Theory-Ladenness, and the Reliability of Data." *Synthese* 182 (1) (2011): 39-55.

———. "Theory-Laden Experimentation." *Studies in History and Philosophy of Science* 44 (1) (2013): 89-101.

Scriven, Michael. "Explanation in the Biological Sciences." *Journal of the History of Biology* 2 (1) (1969): 187-98.

Scudellari, Megan. "Data Deluge." *The Scientist*, October 1, 2011. Accessed October 17, 2015. http://www.the-scientist.com/? articles.view/articleNo/31212/title/Data-Deluge.

Searls, David B. "The Roots of Bioinformatics." *PLOS Computational Biology* 6 (6) (2010): e1000809.

Secord, James. "Knowledge in Transit." *Isis* 95 (4) (2004): 654-72.

Sepkoski, David. *Rereading the Fossil Record: The Growth of Paleobiology as an Evolutionary Discipline.* Chicago: University of Chicago Press, 2012.

Sepkoski, David, Elena Aronova, and Christine van Oertzen. "Historicizing Big Data." Special issue, *Osiris* (2017).

Shapin, Steven, and Simon Schaffer. *Leviathan and the Air-Pump: Hobbes, Boyle and the Experimental Life.* Princeton, NJ: Princeton University Press, 1985.

Shavit, Ayelet, and James R. Griesemer. "Transforming Objects into Data: How Minute Technicalities of Recording 'Species Location' Entrench a Basic Challenge for Biodiversity." In *Science in the Context of Application*, edited by Martin Carrier and Alfred Nordmann, 169-93. Boston: Boston Studies in the Philosophy of Science, 2011.

Shields, Robert. "MIAME, We Have a Problem." *Trends in Genetics* 22 (2) (2006): 65-66.

Sipper, Moshe. *Machine Nature: The Coming Age of Bio-Inspired Computing.* Cambridge, MA: MIT Press, 2002.

Sivasundaram, Sujit. "Sciences and the Global: On Methods,

Questions and Theory." *Isis* 101 （1）（2010）：146-58.

Smith, Barry, Michael Ashburner, Cornelius Rosse, Jonathan Bard, William Bug, Werner Ceusters, Louis J. Goldberg et al. "The OBO Foundry: Coordinated Evolution of Ontologies to Support Biomedical Data Integration." *Nature Biotechnology* 25 （11）（2007）：1251-55.

Smith, Barry, and Werner Ceusters. "Ontological Realism: A Methodology for Coordinated Evolution of Scientific Ontologies." *Applied Ontology* 5 （2010）：139-88.

Smith, Barry, Werner Ceusters, Bert Klagges, Jacob K ?? hler, Anand Kumar, Jane Lomax, Chris Mungall et al. "Relations in Biomedical Ontologies." *Genome Biology* 6 （2005）：R46.

Smocovitis, Vassiliki Betty. "Keeping Up with Dobzhansky: G. Ledyard Stebbins, Jr., Plant Evolution, and the Evolutionary Synthesis." *History and Philosophy of the Life Sciences* 28 （1）（2006）：9-47.

Somerville, Chris, and Maarten Koornneef. "A Fortunate Choice: The History of Arabidopsis as a Model Plant." *Nature Reviews Genetics* 3 （2002）：883-89.

Sommer, Ralf J. "The Future of Evo-Devo: Model Systems and Evolutionary Theory." *Nature Reviews Genetics* 10 （2009）：416-22.

Spradling, Allan, Barry Ganetsky, Phil Hieter, Mark Johnston, Maynard Olson, Terry Orr-Weaver, Janet Rossant et al. "New Roles for Model Genetic Organisms in Understanding and Treating Human Disease: Report From The 2006 Genetics Society of America Meeting." *Genetics* 172 （4）（2006）：2025-32.

Sprague, Judy, Leyla Bayraktaroglu, Dave Clements, Tom Conlin, David Fashena, Ken Frazer, Melissa Haendel et al. "The Zebrafish Information Network: The Zebrafish Model Organism Database." *Nucleic Acids Research* 34 (1) (2006): D581-D585.

Star, Susan L. "The Ethnography of Infrastructure." *American Behavioral Scientist* 43 (3) (1999): 377-91.

Star, Susan L., and James R. Griesemer. "Institutional Ecology, 'Translations' and Boundary Objects: Amateurs and Professionals in Berkeley's Museum of Vertebrate Zoology, 1907-39." *Social Studies of Science* 19 (3) (1989): 387-420.

Star, Susan L., and Katherine Ruhleder. "Steps Toward an Ecology of Infrastructure: Design and Access for Large Information Spaces." *Information Systems Research* 7 (1) (1996): 111-34.

Stein, Lincoln D. "Towards a Cyberinfrastructure for the Biological Sciences: Progress, Visions and Challenges." *Nature Reviews Genetics* 9 (9) (2008): 678-88.

Steinle, Friedrich. "Entering New Fields: Exploratory Uses of Experimentation." *Philosophy of Science* 64 (1997): S65-S74.

Stemerding, Dirk, and Stephen Hilgartner. "Means of Coordination in Making Biological Science: On the Mapping of Plants, Animals, and Genes." In *Getting New Technologies Together: Studies in Making Sociotechnical Order*, edited by Cornelis Disco and Barend van der Meulen, 39-70. Berlin: Walter de Gruyter, 1998.

Stevens, Hallam. *Life Out of Sequence: Bioinformatics and the Introduction of Computers into Biology*. Chicago: University of Chicago Press, 2013.

Stevens, Hallam, and Sarah Richardson, eds. *Postgenomics*. Durham, NC: Duke University Press, 2015.

Stitt, Mark, John Lunn, and Björn Usadel. "*Arabidopsis* and Primary Photosynthetic Metabolism— More than the Icing on the Cake." *The Plant Journal* 61 (6) (2010): 1067–91.

Stotz, Karola, Paul E. Griffiths, and Rob Knight. "How Biologists Conceptualize Genes: An Empirical Study." *Studies in History and Philosophy of Biological and Biomedical Sciences* 35 (4) (2004): 647–73.

Strasser, Bruno J. "The Experimenter's Museum: GenBank, Natural History, and the Moral Economies of Biomedicine." Isis 102 (2011): 60–96.

———. "GenBank— Natural History in the 21st Century?" *Science* 322 (5901) (2008): 537–38.

———. "Laboratories, Museums, and the Comparative Perspective: Alan A. Boyden's Quest for Objectivity in Serological Taxonomy, 1924–1962." *Historical Studies in the Natural Sciences* 40 (2) (2010): 149–82.

Suárez, Mauricio, and Nancy Cartwright. "Theories: Tools versus Models." *Studies in History and Philosophy of Modern Physics* 39 (1) (2008): 62–81.

Suárez-Díaz, Edna. "The Rhetoric of Informational Molecules: Authority and Promises in the Early Study of Molecular Evolution." *Science in Context* 20 (4) (2007): 649–77.

Suárez-Díaz, Edna, and Victor H. Anaya-Muñoz. "History, Objectivity, and the Construction of Molecular Phylogenies." *Studies in the History and Philosophy of Biological and Biomedical Sciences* 39 (4) (2008): 451-68.

Subrahmanyam, Sanjay. *Explorations in Connected History*, Vols. 1 and 2. New Delhi: Oxford University Press, 2005.

Sunder Rajan, Kaushik. *Biocapital: The Constitution of Postgenomic Life*. Durham, NC: Duke University Press, 2006.

———. *Pharmocracy: Value, Politics and Knowledge in Global Biomedicine*. Durham, NC: Duke University Press, 2016.

Sunder Rajan, Kaushik, and Sabina Leonelli. "Introduction: Biomedical Trans-Actions, Postgenomics and Knowledge/Value." *Public Culture* 25 (3) (2013): 463-75.

Suppes, Patrick. "From Theory to Experiment and Back Again." In *Observation and Experiment in the Natural and Social Sciences*, edited by Maria C. Galavotti, 1-41. Dordrecht, Netherlands: Kluwer, 2003.

———. "The Future Role of Computation in Science and Society." In *New Directions in the Philosophy of Science*, edited by Maria C. Galavotti et al., 35-44. Cham, Switzerland: Springer, 2014.

———. "Models of Data." In *Logic, Methodology and Philosophy of Science: Proceedings of the 1960 International Congress*, edited by Ernest Nagel, Patrick Suppes, and Alfred Tarski, 252 - 61. Stanford, CA: Stanford University Press, 1962. Reprinted in Patrick Suppes, *Studies in the Methodology and Foundations of Science. Selected Papers from 1951 to 1969*, 24-35. Dordrecht, Netherlands: Reidel, 1969.

———. "Perception, Models and Data: Some Comments." *Behavior Research Methods, Instruments and Computers* 29 (1) (1997): 109-12.

————. "Statistical Concepts in Philosophy of Science." *Synthese* 154（2007）：498-96. Synaptic Leap. "Homepage." Accessed October 17, 2015. http：//www. thesynapticleap. org.

Tauber, Alfred I., and Sahotra Sarkar. "The Human Genome Project：Has Blind Reductionism Gone Too Far?" *Perspectives in Biology and Medicine* 35（1992）：220-35.

Taylor, Chris F., Dawn Field, Susanna-Assunta Sansone, Jan Aerts, Rolf Apweiler, Michael Ashburner, Catherine A. Ball et al. "Promoting Coherent Minimum Reporting Guidelines for Biological and Biomedical Investigations：The MIBBI Project." *Nature Biotechnology* 26（8）（2008）：889-96.

Teller, Paul. "Saving the Phenomena Today." *Philosophy of Science* 77（5）（2010）：815-26.

Timpson, Christopher G. *Quantum Information Theory and the Foundations of Quantum Mechanics.* Oxford：Oxford University Press, 2013.

Tirmizi, Syed H., Stuart Aitken, Dilvan A. Moreira, Chris Mungall, Juan Sequeda, Nigam H. Shah, and Daniel P. Miranker. "Mapping between the OBO and OWL Ontology Languages." *Journal of Biomedical Semantics* 2（S1）（2011）：S3.

Todes, Daniel P. *Pavlov's Physiology Factory：Experiment, Interpretation, Laboratory Enterprise.* Baltimore：Johns Hopkins University Press, 2001.

Tutton, Richard, and Barbara Prainsack. "Enterprising or Altruistic Selves? Making Up Research Subjects in Genetics Research." *Sociology of Health and Illness* 33（7）（2011）：1081-95.

Ure, Jenny, Rob Procter, Yu-wei Lin, Mark Hartswood, and

Kate Ho. "Aligning Technical and Human Infrastructures in the Semantic Web: A Socio-Technical Perspective." Paper presented at the Third International Conference on e-Social Science, University of Michigan, Ann Arbor, MI, October 7–9, 2007. Accessed October 17, 2015. http://citeseerx.ist.psu.edu/viewdoc/download? doi = 10. 1. 1. 97. 4584&rep = rep1&type = pdf.

Vakarelov, Orlin K. "The Information Medium." *Philosophy and Technology* 25 (1) (2012): 47–65.

van Ommen, Gert-Jan B. "Popper Revisited: GWAS Here, Last Year." *European Journal of Human Genetics* 16 (2008): 1–2.

Vickers, John. "The Problem of Induction." In *The Stanford Encyclopedia of Philosophy*, edited by Edward N. Zalta et al. Accessed October 17, 2015. http://plato.stanford.edu/entries/induction-problem.

Waters, C. Kenneth. "How Practical Know-How Contextualizes Theoretical Knowledge: Exporting Causal Knowledge from Laboratory to Nature." *Philosophy of Science* 75 (2008): 707–19.

———. "The Nature and Context of Exploratory Experimentation." *History and Philosophy of the Life Sciences* 29 (2007): 1–9.

———. "What Concept Analysis in Philosophy Should Be (and Why Competing Philosophical Analyses of Gene Concepts Cannot Be Tested By Polling Scientists)." *History and Philosophy of the Life Sciences* 26 (2004): 29–58.

Weber, Marcel. *Philosophy of Experimental Biology*. Cambridge: Cambridge University Press, 2005.

Weisberg, Michael. *Simulation and Similarity: Using Models to Understand the World.* New York: Oxford University Press, 2013.

Wellcome Trust. "Sharing Data from Large-Scale Biological Research Projects: A System of Tripartite Responsibility." Report of a meeting organized by the Wellcome Trust, Fort Lauderdale, Florida, 14 – 15 January, 2003. Accessed October 17, 2015. http://www. genome. gov/Pages/Research/WellcomeReport0303. pdf.

Whewell, William. "Novum Organon Renovatum, Book II," In *William Whewell's Theory of Scientific Method*, edited by Robert E. Butts, 103 – 249. Indianapolis, IN: Hackett, 1989. Originally published in William Whewell, *Novum Organon Renovatum, Book II* (London: John W. Parker, 1858).

Wimsatt, William C. *Re-Engineering Philosophy for Limited Beings: Piecewise Approximations to Reality.* Cambridge, MA: Harvard University Press, 2007.

Wimsatt, William C., and James R. Griesemer. "Reproducing Entrenchments to Scaffold Culture: The Central Role of Development in Cultural Evolution." In *Integrating Evolution and Development: From Theory to Practice*, edited by Roger Sansom and Robert Brandon, 227 – 323. Cambridge, MA: MIT Press, 2007.

Winther, Rasmus G. "The Structure of Scientific Theories." In *The Stanford Encyclopedia of Philosophy*, edited by Edward N. Zalta et al. Accessed October 17, 2015. http://plato. stanford. edu/entries/ structure-scientific-theories.

Woodward, James. "Data, Phenomena, and Reliability." *Philosophy of Science* 67 (2000): S163–S179.

————. "Phenomena, Signal, and Noise." *Philosophy of Science* 77 (2010): 792–803.

World Economic Forum. "Global Risks 2011: Sixth Edition." Accessed October 17, 2015. http://reports.weforum.org/global-risks-2011.

Wouters, Paul, and Colin Reddy. "Big Science Data Policies." In *Promise and Practice in Data Sharing*, edited by Paul Wouters and Peter Schröder. Amsterdam, Netherlands: Nederlands Instituut voor Wetenschappelijke Informatiediensten & Koninklijke Nederlandse Akademie van Wetenschappen (NIWI-KNAW), 2003. Accessed October 17, 2015. http://virtualknowledgestudio.nl/documents/public-domain.pdf.

Wouters, Paul, Anne Beaulieu, Andrea Scharnhorst, and Sally Wyatt, eds. *Virtual Knowledge: Experimenting in the Humanities and the Social Sciences.* Cambridge, MA: MIT Press, 2013.

Wylie, Alison. *Thinking from Things: Essays in the Philosophy of Archaeology.* Berkeley, CA: University of California Press, 2002.

Wylie, Alison, Harold Kinkaid, and John Dupré. *Value-Free Science? Ideals and Illusions.* Oxford: Oxford University Press, 2007.

索 引

（索引页码为原著页码，即本书边码）

斜体页码指代的是插图

ACeDB (*Caenorhabditis elegans* Database), 207n22
Agar, Jon, 164
AGRON-OMICS, 35–37
Ankeny, Rachel, 20, 188
Arabidopsis Information Portal (Araport), 23, 35, 151, 207n33
Arabidopsis Metabolomics Consortium, 105
Arabidopsis thaliana (weed): cross-referencing with *Miscanthus* data, 150; database development efforts, 23, 35, 204n1, 207n22, 207n33; model organism status, 18, 21
Arabidopsis thaliana Database (AtDB), 207n22
AraCyc, 23, 147
Araport. *See* Arabidopsis Information Portal
Ashburner, Michael, 49, 116
AstraZeneca, 49
ATLAS experiment, 191–92, 235n45

automation in science, 111–12, 136

Bacon, Francis, 75
Beijing Genomics Institute, 60
Bermuda Rules, 21, 207n21
Beta Cell Biology Consortium, 47
bias: Anglo-American, in data production, 56; efforts to avoid, by the ATLAS program, 192; error in research and, 168–69, 230n49; Open Data's attempt to overcome, 65; potential to hide during a data journey, 109, 166–67, 191; toward theory-centric science, 85
biofuels, 149, 152–53
bioinformatics: bio-ontologies in use in, 27, 209n40; consortia and, 54, 59; data curation and, 33, 38; science education and, 51; status within biology, 50

bio-ontologies: advantage as digital tools, 120, 225n25; classificatory role of the GO, 117–20, 224n11; classificatory systems and, 127; creation processes, 119–20; epistemic role of statements in, 123; example of the development of, 126–27; factors in the development of descriptive scientific statements, 122–23; functions of consortia, 48, 50, 52, 211n14, 211n20; introduction of new formalizations, 224n19; labeling systems and, 26–28; language choices in, 121–22, 124–25; metadata's role in verifying claims made by, 121; network model of scientific theories and, 122–23; origin of, 117, 224n11; within the philosophy of science, 121–22, 125–26, 225n35; reactions to its characterization as a form of theory, 122, 123; relations within, 118; theoretical representation of knowledge and, 123–24; usefulness of classification practices, 127–28, 226n49; viewed as a series of claims about phenomena, 120–21, 124–25; viewed as classificatory theories, 123, 124–26, 129–30, 136–38, 227n67

BioSharing, 99, 112, 222n31

Biotechnology and Biological Sciences Research Council, UK, 153

Bogen, James, 84–88, 218–19nn36–44

Borgman, Christine, 34, 92, 213n38

Bowker, Geoffrey, 3, 34, 214n7, 233n29

Boyle, Robert, 81

Brown, Matthew J., 233n23

budding yeast (*Saccharomyces cerevisiae*), 18, 21

Caenorhabditis elegans (nematode), 18, 21

Caenorhabditis elegans Database (ACeDB), 207n22

Callebaut, Werner, 108, 220n59, 227n67

Cambrosio, Alberto, 52, 208n37

Cancer Biomedical Informatics Grid (caBIG), 55

Carnegie Institution for Science, 22, 51

Cartwright, Nancy, 226n56

CASIMIR (CoordinAtion and Sustainability of International Mouse Informatics Resources), 103–4

Cell Ontology, 50, 119

CERN (European Organisation for Nuclear Research), 109, 164, 191, 192, 235n45

Chang, Hasok, 108, 180, 227n67, 232n14

citizen science, 144, 172, 189, 215n20

Clark, Andy, 222n38

Clarke, Adele, 19

classification: data problem for consortia, 48; historical use of the diversity of systems, 127; Linnaean system, 126; requirement to be both dynamic and stable, 116; systems' contribution to scientific research, 128–29; usefulness of practices, 127–28, 226n49; viewed as theories, 125–26

classificatory theories: bio-ontologies' role as, 123, 124–26, 129–30, 136–38, 227n67; challenge in assigning cross-community labels, 115–16; classifications systems' contribution to scientific research, 128–29; classifications viewed as theories, 125–26; classificatory role of the GO, 117–20, 224n11; emergence from practices, 135; explanatory nature of, 133; features of theories that are present in, 130–35, 226nn54–59; historical use of the diversity of classification systems, 127; level of cooperation required to develop a shared database, 116, 223n10; provision of a grand vision, 133–35; rejection of a simplistic understanding of data-centric science, 135–36; requirement for classifications to be both dynamic and stable, 116; scientific theorizing and, 115; unifying power of, 132–33; use of generality in, 130–32, 226nn54–59

climate science models, 89–90

Clinical Study Register, 65

Collins, Harry, 223n47

consortia: Anglo-American bias in data dissemination, 56; centralization and, 53–54; challenges for, 53; database curators and, 50; data classification problem, 48; data plagiarism concerns, 47, 211n5; data regulators and, 50–51, 211n17; data users and, 51–52; development of rules and principles, 49–50, 211n13; examples of, 47, 48, 50, 105; facilitation of intercultural communication, 54; factors in regulating biological data dissemination, 46, 210–11n4; formation around common concerns, 47–49, 52–53; functions of bio-ontology consortiums, 48, 50, 52, 211n14, 211n20; funding approaches, 48, 49, 50, 56; GO (see Gene Ontology [GO] Consortium); groups involved in the regulation of data dissemination, 50–52; influence on science education, 51–52; labeling challenges for, 55–56; mutability of data packaged for travel, 76, 215n18; OBO (see Open Biomedical Ontologies [OBO] consortium); positioning to be regulatory centers, 53–54; recognizing authorship in data production, 46–47, 211n5; requirements for members, 49; role of social media in, 54, 212n27; unity of purpose and, 53, 212n24

context: Dewey's view of context, 182–85; interpretation of the meaning of, 180, 233n18; making data reusable across research contexts, 196; situations surrounding data and (see situating data)

CoordinAtion and Sustainability of International Mouse Informatics Resources (CASIMIR), 103–4

Crick, Francis, 28

Crombie, Albert, 127, 177

cross-species integration: challenges of, 151–52; described, 148, 228n22; distinctive features of, 150–51; example of Miscanthus and biofuels, 149–50; expansion of existing knowledge using, 151; facilitation of cross-species comparisons, 150; interconnectedness with interlevel integration, 152; study of Miscanthus with Arabidopsis, 150

crowdsourcing, 172

curators. See database curation

Danio rerio (zebrafish), 18, 21

Daston, Lorraine, 127, 216n27

data: approach taken to conceptualize, 69–70; challenge to the theory-centric view of scientific knowledge, 74–75, 215nn13–14; characterization as material artifacts, 81, 217nn28–29; conception as a transformation of traces, 75–76, 82, 215n15; considerations for, in digital format, 217n28; dangers of excluding resources that don't fit into a database, 165; debates on theory-ladenness versus what constitutes "raw" data, 73, 214nn6–7; defined in terms of their function within a process of inquiry, 79–80; distinction between token and type, 83–84, 218n35; evidential worth of (see evidential value of data); human agency in attributing meaning to, 71–72; journeys' effect on what counts as, 77; mutability of, 76, 215n18; ontological objections to a relational approach, 82–84, 217n34; physical medium of, 81–82; portability of, 80–82, 216–17n27; as prospective knowledge, 77–78, 215n20; relational approach to,

data (*continued*)
78–79, 83–84; relationship between
observation and experiments, 72,
214n4; representational view of,
73–74; significance of experimental
context to, 78–79, 216nn22–23,
218n35; what biologists regard and
use as, 71, *71*, 72, *73*
database curation: attempts to obtain
information about experimental
conditions, 104; balancing of
decontextualization and recontex-
tualization strategies, 32; biologists'
limited appreciation of, 37–38; cap-
turing of experimental procedures
and, 98–99; challenges for, 24–26,
102, 104, 208n36; description of cu-
ration as a service, 34–35; develop-
ing nonlocal labels for phenomena
by, 87; development of rules and
principles, 211n11; element of user
trust in, 26, 29, 34, 35, 37, 104, 106,
110, 120; embracing of metadata,
106; formalization of embodied
knowledge by (*see* embodied
knowledge); judgment exercised by,
32–33; label proliferation problem,
36; label selection and creation, 27,
34, 36, 209n42; lack of feedback
from users, 35, 38; preference for
database flexibility, 79; process of
extraction and, 32–33; responsibili-
ties of, 32, 38; rhetoric of data reuse
and, 43; scientific pluralism and,
108; task of devising labels that
work for a broad audience, 55–56;
tensions between database users
and, 35–38; tensions involved in
bringing IT and biology together,
33–34; tensions over assessing the
reliability of data producers, 110–
11, 222nn39–41; theory-making
qualities of data curation (*see* clas-
sificatory theories); training and ex-
pertise required of, 33–34, 209n46;
what counts as experiment and (*see*
environment of data collection).

See also labels for data; packaging
strategies
databases: advantages of the tech-
nology, 39; big data's disconnect
between questions and data, 18;
contribution made by sequencing
technologies, 17–18, 205–6n12; de-
velopment of, for model organisms
(*see* model organism databases);
examples of, 21, 172; exclusion
of old data by, 163–64; goals and
vision of emerging databases, 21;
outcomes of sequencing projects,
17–18; role in research strategies,
22–23; role played in interlevel data
integration, 147; tensions between
database users and curators, 35–38;
training requirements, 13, 66, 100,
107, 186, 189, 215n20
data-centric biology: crowdsourcing
and, 172; data journeys' expansion
of the evidential value of databases,
170–71, 230nn51–52; epistemo-
logical relevance of efforts to get
data to travel, 170; expectations of
knowledge production and, 173–74,
231n58; impact of data centrism
on scientific practices (*see* data
centrism in science); innovative po-
tential of methods, 174–75; modes
of data integration in biology (*see*
data integration); novelty in, 173;
practice and potential of the orders
emerging from, 171–73; process of
research and, 170; recognition of
the importance of data handling
practices, 171; ways that data jour-
neys can go wrong, 142
data centrism in science: bias and (*see*
bias); bias and error in research
and, 166–67, 168–69, 230n49;
biology and (*see* data-centric
biology); challenges to the theory-
centric way of thinking, 3; charac-
terization as a research approach,
191; consequences of obstacles
to data travel, 162–63; context's

importance in (*see* data production; situating data); dimensions and implications of, 6, 8, 194–95, 197–98; empirical philosophy of science approach to, 6–8, 204n9; epistemological significance of unequal participation in data journeys, 163–66; example of a nonbiological project involving, 191–92, 235n45; examples of how data journeys affect research, 196–97; exclusion of old data by databases and, 163–64; exclusion of resources that don't fit into a database, 165; expectations of knowledge production and, 173–74, 231n58; factors that privilege the selection of which data travels, 166, 167; innovative potential of data-centric methods, 174–75; making data reusable and, 196; model organisms study and, 4–5; obstacle of availability of funding, 161; obstacle of lack of engagement of researchers in data curation activities, 161; obstacle of language, 162; obstacle of limited availability of infrastructure, 161–62; opportunities opened by the use of online databases, 169; pattern followed by the introduction of computers, 164–65, 230n46; perception of data in, 2–3; philosophical implications of the relation between data and research situations, 197; power relations and, 164; process of research and, 170, 188–89; regulation of data collection and dissemination and, 165–66; relational theory of data presented here, 195–96; rise of, 1–2; significance of sampling issues in data-centric research, 166; status acquired by data in scientific practice, 3–4; tensions between interpretations of data and their role in science, 195; topic overview, 2, 5–6, 7, 9; what counts as data and (*see* data); what counts as experiment and (*see* environment of data collection); what counts as theory about (*see* classificatory theories)

data handling: concept of waste in data, 184, 233n29; context of the data and (*see* data production); knowledge production and, 176–78; main characteristic of data-centric research, 177–78, 231nn2–6; recognizing the importance of, 171; situating data and (*see* situating data); social element in what counts as scientific claim, 181–82

data integration: benefits of concurrent use of, 159; case studies used, 143; contributions to scientific research by nonscientists, 144; overview of, 143, 145, 227n9; plant science and, 143–45, 227n2, 227n6; plurality of data-centric knowledge production, 158–60; significance of distinctions between, 159–60; social agendas' influence on (*see* translational integration); between species (*see* cross-species integration); within species (*see* interlevel integration)

data journeys: advantages of online digital technologies, 39; affect on the determination of what counts as data, 77, 78 (*see also* data); bias in (*see* bias); capacity to expand the evidential value of databases, 86–87, 170–71, 219n43, 230nn51–52; challenges for the continuity of long-term strategies, 40, 210n55; codifying embodied knowledge and, 107; epistemological significance of unequal participation in, 163–66; examples of how they affect research, 196–97; facilitation of collaboration and division of labor, 108–9; limits to reciprocity in data dissemination practices, 42; management of (*see* management of data journeys); metaphor of travel applied to, 40–43, 210n59; mutability of data and, 41; obstacles to

data journeys (*continued*)
data travel, 160–62; preservation of the integrity of individual feedback during, 109–10; problems with the idea of "data sharing," 41–42; rhetoric of data reuse, 43; shortcomings in the notion of a "data flow," 41, 210n56; technology and expertise needed to make data travel (*see* database curation; packaging data); term use, 39, 43; ways they can go wrong, 142

data production: argument against a locality of data and phenomena, 86; debate over the role of phenomena in locality of data, 85–86; defining the evidential value of data and (*see* locality of data); discovery versus justification in scientific practice, 179, 231nn7–9; epistemological implications of data handling practices and, 181; epistemological significance of the practice of science and, 179–80, 232nn14–16; impossibility of predicting the evidential value of data, 84; journeys' expansion of the evidential value of data, 86–87, 219n43; relevance of the stage of inquiry, 87–88

data types: data integration and, 25, 150, 161, 166, 230n46; dissemination considerations, 64, 81, 185; in iPlant, 13; journeys of human clinical data, 187, 234n35; packaging and, 16; philosophical implications of physical medium need, 81–82; in TAIR, 22

Dewey, John, 178, 182–86, 190, 233n23
DictiBase, 119
Discovery Environment, 14
Drosophila melanogaster (fruit fly), 18, 21
Duhem, Pierre, 73, 84
Dupré, John, 125, 217n30

Edwards, Paul, 34, 89–90
Elixir project, 165

embodied knowledge: capturing through nontextual media, 98; capturing through text, 97–98; concept of an intelligent agent in the definition of, 96–97; conditions needed for data to travel, 97, 111; data journeys and the codifying of, 107; described, 95; importance of, in experimental work, 106, 222n29; intersections between propositional knowledge and, 111, 223n42; role and functioning of, in biology, 99; role of, 94–95; videos and the communication of, 98; vision of, 95–96. *See also* environment of data collection

environment of data collection: automated reasoning and, 111–12; capturing characteristics of the specimen, 98–99; current efforts to develop metadata, 94; databases developed to assess, 105; data journeys' facilitation of collaboration and division of labor, 108–9; debates on the role of metadata, 100; describing laboratory environments, 104–5; focal and subsidiary awareness in self-awareness, 96; formulation of embodied knowledge and (*see* embodied knowledge); idea of distributed cognition and, 109, 222n38; identifying experimental materials, 101–4; impact of employment of metadata on experimental work, 106–7, 222nn30–31; level of experience required of data users, 93, 94; metadata's inability to replace user's expertise and experience, 106; metadata's potential to improve scientific methods, 111, 113; metadata's role in experimental replicability, 112–13, 223nn46–47; move to standardize descriptions of metadata, 99–100; preservation of the integrity of individual feedback during data journeys, 109–10; principle of replicability and, 107, 222n31; role of human agents, 112;

setting fixed categories for descriptions of experimental activities, 101; tensions over assessing the reliability of data producers, 110–11, 222nn39–41; value of scientific pluralism when interpreting data, 107–8; value placed on skills, procedures, and tools, 96

European Bioinformatics Institute, 162

European Commission, 62, 165

European Molecular Biology Laboratory (EMBL), 76

European Organisation for Nuclear Research (CERN), 109, 164, 191, 192, 235n45

European Research Council, 57, 63

evidence codes, 29–30, 31

evidential value of data: data journeys' capacity to expand, 86–87, 170–71, 219n43, 230nn51–52; factors in (see modeling); impossibility of predicting, 84; nonlocality of data and (see locality of data); value of scientific data beyond the evidential, 64; what counts as data and (see data production)

evolutionary and environmental life sciences, 207–8n34

Exeter Data Studies group, 204n11

experiment: automated reasoning, 111–12; capturing of procedures for model organism databases, 98–99; describing laboratory environments, 104–5; identifying materials, 101–4; impact of employment of metadata on, 106–7, 222nn30–31; models of data versus models of, 88–91, 219nn49–50; principle of replicability in, 112–13, 223nn46–47; setting fixed categories for descriptions of activities, 101; value placed on skills, procedures, and tools, 96

F1000 Research, 3

fission yeast (Saccharomyces cerevisiae), 18, 21

Floridi, Luciano, 216n24

Flowers Consortium, 47

FlyBase, 21, 23, 116, 119

Food and Environment Research Agency, UK, 153

Forestry Commission, UK, 153, 155

Fortun, Mike, 45

Foundational Model of Anatomy, 50

Franklin, Rosalind, 28

Frigg, Roman, 89

fruit fly (Drosophila melanogaster), 18, 21

Fujimura, Joan, 19

funding: approaches used by consortia, 48, 49, 50, 56, 161; availability of, 161; reactions to cuts for model organism databases, 23; uses of by iPlant, 14

Galison, Peter, 215n14, 216n27

GARNet (Genomic Arabidopsis Resource Network), 23, 204n1

Geertz, Clifford, 204n13

GenBank, 16, 76, 126, 155

Gene Ontology (GO) Consortium: biological entities in, 27, 209n46; capturing of assumptions, 119; classificatory role of, 117–20; collaboration supporting, 48–49; content meeting, 124; contribution to scientific research, 128; cross-species integration and, 151; curator expertise, 33; data regulation in, 51, 211n17; discipline in labeling, 36; foundational status of the GO, 119; international collaborations, 48–49; ontologies encompassed by, 117, 224n11; parent/child containment relationships, 117–18, 118, 224n16

General Model Organism Database (GMOD), 23

genidentity, 82

genome sequencing, 3, 17–18, 58, 61, 78, 81, 151, 154, 156

Genomic Arabidopsis Resource Network (GARNet), 23, 204n1

Gernard, Claude, 125
Ghiselin, Michael, 217n30
Giere, Ronald, 72, 108, 109
GigaScience, 4
GlaxoSmithKline, 61, 65, 213n45
global data dissemination. *See* Open
   Data
Global Research Council, 57
GMOD (General Model Organism
   Database), 23
GO. *See* Gene Ontology (GO) Con-
   sortium
Golm Metabolite Database, 105
Gramene, 119
Griesemer, James, 129, 213n52, 217n32,
   226n56, 234n33
Guay, Alexandre, 82

Hacking, Ian, 75, 81, 85, 89, 127, 177,
   215n14
Hanson, Norwood R., 72
Haraway, Donna, 190
Harris, Midori, 212n27
Hartmann, Stephen, 89
Hempel, Carl, 232n9
Hesse, Mary, 122, 123
Hilgartner, Stephen, 58, 234n30
Hinchliffe, Steven, 234n40
Hine, Christine, 222n30, 235n44
Howard, Don, 233n21
Hoyningen-Huene, Paul, 232n18
Human Genome Project, 17, 46, 61,
   165
Human Metabolome Database, 105
Hutchins, Edward, 222n38
Hwang Woo-suk, 222n39

Inferred by Curator (IC), 29
Inferred from Electronic Annotation
   (IEA), 29
Inferred from Genetic Interaction
   (IGI), 29
Inferred from Mutant Phenotype
   (IMP), 29
Inferred from Physical Interaction
   (IPI), 29
information engineers, 208n36

intellectual property: challenges from
   open data, 62; data dissemination
   concerns involving, 46, 58, 210–
   11n4; recognizing authorship in
   data production, 46–47, 211n5
interlevel integration: contribution to
   research on *Arabidopsis*, 146–47,
   228n17; databases' enabling of
   model organisms as comparative
   tools, 146; defining the epistemic
   roles of model organisms and,
   145–46; interconnection with cross-
   species integration, 152; purpose
   of efforts to integrate data, 148,
   228n20; role played by databases
   and curatorial activities in, 147;
   scientific communities' focus on
   expanding knowledge, 147–48;
   success of model organism research
   within plant science, 146, 228n14
IPI (Inferred from Physical Interac-
   tion), 29
iPlant Collaborative, 13–15, 23

James Hutton Institute, 155
Jasanoff, Sheila, 184, 233–34n30
JoVE, 112, 222n31

Keller, Evelyn Fox, 100
Kelty, Chris, 62
Klein, Ursula, 127
knowledge production through data
   handling. *See* data handling
Kohler, Robert, 164
Koornneef, Maarten, 19
Kourany, Janet, 229n34
Krohs, Ulrich, 3, 220n59
Kuhn, Thomas, 73, 121, 234n39
Kusch, Martin, 232n14

labels for data: criteria for selecting, 27,
   209n42; focus on phenomena, 28;
   package labeling, 25–26; proliferar-
   tion problem, 36; relevance labels
   for bio-ontologies, 26–28; reliability
   labels for metadata, 28–29; tensions
   involved in creating, 34; users' role

in effective dissemination of, 26. *See also* database curation; packaging strategies
Latour, Bruno, 40, 41, 76
Lefèvre, Wolfgang, 127
Lenski, Richard, 215n21
Leonelli, Sabina, 20, 223n42
Lewis, Suzanna, 49, 53
Linnaean classification system, 126
locality of data: argument against claims that phenomena are intrinsically nonlocal, 87; argument against the locality of data and phenomena, 86; debate over the role of phenomena in, 85–86; impossibility of predicting the evidential value of data, 84; relevance of the stage of inquiry, 87–88; ways that journeys expand the evidential value of data, 86–87, 219n43
Longino, Helen, 108, 180, 229n34, 233n20
Love, Alan, 126

MacLeod, Miles, 220n56
management of data journeys: global data dissemination (*see* Open Data); implications of the need to provide stewardship for data, 45–46; institutionalization of data packaging (*see* consortia); valuing data (*see* value of research data)
MapViewer, 23
MASC (Multinational Arabidopsis Steering Committee), 23
MassBank, 105
Massimi, Michela, 219n44
materials used in experiments: assumption of the availability of a minimal amount of information, 101; centralized management of metadata and, 102–3, 221n17; complications due to large amounts of data, 102; impetus of data travel in addressing, 103–4; problem of data omissions, 101–2
Mayer-Schönberger, 8, 230n49

MBC (Molecular Biology Consortium), 47
McAllister, James, 219n44
Metabolome Express, 105
metabolomics data, 105
MetaCyc, 147
metadata: current efforts to develop, 94; debates on the role of, 100; embracing of, in database curation, 106; experimental materials identification and, 102–3, 221n17; impact of employment of, on experimental work, 106–7, 222nn30–31; inability to replace user's expertise and experience, 106; move to standardize descriptions of, 99–100; potential to improve scientific methods, 111, 113; reliability labels for, 28–29; role in experimental replicability, 112–13, 223nn46–47; role in verifying claims made by bio-ontologies, 121
microarrays, 65, 71–72, 104
Mill, John Stuart, 75
Minimal Information About a Microarray Experiment (MIAME), 104
Minimal Information on Biological and Biomedical Investigations (MIBBI), 98, 99
Miscanthus giganteus, 148–50
Mitchell, Sandra, 108, 131–32, 226n59, 232n18
modeling: concern over procedures in use in, 90–91; of data's relationship to phenomena, 91, 220nn56–58; difference between data and models, 89–90, 91; models of data versus models of experiments, 88–91, 219nn49–50; perceptions of data as given and made, 91–92; process of abstraction in, 91, 220n59; visualizations of results and, 88
model organism databases: biologists' vision for how research should be conducted and, 19–20; bio-ontology consortia and, 48; data integration's role in research strate-

model organism databases (*continued*) gies, 20; early attempts to disseminate data, 21, 207n22; enabling of model organisms as comparative tools, 146; focus on the biology of the organism, 21–22, 22, 207n23, 207n26; goals and vision of emerging, 21; ideal conditions for data travel in, 193; interlevel integration in, 146, 228n14; judgment exercised by curators, 32–33; reactions to funding cuts, 23; role in research strategies, 22–23; role of biologists in creating, 20–21; search and visualization tools example, 22–23; socialized elements of inquiry in, 185; value as a model for online technologies, 24, 207–8n34

model organisms: capturing of experimental procedures for, 98–99; characteristics that make an organism a model, 18–19; defining the epistemic roles of, 145–46; definition of, 20; importance of data handling practices, 171; knowledge generated by the study of, 20; management of the research on, 19

Molecular Biology Consortium (MBC), 47

Montreal International Conference on Intelligent Systems for Molecular Biology, 116

Morgan, Mary, 29, 40, 217nn27–28, 220nn57–58, 234n38

Morgan, T. H., 19, 39

Morrison, Margaret, 132

mouse (*Mus musculus*), 18

Mouse Genome Database, 23, 119

Mouse Genome Informatics, 23

Müller-Wille, Staffan, 125, 203n7, 227n2, 232n15

Multinational Arabidopsis Steering Committee (MASC), 23

Mus musculus (mouse), 18

Nagel, Ernest, 232n9

National Cancer Institute (NCI), 55

National Human Genome Research Institute, 207n23

National Institute for Biomedical Ontology, 51

National Institutes of Health (NIH), 49, 50, 57, 156

National Science Foundation (NSF), 21, 22, 23, 57, 63

Nature, 171

Nature Genetics, 104

nematode (*Caenorhabditis elegans*), 18, 21

Nersessian, Nancy, 220n56

OBO. *See* Open Biomedical Ontologies (OBO) consortium

OECD (Organisation for Economic Co-Operation and Development), 57, 63

O'Malley, Maureen, 114, 157, 217n30

OncoMouse, 103

Ontology for Clinical Investigations, 50

OpenAshDieBack, 172

Open Biomedical Ontologies (OBO) consortium, 49–50, 52–53, 119, 209n40, 211n13, 224n19

Open Data: challenges to existing notions of property and privacy, 62; concerns about, 58; embedding of scientific research in markets, 61–63; facilitating of a variety of group inputs and, 58–59; fostering of the public trust in science and, 59–60; globalization of science and, 60–61; goal of corporate strategies regarding, 65; institutional support for, 57–58, 212n36; patient privacy and security implications of, 64; purpose of free and widespread data dissemination, 62; push for coordination between efforts, 62–63; siloed management of data dissemination, 57; underfunded laboratories and, 61, 213n45; vision of, 57

Open Science, 3, 7

Organisation for Economic Co-Operation and Development (OECD), 57, 63
OWL (Web Ontology Language), 224n19

packaging data: achieving coordination through packaging procedures, 16; institutionalization of (see consortia); power of database curators (see database curation); rise of online databases in biology (see model organism databases); strategies for facilitating travel (see packaging strategies); technology and expertise needed to make data travel, 13; tension between promise and reality, 15–16; travel metaphor for (see data journeys)
packaging strategies: challenges for database curators, 24–25, 208n36; characteristics of data that determine their quality and reliability, 28–29; criteria for selecting labels, 27, 209n42; decontextualization and recontextualization, 29–31; focus on phenomena, 28; labeling's significance, 25–26; main obstacle to the efficient dissemination of biological data, 24, 208n35; process of packaging data, 25; producing knowledge from (see data handling); relevance labels for bio-ontologies, 26–28, 48; reliability labels for metadata, 28–29; reuse of data and, 28; users' role in effective dissemination of data, 26, 28
Parker, Wendy, 217n28
PathoPlant, 155, 229n31
Phenopsis DB, 37
Phytophthora ramorum infestation: debate over short-term solutions versus long-term knowledge, 153–55; negotiations between stakeholders, 155–56; plans for a shared research program, 156; range of datasets offered for integration, 155, 229n31;

scientific communities' focus on expanding knowledge, 152–53
Pickstone, John, 127, 231n3
Plant Ontology (PO), 50, 98, 99, 119
Plant Science Federation, UK, 159
Platform for Riken Metabolomics (PRIMe), 105
pluralism: European Commission and, 62, 165; obstacles to data dissemination from, 4; scientific, 107–8
Polanyi, Michael, 95–96, 106
PomBase, 212n27
Porter, Theodore, 214n1
Pradeau, Thomas, 82

Radder, Hans, 220n2, 221n29, 223n46, 226n55
Raj, Kapil, 42
Rat Genome Database, 119
Reichenbach, Hans, 74, 179, 181, 233n21
relevance labels, 48
reliability labels, 28–29
replicability: metadata's role in experimental, 94, 95, 112–13, 223nn46–47; principle of, 107, 112–13, 222n31, 223nn46–47; problems involving microarray experiments, 104, 171
Research Councils UK, 57, 204n1
Research Data Alliance, 212n24
Rhee, Seung Yon, 22–23
Rheinberger, Hans-Jörg, 75, 82, 89, 180, 215n15, 215n18
Roberts, Lissa, 42
Rouse, Joseph, 179, 180, 235n41
Royal Society, 57
Russell, Bertrand, 185
Ryle, Gilbert, 95, 96, 204n13, 220n2

Saccharomyces cerevisiae (fission yeast), 18, 21
Saccharomyces Genome Database, 21, 23
Sanger, Fred, 75, 222n29
Schaffner, Kenneth, 225n35
Science, 171

Science and Technology Studies (STS), 116, 137
Scientific Data, 4
Scriven, Michael, 133
Sequence Read Archive, 155
Shaffer, Simon, 42, 81
Shapin, Steven, 81
situating data: care-based reasoning and, 188, 234n38; data centrism as a research approach, 191; data identification and, 187; data interpretation and, 186; data mobilization and, 186–87; data production and, 186, 234n34; Dewey's theory of inquiry and, 182–85; empirical inference and the process of, 189–90, 234nn40–41; epistemological role served by descriptions of situations, 187–88, 234n39; evaluating science in terms of, 188–89; features of situations that are applicable to data journeys, 183–84; human element in, 190–91, 235nn43–44; labeling of the circumstances of research as a situation, 182–83; process view of inquiry, 182, 185–86; selection of the factors that belong in a situation, 185
Sivasundaram, Sujit, 42
Sixth Framework program, 35
Somerville, Chris, 19, 22
Somerville, Shauna, 22
Soyer, Orkun, 114
Staden format, 76
Star, Susan Leigh, 137
Stemerding, Dirk, 58
Stevens, Hallam, 18, 210n56, 230n46
Stotz, Karola, 157
Strasser, Bruno, 126
Streisinger, George, 19
STS (Science and Technology Studies), 116, 137
Sunder Rajan, Kaushik, 62, 210n59, 213n52, 214n56, 232n17
Suppe, Patrick, 88–91, 219nn49–51
Synaptic Leap, 172
Syngenta, 61

TAIR (The Arabidopsis Information Resource), 21, 22–23, 55, 119, 146, 147, 151, 207n33
theories: challenges to the theory-centric way of thinking, 3, 6, 73–75, 215nn13–14; classificatory (see classificatory theories); network model of scientific, 122–23
Traceable Author Statement (TAS), 29
training for data scientists: influence of consortia on science education, 50, 51–52, 204n1; required of curators, 25, 33–34, 209n46; required of users, 13, 66, 100, 107, 186, 189, 215n20; subjectivity in data use and, 113, 185; at universities, 59
translational integration: consideration of the sustainability of research programs and, 157–58; implication of prioritizing social over scientific goals, 158, 229n34; negotiations between stakeholders, 155–56; range of datasets offered for integration, 155, 229n31; relevance to human health, 156–57, 229n32; short-term solutions versus long-term knowledge, 153–55; use of the term "translational," 156–57
translational research: scientific communities' focus on expanding knowledge, 152–53; use of the term "translational," 156–57

United Kingdom, 14, 21, 47, 143, 153, 162, 190, 212n36, 213n38, 229n37
United States, 13, 21, 55, 60, 149, 162, 190, 208n36, 213n38

Vakarelov, Orlin, 217n29
value of research data: affective value, 64; corporate strategies regarding open data, 65; evidential value (see evidential value of data); financial value, 64; flexibility element in the success of databases, 66; friction between ways of valuing data, 64–65, 213n53; patient privacy and

security implications of open data, 64; political value, 64, 65; travel's affect on the value of data, 65–66; use of the term "value," 63, 213n52; value beyond the evidential, 64; value endowed by data travel, 66

Waters, Kenneth, 136, 220n2, 233n21
Web Ontology Language (OWL), 224n19
weed. See *Arabidopsis thaliana*
Weisberg, Michael, 220n56
Whewell, William, 75

Wimsatt, William, 129, 230n49
Wired Magazine, 135
Wood, Valerie, 212n27
Woodward, James, 84–88, 215n9, 218–19nn36–44, 231n5
Worldwide LHC Computing Grid, 191
WormBase, 21, 23, 119, 146
Wylie, Alison, 170, 230n51

zebrafish (*Danio rerio*), 18, 21
Zebrafish Information Network, 119
Zebrafish Model Organism Database, 21, 24

图书在版编目（CIP）数据

如何在大数据时代研究生命：从哲学的观点看 /
（意）萨宾娜·莱昂内利（Sabina Leonelli）著；刘冠
帅译.--北京：社会科学文献出版社，2023.12
（思想会）
书名原文：Data-Centric Biology A Philosophical
Study
ISBN 978-7-5228-1991-4

Ⅰ.①如… Ⅱ.①萨… ②刘… Ⅲ.①生物学哲学
Ⅳ.①Q-0

中国国家版本馆 CIP 数据核字（2023）第 105193 号

· 思想会 ·

如何在大数据时代研究生命：从哲学的观点看

著 者 / ［意］萨宾娜·莱昂内利（Sabina Leonelli）
译 者 / 刘冠帅

出 版 人 / 冀祥德
责任编辑 / 刘学谦
责任印制 / 王京美

出 版 / 社会科学文献出版社·当代世界出版分社（010）59367004
地址：北京市北三环中路甲 29 号院华龙大厦 邮编：100029
网址：www.ssap.com.cn
发 行 / 社会科学文献出版社（010）59367028
印 装 / 北京盛通印刷股份有限公司

规 格 / 开 本：880mm×1230mm 1/32
印 张：11.375 字 数：281 千字
版 次 / 2023 年 12 月第 1 版 2023 年 12 月第 1 次印刷
书 号 / ISBN 978-7-5228-1991-4
著作权合同
登 记 号 / 图字 01-2023-3108 号
定 价 / 98.00 元

读者服务电话：4008918866